畸形波的模拟生成及基本特性

邹　丽　裴玉国　孙铁志　张桂勇　刘　松　著

科 学 出 版 社

北　京

内 容 简 介

畸形波是一种强非线性波浪，是波浪运动研究中的热点与难点。畸形波具有波高极大、波峰尖瘦、破坏力极大等特点，对海上工程设施和船舶的安全性构成了严重的威胁。畸形波数值模拟和实验室生成的研究是目前取得的最显著进展，研究成果有效促进了对畸形波发生机理和基本特征的深入认识。本书尝试收集整理世界各海域畸形波发生的实例，尽量使用简单的语言对畸形波的数值计算模型进行介绍，对畸形波的实验室畸形波可控制物理生成方法和技术进行较为详细的说明，同时提供实地岛礁实验室畸形波生成研究实例，使读者对畸形波有一个全面的了解和掌握。

本书可供高校、研究所的有关专业科研人员和对畸形波感兴趣的读者参考使用。

图书在版编目（CIP）数据

畸形波的模拟生成及基本特性／邹丽等著. —北京：科学出版社，2017.6
ISBN 978-7-03-053326-5

Ⅰ. ①畸… Ⅱ. ①邹… Ⅲ. ①水波-水力学-研究 Ⅳ. ①TV139.2

中国版本图书馆 CIP 数据核字（2017）第 130604 号

责任编辑：刘凤娟 / 责任校对：王晓茜
责任印制：张 伟 / 封面设计：正典设计

科学出版社出版
北京东黄城根北街 16 号
邮政编码：100717
http://www.sciencep.com
北京九州迅驰传媒文化有限公司 印刷
科学出版社发行 各地新华书店经销
*
2017 年 6 月第 一 版 开本：720 × 1000 1/16
2018 年 1 月第二次印刷 印张：11 1/2 插页：2
字数：232 000

定价：78.00 元

（如有印装质量问题，我社负责调换）

前　言

随着全球人口的增加，陆地上的资源已经难以满足人类需求，海洋正在成为人类的资源基地和第二生存空间。海洋资源开发利用首先依赖于海上工程设施，随着海洋开发利用的规模日趋复杂和庞大，港口、海岸以及近海油气开发不断向深水发展，这些海上结构物有可能承受实际海况下强非线性波浪的作用，从而对结构物带来破坏。

近年来人们开始认识到诸多的海上船舶灾难和工程事故可能是因为畸形波。畸形波就是这样的一种波浪，它波高极大，波峰尖瘦，能量很集中，其波峰的速度远远大于同等波高的其他波浪，破坏力极大。目前人们已经发现畸形波广泛存在于世界上各个海域，由于畸形波存在时间短及发生的不确定性，大多记录均是对某一点的时域观测，缺少完整的畸形波发展过程的记录，对畸形波的产生机理尚不明确。考虑到畸形波可能带来工程事故和海上船舶灾难，要求人们对这种威胁性极大的波浪的认识必须有很大的提高，以期保护人类生存的环境，预测和减少这种自然灾害的发生和造成的损失。

畸形波的概念最早在 20 世纪 60 年代被提出，畸形波的研究历史仅有三十多年，可以说迄今为止畸形波的研究工作尚处于起步阶段，畸形波仍为波浪理论与应用研究中的一个热点和重点问题。我国的东海部分海域、台湾海峡是世界上最丰富的油气区之一，也是海洋交通运输的重要通道，同时这里也是畸形波的多发地带。由于畸形波发生的不可预测性和海洋观测体系的不完善，实际研究工作中可以依据的畸形波资料十分匮乏，这在相当程度上阻碍了畸形波研究的步伐。因此，本书可以为国内从事畸形波方面的研究学者提供重要参考。

本书的安排如下：第 1 章，畸形波的基本特征及研究概述；第 2 章，畸形波的实测记录；第 3 章，生成畸形波的理论模型及数值模拟；第 4 章，畸形波实验室生成；第 5 章，畸形波的可控制物理生成；第 6 章，畸形波的基本特性及影响因素研究；第 7 章，实地岛礁地形畸形波的三维实验研究。

感谢以下资金或者项目的支持：非线性水波及其与海洋结构物相互作用（国家自然科学基金优秀青年科学基金，51522902）；非线性水波-流相互作用的解析与试验研究（国家自然科学基金面上项目，51379033）；分层流体非线性永形内波与剪切流相互作用研究（国家自然科学基金面上项目，51579040）；非线性内波的解析分析和符号计算(国家自然科学基金青年基金项目，51109031)；海洋岛礁风浪流时空分布不均匀性的演化机理和波浪流相互作用理论模型研究(国家重点基础研究发展计划(973 计划)课题，2013CB036101)；岛礁环境与海床地质结构等基础统计数据的实地测量分析(工业和信息化部高技术船舶专项,浮式保障平台工程(二期专题一);三维随机波浪场中畸形波的模拟生成与基本特性研究(国家自然科学基金青年基金项目)；远海畸形波灾害的发生概率及演化过程研究(中国博士后科学基金项目，20080441115)。

感谢为本书做出贡献的所有人，特别是王爱民、于游、董进、闻泽华、于宗冰、李振浩、张九鸣、曲世达、楚良子等学生。

由于时间仓促，本书只介绍了有限的一部分内容，书中有不妥之处，恳请读者批评指正。

作　者

2016 年 10 月

目　录

第 1 章　畸形波的基本特征及研究概述

本章主要从畸形波的定义、基本特性、生成机理假说、畸形波的物理模拟以及与结构物的相互作用等方面对畸形波进行概述和介绍。

1.1　畸形波的定义及基本特征

目前畸形波没有统一的定义，最早 Draper 提出了畸形波的概念，英文名称为“freak wave” [1]，其他学者也称之为“rogue wave” [2]、“extreme wave” [3]等，国内学者称之为畸形波、巨浪、突浪以及“疯狗浪”等。虽然称呼不同，但都是对同一种波浪现象的描述，在本书中统称为畸形波。其中，Kimura[4]对畸形波波形做了比较恰当的描述：“畸形波是一个突出于周围其他波浪，具有很大波高的短峰波，它跟相邻的波浪几乎没有相关性。它有一个很大的波峰，但并不一定有一个相应显著的波谷。它存在的时间很短，很快消失。”虽然目前还没有一个公认的定义，但正如以上所描述的一样，畸形波最直观的特点，是具有超常的波高，大多数学者和工程人员都从波高的角度对它进行定义。

Kjeldsen[5]认为波高大于 2 倍有效波高的单波可以称之为畸形波，即 $H_j > 2H_s$，其中，H_j 为畸形波的波高，H_s 为有效波高。根据瑞利(Rayleigh)分布，这种情况在 3000 个波浪中会出现一次，如果按波浪的平均周期为 10s 计算，这样每 8 个小时就会出现一个畸形波，很显然，按照这个定义畸形波的出现将是非常频繁的，因此，即使是 $H_j > 2.5H_s$ 也是不充分的。这说明尽管畸形波最明显的特征是具有突出的波高，但是对于畸形波的定义，仅仅从波高的角度去定义畸形波是有缺陷的：一是容易造成极值波和畸形波之间概念的混淆；二是忽略了畸形波独立突出的波高，因为波列中可能有多个相邻的具有较大波高的波浪，这些波浪不能都被称为畸形波；三是忽略了畸形波的非线性，从实测的畸形波资料看，畸形波的波峰和波谷表现出强不对称性。因此，需要引入新的限制条件，主要是波浪的形状和前后相邻波浪的关系。

相对而言，由 Klinting 和 Sand[6]给出的畸形波定义较为全面，不仅考虑了波高本身，还考虑了与相邻波高的关系及平均水面以上的波峰高度。Klinting 和 Sand[6]给出的畸形波定义如下：假设有一个按照时间顺序排列的波高序列 H_1，

$H_2 \cdots H_{j-1}$， H_j， $H_{j+1} \cdots H_n$，其中 H_j 是畸形波的波高，那么它应该满足以下三个条件：(1) $H_j \geqslant 2H_s$；(2) $H_j \geqslant 2H_{j-1}$、且 $H_j \geqslant 2H_{j+1}$；(3) $\eta_j \geqslant 0.65H_j$，其中 η_j 是畸形波波高对应的波峰高度。依据 Klinting 和 Sand 给出的畸形波定义，为了叙述方便，本书将畸形波定义的四个参数用 α_1、α_2、α_3、α_4 来表示：$\alpha_1 = H_j / H_s$，$\alpha_2 = H_j / H_{j-1}$，$\alpha_3 = H_j / H_{j+1}$，$\alpha_4 = \eta_j / H_j$。有了这四个参数就可以表示畸形波的特征。这个定义条件相对比较苛刻，但是仍为大多数学者所接受。表 1.1 给出了应用这几个参数描述的实测畸形波的特征。

表 1.1　几个实测畸形波的特征参数

畸形波名称	发生地	时间	H_s /m	H_j /m	η_j /m	α_1	α_2	α_3	α_4
“新年波”	北海	1995	11.920	25.600	18.400	2.150	2.133	3.404	0.719
“北海畸形波”	北海	2002	5.650	18.040	13.909	3.193	2.385	2.010	0.771
Y88121401	日本海	1987	5.280	11.260	7.430	2.130	2.060	3.030	0.660
中国台湾畸形波	中国台湾	1996	1.450	3.100	2.110	2.140	2.120	2.870	0.681

对于畸形波的描述，虽然不同的文献强调不同的侧面，但从目前对畸形波的研究成果来看，至少都不否认畸形波是非线性波，但区别于孤立波，畸形波具有存在时间很短，很快消失；不同于驻波，波形随时间变化；不同于海啸，与地震等因素无必然联系等这些共同点。畸形波的基本特征可大体归纳如下：

- 畸形波是波列中的一个突出单波；
- 畸形波具有较大的波高；
- 畸形波的波面表现出较强的非线性；
- 畸形波的前坡很陡升高很快，畸形波存在时间较短；
- 畸形波发生于所有海域，不管是深海还是近海；
- 在风暴天气和一般天气中都有畸形波发现，但前者较多。

1.2　畸形波生成机理的若干假说

由于畸形波发生的不确定性和存在的“瞬态”特性，目前对畸形波主要记录均是对某一点的时域观测，缺少畸形波的发展记录，但众多的研究者还是试图从这些有限的资料中窥到畸形波产生的原因，对畸形波的形成机理做了很多有益的探索，迄今为止，研究者提出了多种畸形波生成假说，表 1.2 汇总了这些假说的提出者、提出的时间和依据。

表 1.2　研究者提出的具有代表性的畸形波

	类型	原因	提出者(时间)	例证	备注
畸形波的生成假说	外在影响	海流	Lavrenov (1998)	南非东南海域	很多没有上述环境影响的海域也有畸形波的发生，说明外在因素也许不是关键因素。
		海底地形	Chine H.W.A (2002)	中国台湾海峡	
		台风等外部能量	Melville W.K (2004)	加勒比海	
		水深的变化	Chine H.W.A (2002)	中国台湾海峡	
		波群聚焦	Chine H.W. A (2002)	中国台湾海峡	
	内在作用	波-波线性叠加	Kriebel & Alsina (2000)	物理生成	研究者多从内在作用出发模拟畸形波的生成；波-波线性叠加是物理生成基础。
		波-波非线性作用	Annenkov S. (2000)	数值模拟	
		时空聚焦，	Osborne (2001)	数值模拟	
		频率调制	Tomita H (2000)	数值模拟	

White 和 Fornberg[7]讨论了在波流相互作用下畸形波的发生原理：当深水表面重力波经过一个有弯曲段或变化潮流的区域时，流的作用可类比成光学棱镜，把波浪聚到了一个焦散区域，在该区域内，波浪出奇的大，即发生了所谓的畸形的、尖瘦的、巨大的波。支持该假说的一个例证就是在南非的东南海域发生的畸形波，图 1.1 给出了该地畸形波产生的假想示意图。

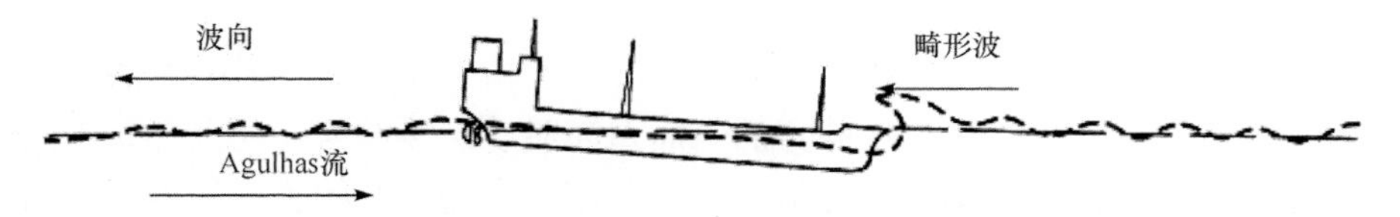

图 1.1　南非东南海域畸形波生成示意图[8]

后来，Slunyaev、Zakharov 等[9-12]讨论了浅水以及有限水深畸形波的形成问题。以 NLS 方程和 Davey-Stewartson 系统为基础，描述了 2+1 维有限水深的水面波群。在 2+1 维的情况下，色散分组伴随着几何聚焦，认为非线性介质中色散聚焦原理和 Benjamin-Feir 不稳定性产生的波增高是畸形波产生的一个原因。Chien 等[13]总结前人提出的畸形波的生成假说，将它们分为两类。(1)外在的影响即环境变化：①运动风暴中的能量不断转移到波中；②由于凸凹不平的海底地形引起波变化；③波和流的相互作用；④由于偏转、反射和变形，以及水深变化引起的波能集中。(2)内在的演化即波波相互作用：①线性能量叠加；②非线性波波相互作用；③Stokes 演变，即波陡引发的波峰变化；④时空聚焦、非线性聚焦、Benjamin-Feir 不稳定性；⑤高阶非线性的影响。

近几年，Lavrenov 和 Porubov[14]提出了波流相互作用而产生畸形波的三个原因：(1)由于波流相互作用而导致的波能增加；(2)由于海流中波的折射导致的波高增加；(3)K-P 方程所描述的浅水波浪之间非线性相互作用。这些原因最终导致了波能的聚焦，从而产生畸形波。Adcock 和 Taylor[15]对 Benjamin-Feir 不稳定性、浅水波聚焦、波流相互作用、波风相互作用、波波相互作用等具有代表性的畸形波生成机理进行了数值模拟和物理模拟，对这些机理进行研究，并给出了真实海况中的例证，对不同假说的可靠性进行了评价。Latifah 和 Groesen[16]通过小波变换研究了波的相位相干性，并提出波群中波浪的局部相干性可能是引起能量聚焦从而产生畸形波的一个原因。

综上所述，无论哪种畸形波的生成机理假说都是与能量的转移和集中有关，但研究者争论的焦点也在于：波浪中的能量是如何实现转移和集中的？这个问题的解决有待于人们对海洋实际状况监测水平的提高、理论研究、数值模拟以及实验室模拟技术的进步。

1.3　畸形波的物理模拟

畸形波是一种历时较短、难以预测的波浪现象，现有的少量实测资料都是海上观测站或海洋平台记录所得。在畸形波的实测资料十分缺乏的情况下，研究者期待借助于物理模型在实验室内生成畸形波，从而获得畸形波的生成发展过程的全貌信息。

Kim 等[17, 18]在 Texas A&M 大学的二维波浪水槽中应用逆传播的方法生成了极端波浪，其基本的思路是先在静止的水面引起波动，波浪从扰动点开始向两端传播，记录得到传播到水槽两端的信号，并调制作为造波机的驱动信号，在两端产生波浪，两列波浪相向传播并在固定的点相遇，使波浪的振幅和能量都得到叠加形成大波。该方法的主要缺点在于大多数的实验室水槽只有一端配置造波机，难以推广。Chaplin[19]利用相速度法在实验室制造出了单个的大波，在一定的频率范围内，按照相同的频率差令这些波浪相互作用，使其能量在水槽的一定位置汇聚，从而形成单个大波。Schlurmann 等[20]利用宽波谱和窄波谱模拟生成了包含类似于畸形波的较大瞬态波浪的波列，并用均距为 1m 的 7 个浪高仪记录了瞬态波浪发展破碎的过程。Clauss 等[21-25]将实测的包含畸形波记录，经过半经验公式逆向变化生成造波机处的信号序列。通过实测的畸形波时间序列分析得到的每一个时间步长上的组成波的信息，对在线性理论的基础上得到的每个时间步长进行优化，进而生成特定的波浪序列。

Kriebel、Dawson[26-28]提出了一种较为有效和更符合实际海况的模拟方法，基于同一波谱，把一部分能量分配给一个基本波列，另外一部分给一个瞬态波列，利用基本波列和瞬态波列线性叠加模拟波面，在实验室模拟生成了包含较大波浪的波列。该方法较大地提高了畸形波模拟的效率，而且可以在类似于实际海况的条件下定点定时生成畸形波。但该方法的一个缺陷是瞬态波浪在预定地点的汇聚效果不理想，因此模拟生成的较大波浪并不完全符合严格的畸形波定义条件；另外一个缺陷是当模拟畸形波时需要分配较多的能量(20%以上)给瞬态波列，这影响了模拟的整个波列的有效波高。Wu 和 Yao[29]在实验室利用反向流放大作用产生了畸形波。试验结果表明：由于波浪的色散聚焦，在随机波浪的条件下不能阻止畸形波的生成；强对流条件明显提高了畸形波的波陡和不对称性。Giovanangeli 等[30]、Kharif 等[31]在实验室进行了风对瞬态波聚焦作用的试验，发现有风的条件下畸形波的振幅高于无风条件下的振幅，畸形波聚焦地点比无风条件下更远，并从理论上对此进行了分析，认为这种现象可以用抛物面方程中散射关系的多普勒动力学效应来解释。Houtani[32]等运用改进的高阶谱方法在实验室生成了畸形波，并运用数值模拟的方法对高阶谱方法和改进的高阶谱方法进行了对比，发现二者之间的差异随波陡和频率带宽的增加而变大。

国内在非线性波浪的物理模拟方面也取得了一些成果，比如肖波等[33]实现了孤立波和椭圆余弦波的实验室生成。柳淑学等[34]在实验室内生成了二维和三维聚焦波，重点研究了二维和三维极限聚焦波浪的生成方法和基本特性，提出了极限波浪破碎的标准。赵西增[35]在大连理工大学海岸和近海国家重点实验室的海洋环境水槽中研究了波浪要素对随机波浪中畸形波生成的影响，应用小波理论在随机波列中分辨畸形波事件，并得到畸形波是由于波浪能量的线性和非线性汇聚引起的这一结论。李俊等[36]在上海交通大学海洋工程水池利用能量分配法，即将脉冲波产生原理与实验室常用的利用 Longuet-Hinggins 模型模拟波谱的方法相结合用以模拟畸形波的方法，模拟了深水条件下的畸形波。刘赞强[38]提出一种数值模拟畸形波的相位调制新方法并在实验室物理模拟出“新年波”等几种特定的畸形波序列。刘赞强[38]在试验水池进行波浪物理模型试验确定某核电站取水构筑物的设计方案时,在多处采集波序中出现畸形波,从而表明畸形波可能发生在近岸海域。崔成等[39]在实验室采用双波列叠加模型实现畸形波可控制生成，利用多点线性回归和两点法研究畸形波的传播速度，从而进一步研究畸形波的机理和演化过程。Li 等[40]在二维波浪水槽中对随机相位 JONSWAP 谱进行长时间的模拟，在波群中观察到了畸形波，并研究了 BFI 指数对畸形波发生概率以及波陡对畸形波峰度和偏度的影响。Deng 等[41]在波浪水槽中运用相位—幅值迭代方法生成了一系列特定的畸形波，对浮体结构在特定波浪中的响应问题的物理实验研究有重要意义。邹丽等[42]在试验水池研究岛礁周边波浪演化过程中发现，多个工况下地形突变处存在畸形波，基于小波变换分析小波能谱，发现畸形波近后方出现波群时会生成二次畸形波。这表明地形突变会增大畸形波发生的概率并且畸形波的形成与波浪的群性有关。

1.4　畸形波与海洋结构物的作用

目前港口工程正向大型化、深水化的方向发展，大型散货船吃水可达 20m，大型油轮吃水可达 26m，相应的深水码头、深水防波堤的水深可达到 25～30m。从世界上的近海和海洋工程中的油气田勘探和开发来看，水深 300m 的石油平台并不罕见，并且出现了适用于 450m 水深的固定式平台和张力腿平台以及带储油装置的平台。由于海洋环境恶劣，海上结构物容易受到畸形波浪的威胁，这对海上结构物的设计提出了更高的要求，所以在设计之初需要对复杂海况可能对海洋结构物造成的威胁和破坏进行预估计。

Sundar[43]等在实验室模拟生成了极端波浪，并对其与圆柱的作用力进行了研究，考虑了 6 个倾斜于垂直面的圆柱体，3 个沿着波向，3 个背向波向，无论出现极限波浪与否，圆柱体都暴露在随机波的作用下。测量了沿着或背向主要波向的倾斜圆柱体周围的动压力分布。给出了上述两种倾斜不同角度的圆柱体其背部及正面无因次压力峰值的变化，并且还讨论了不同位置处波压力的非对称性及统计特性。Sparboom 等[44]利用波群聚焦方法控制和改变畸形波发生的位置，在此基础上研究了畸形波对倾斜圆柱的抨击作用。研究表明圆柱体向迎浪方向倾斜一小角度时所受抨击力最大。

Günther 等[45]研究畸形波对 FPSO（Floating Prodvcti on Storage and Offloading，浮式生产储油卸油装置）冲击所造成的运动响应及垂向弯矩的变化，提出在结构强度设计时需要考虑畸形波的影响。Bennett 等[46]通过实验方法研究了畸形波对有航速的船体运动影响，并作出数值预报。结果表明，虽然畸形波不一定是船舶所能遇到的最恶劣海况，但在其作用下船舶运动的加速度超出了船级社规范值，因此在船舶的设计阶段应考虑到畸形波对其的影响。Rudman 等[47]采用 SPH（Smoothed Particle Hydrodynamics，光滑粒子流体动力学）方法对畸形波抨击浪向角和预张力对张力腿平台运动的影响进行了研究，并对每一条张力腿的最大张力进行预测。结果表明，浪向角是张力腿的峰值张力和松弛现象的主要影响因素，45°浪向角时迎浪张力腿上张力最大；浪向角的改变对垂荡、纵荡、纵摇运动幅值影响不大。随着预张力的增加，张力腿的松弛现象得到明显遏制。

国内杨冠声等[48-53]利用畸形波和高阶 Stokes 波波形相近的特点，改造五阶 Stokes 波得到类似于畸形波的波形，并模拟计算了其与小直径圆柱的作用。肖鑫等[54]利用新波理论数值模拟畸形波，对畸形波作用下张力腿平台的受力进行了计算并在时域内预报了平台的运动响应。耿宝磊等[55]对波浪场中波浪对大尺度圆柱和小尺度杆件组成的复合结构的绕射作用进行了分析，考虑畸形波入射时，绕射势对小尺度杆件所受波浪力的影响。结果表明，在一定的波浪条件下，由于大尺度结构存在而产生的波浪绕射对小尺度杆件所受波浪荷载的影响不可忽略。赵西增[56]采用 CFD（Computational Fluid Dynamics，计算流体动力学）方法对二维浮体在畸形波作用下的复杂流体现象，如甲板上浪和波浪破碎等进行了研究，并且进行了实验对比。结果表明 CFD 方法可用来对畸形波诱导下浮体的运动响应进行评估。谷家扬等[57]运用改进的随机波加瞬态波的方法模拟“新年波”的波形。采用微元法对张力腿平台的立柱和浮筒进行离散，编制程序对张力腿平台在强非线性波作用下的耦合动力响应进行了数值模拟，分析了张力腿平台在随机波及畸形波中所受波浪力、平台动力响应、系泊系统张力特性及浪向角对平台运动的影响。沈玉稿[58]对畸形波作用下垂直圆柱的波浪爬升与拍击力进行了数值模拟和模型试验研究，找出了预测波浪爬升与拍击力有效的方法，可以对风机等近岸结构物的设计提供有益的指导。武昕竹等[59]基于 Fluent 平台建立了可用于波浪传播模拟的数值计算水槽，对聚焦波浪与直立圆柱的作用进行了数值模拟，对聚焦波面过程、聚焦波浪水质点速度、圆柱周围波浪波动过程、圆柱上所受的波压力等进行了研究。扈喆[60]采用 VB 语言构建二维波浪数值水槽，提出基于概率的波列叠加模型对畸形波进行模拟，考虑流固耦合效应，研究畸形波水平板上浪现象。刘珍等[61]采用线性叠加的方法模拟畸形波，利用边界元方法研究畸形波、系泊系统与浮式结构物的耦合作用，分析聚焦位置、初始相位等一系列参数对 JIP Spar 平台缆绳力和波浪载荷的影响。石博文等[62]采用考虑航速改进的相位调制方法，对顶浪航行状态下的舰船实现定时、定点遭遇畸形波的数值模拟。研究表明畸形波对舰船的不利影响明显大于一般大风浪，在畸形波情况下获取的非线性运动响应最大值是一般大风浪情况下的 1.5 倍以上。Gao 等[63]基于 Fluent 运用线性叠加原理在数值水槽中生成了确定的“新年波”序列，并对畸形波与固定圆柱的相互作用进行了研究。Deng 等[64]运用三阶非线性薛定谔方程的 Peregrine breather 解在波浪水槽中对畸形波进行了物理模拟，并通过快速傅里叶变换和小波变换对畸形波的能量分布和波面进行了分析，同时运用相干分析研究了该畸形波对垂直放置的圆柱体的作用力，为海工结构物的设计提供了参考。

1.5 小 结

国内外学者在畸形波这个新兴的研究领域中做了一定量的探索性工作，但这个领域中的许多问题还没有展开，要明确畸形波的产生机理、在某些特定条件下发生的几率、内部结构、对工程作用的机理等一系列问题，最终达到预测这种自然灾害的发生以及减少其造成损失的目的。

本书主要介绍了畸形波的基本特性、实测记录、理论模型、数值模拟、实验室生成方法和以南海西沙某岛礁为背景的畸形波特性，供高校、研究所的科研人员和对畸形波感兴趣的读者参考。

参 考 文 献

[1] Draper L.'Freak'waves[J].MarineObserver, 1965, 35: 193-195.

[2] Dysthe K, Krogstad H E, Müller P. Oceanic Rogue Waves[J]. Annual Review of Fluid Mechanics, 2008, 40(1): 287-310.

[3] C. Liu P. Extreme Waves and Rayleigh Distribution in the South Atlantic Ocean Near the Northeast Coast of Brazil[J]. Open Oceanography Journal, 2012, 6(1): 1-4.

[4] Kimura A, Ohta T. Probability of the Freak Wave Appearance in a 3-Dimensional Sea Condition[C]//Coastal Engineering (1994). ASCE, 2012: 1124.

[5] Kjeldsen S P. Measurements of freak waves in Norway and related ship accidents[J]. Proc Rogue Waves, 2004.

[6] Klinting P, Sand S. Analysis of prototype freak waves[C]//Coastal Hydrodynamics. ASCE, 1987: 618-632.

[7] White B S, Fornberg B. On the chance of freak waves at sea[J]. Journal of Fluid Mechanics, 1998, 355: 113-138.

[8] Lavrenov I V. The Wave Energy Concentration at the Agulhas Current off South Africa[J]. Natural Hazards, 1998, 17(2): 117-127.

[9] Zakharov V E, Dyachenko A I, Vasilyev O A. New method for numerical simulation of a nonstationary potential flow of incompressible fluid with a free surface[J]. European Journal of Mechanics - B/Fluids, 2002, 21(3): 283-291.

[10] Slunyaev A, Kharif C, Pelinovsky E, et al. Nonlinear wave focusing on water of finite depth[J]. Physica D Nonlinear Phenomena, 2002, 173(1-2): 77-96.

[11] Dyachenko A I, Zakharov V E. Modulation instability of Stokes wave→ freak wave[J]. Journal of Experimental and Theoretical Physics Letters, 2005, 81(6): 255-259.

[12] Zakharov V, Dias F, Pushkarev A. One-dimensional wave turbulence[J]. Physics Reports, 2004, 398(1): 1-65.

[13] Chien H, Kao C C, Chuang L Z H. On the characteristics of observed coastal freak waves[J]. Coastal Engineering Journal, 2002, 44(04): 301-319.

[14] Lavrenov I V, Porubov A V. Three reasons for freak wave generation in the non-uniform current[J]. European Journal of Mechanics - B/Fluids, 2006, 25(5): 574-585.

[15] Adcock T A A, Taylor P H. The physics of anomalous ('rogue') ocean waves[J]. Reports on Progress in Physics, 2014, 77(10): 105901.

[16] Latifah A L, Groesen E V. Localized Coherence of Freak Waves[J]. 2016, 23(5): 1-42.

[17] Kwon S H, Lee H S, Kim C H. Wavelet transform based coherence analysis of freak wave and its impact[J]. Ocean Engineering, 2005, 32(13): 1572-1589.

[18] Kim N, Kim C H. Investigation of a Dynamic Property of Draupner Freak Wave[J]. International Journal of Offshore & Polar Engineering, 2003, 13(1): 38-42.

[19] Chaplin J R. On frequency-focusing unidirectional waves[J]. International Journal of Offshore & Polar Engineering, 1996, 6(2): 131-137.
[20] Schlurmann T, Lengricht J, Graw K U. Spatial evolution of laboratory generated freak waves in deep water depth[C]//The Tenth International Offshore and Polar Engineering Conference. International Society of Offshore and Polar Engineers, 2000.
[21] Clauss G F. Task-related wave groups for seakeeping tests or simulation of design storm waves[J]. Applied Ocean Research, 1999, 21(5): 219-234.
[22] Clauss G F. Dramas of the sea: episodic waves and their impact on offshore structures[J]. Applied Ocean Research, 2002, 24(3): 147-161.
[23] Clauss G F, Schmittner C, Stutz K. Time-Domain Investigation of a Semisubmersible in Rogue Waves[C]// ASME 2002. International Conference on Offshore Mechanics and Arctic Engineering. 2002: 509-516.
[24] Clauss G F. Genesis of design wave groups in extreme seas for the evaluation of wave structure interaction[C]//Symposium on naval hydrodynamics. Fukuoka, Japan. 2002: 1-19.
[25] Clauss G F, Hennig J, Schmittner C E, et al. Non-Linear Calculation of Tailored Wave Trains for Experimental Investigation of Extreme Structure Behaviour[C]// ASME 2004. International Conference on Offshore Mechanics and Arctic Engineering. 2004: 527-535.
[26] Kriebel, D. L. Efficient simulation of extreme waves in a random sea[C]//Rogue waves 2000 workshops. Brest. 2000: 1-2.
[27] Kriebel D L, Alsina M V. Simulation of extreme waves in a background random sea[C]//The Tenth International Offshore and Polar Engineering Conference. International Society of Offshore and Polar Engineers, 2000.
[28] Dawson T H, Kriebel D L, Wallendorf L A. Breaking waves in laboratory-generated JONSWAP seas[J]. Applied Ocean Research, 1993, 15(2): 85-93.
[29] Wu C H, Yao A. Laboratory measurements of limiting freak waves on currents[J]. Journal of Geophysical Research Atmospheres, 2004, 109(C12): 481-497.
[30] Giovanangeli J P, Kharif C, Pelinovski E. Experimental study of the wind effect on focusing of transient wave groups[J]. arXiv preprint physics/0607010, 2006.
[31] Kharif C, Giovanangeli J P, Touboul J, et al. Influence of wind on extreme wave events: experimental and numerical approaches[J]. Journal of Fluid Mechanics, 2008, 594: 209-247.
[32] Houtani H, Waseda T, Fujimoto W, et al. Freak Wave Generation in a Wave Basin With HOSM-WG Method[C]// ASME 2015, International Conference on Ocean, Offshore and Arctic Engineering. 2015.
[33] 肖波，邱大洪，俞聿修. 实验室中椭圆余弦波的产生[J]. 海洋学报(中文版)，1991，(01): 137-144.
[34] 柳淑学，洪起庸. 三维极限波的产生方法及特性[J]. 海洋学报(中文版)，2004，(06): 133-142.
[35] 赵西增. 畸形波的实验研究和数值模拟[D]. 大连理工大学, 2009.
[36] 李俊，陈刚，杨建民. 深水畸形波的实验室物理模拟[J]. 中国海洋平台, 2009, (03): 22-25.
[37] 刘赞强. 畸形波模拟及其与核电取水构筑物作用探究[D]. 大连理工大学, 2011.
[38] 刘赞强. 实验室畸形波观测[A]. 中国海洋工程学会.第十六届中国海洋(岸)工程学术讨论会论文集(上册)[C]. 中国海洋工程学会, 2013: 3.
[39] 崔成，张宁川，俞聿修，裴玉国. 畸形波传播速度实验和数值模拟研究[J]. 海洋工程，2012，(03): 79-86.

[40] Li J, Li P, Liu S. Observations of Freak Waves in Random Wave Field in 2D Experimental Wave Flume[J]. China Ocean Engineering, 2013, (05): 659-670.
[41] Deng Y, Yang J, Tian X, et al. An experimental study on deterministic freak waves: Generation, propagation and local energy[J]. Ocean Engineering, 2016, 118: 83-92.
[42] 邹丽, 王爱民, 宗智, 等. 岛礁地形畸形波演化过程的试验及小波谱分析[J]. 哈尔滨工程大学学报, 2017, (03): 1-6.
[43] Sundar V, Koola P M, Schlenkhoff A U. Dynamic pressures on inclined cylinders due to freak waves[J]. Ocean Engineering, 1999, 26(9): 841-863.
[44] Sparboom U, Wienke J, Oumeraci H. Laboratory Freak-Wave Generation for the Study of Extreme Wave Loads on Piles[C]// Oceans. ASCE, 2001: 1248-1257.
[45] Günther F. Clauss, Schmittner C E. Experimental Optimization of Extreme Wave Sequences for the Deterministic Analysis of Wave/Structure Interaction[J]. Journal of Offshore Mechanics & Arctic Engineering, 2007, 129(1): 467-473.
[46] Bennett S S, Hudson D A, Temarel P. The influence of forward speed on ship motions in abnormal waves: Experimental measurements and numerical predictions[J]. Journal of Fluids & Structures, 2013, 39(5): 154-172.
[47] Rudman M, Cleary P W. Rogue wave impact on a tension leg platform: The effect of wave incidence angle and mooring line tension[J]. Ocean Engineering, 2013, 61(6): 123-138.
[48] 杨冠声. 张力腿平台非线性波浪载荷和运动响应研究[D]. 天津大学, 2003.
[49] 董艳秋. 深海采油平台波浪荷载及响应[M]. 天津: 天津大学出版社, 2005.
[50] 杨冠声, 董艳秋, 陈学闯. 畸形波对圆柱作用力计算的波形改造法[J]. 港工技术, 2003, (01): 6-8.
[51] 于定勇, 徐德伦, 韩树宗, 等. 海浪局部频率及波面水质点局部速度的统计分布[J]. 海岸工程, 1998, (02): 1-7.
[52] 金伟良, 陈海江, 庄一舟. 极端波浪对海洋导管架平台的作用及其模型试验研究[J]. 海洋工程, 1999, (04): 33-38.
[53] 韩涛, 张庆河, 庞红犁, 等. Generation and Properties of Freak Waves in A Numerical Wave Tank[J]. China Ocean Engineering, 2004, (02): 281-290.
[54] 肖鑫, 滕斌, 勾莹, 等. 畸形波作用下张力腿平台的瞬时响应[J]. 水运工程, 2009, (05): 9-14.
[55] 耿宝磊, 滕斌, 宁德志, 等. 畸形波作用下海洋平台小尺度杆件波浪荷载分析[J]. 大连海事大学学报, 2010, (01): 39-43.
[56] 赵西增. 基于 CIP 模型的极端波浪对浮体作用的数值模拟[A]. 中国力学学会流体力学专业委员会. 第七届全国流体力学学术会议论文摘要集[C]. 中国力学学会流体力学专业委员会, 2012: 1.
[57] 谷家扬, 吕海宁, 杨建民. 畸形波作用下四立柱张力腿平台动力响应研究[J]. 海洋工程, 2013, (05): 25-36.
[58] 沈玉稿. 畸形波的数值模拟及其与海洋结构物相互作用研究[D]. 上海交通大学, 2013.
[59] 武昕竹, 柳淑学, 李金宣. 聚焦波浪与直立圆柱作用的数值模拟[J]. 水利水运工程学报, 2015, (06): 31-39.
[60] 扈喆. 畸形波数值模拟及其对结构物的作用[D]. 上海交通大学, 2015.
[61] 刘珍, 茅润泽, 马小剑, 等. 畸形波作用下 JIP Spar 平台波浪力分析[J]. 海洋工程, 2015, (04): 19-27+44.
[62] 石博文, 刘正江, 张本辉. 基于 CFD 的船舶顶浪遭遇畸形波数值模拟[J]. 中国航海, 2016, (03): 59-62+113.

[63] Gao N, Yang J, Zhao W, et al. Numerical simulation of deterministic freak wave sequences and wave-structure interaction[J]. Ships & Offshore Structures, 2015: 1-16.
[64] Deng Y, Yang J, Tian X, et al. Experimental investigation on rogue waves and their impacts on a vertical cylinder using the Peregrine breather model[J]. Ships & Offshore Structures, 2015: 1-9.

第 2 章　畸形波的实测记录

由畸形波引起的船舶失事在世界各个海域都有发生，图 2.1 为多年内全球各海域由于畸形波而失事船只的记录[1]。从图中可以看出，畸形波广泛存在于世界上不同的海域，但在南非的东南海域、北海、中国东南海域等海区发生得比较频繁，仅有的一些畸形波的实测记录也是来自于这些畸形波的多发海域。下面对不同海域的畸形波实测记录进行介绍。

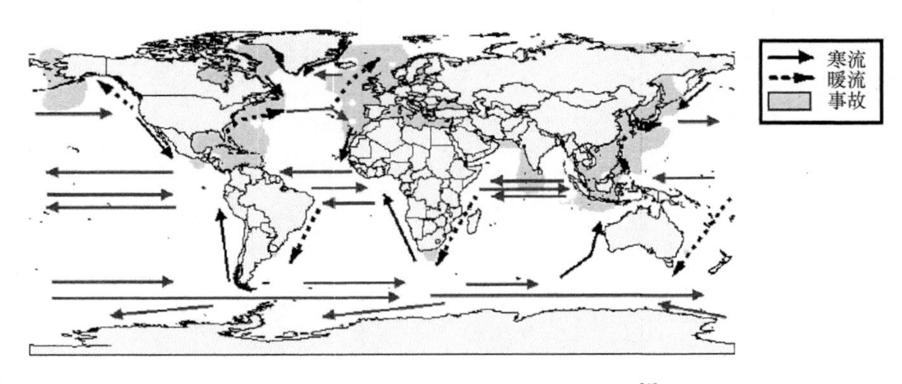

图 2.1　由畸形波导致船只失事的海域[1]

2.1　南非的东南海域

南非的东南海域是大西洋与印度洋的交汇处，这里有西南方向的 Agulhas 海流经过，并经受来自东北方向的强风的影响，著名的好望角即处于此。好望角是南非的标志性景观，它是非洲大陆的最南端，这里就以特有的巨浪闻名于世。由于地理位置特殊，该海域几乎终年大风大浪，遇难海船难以计数，据海洋学家统计，这一海区 10m 多高的海浪屡见不鲜，6～7m 高的海浪天数每年有 110 天，其余时间的浪高一般也在 2m 以上。在南部非洲的海图上，都有关于该海域异常大浪的警告，从万吨远洋货轮到数十万吨级的大型油轮都曾在此失事，其罪魁祸首就是这一海区奇特的巨浪——畸形波。

1968 年 6 月，“World Glory”号巨型油轮装载着 49000t 原油在驶入好望角时遭到了波高 20m 的狂浪袭击，巨浪就像折断一根木棍一样地把油轮折成两段，

22 名船员丧生[2]，油轮沉没时的情景如图 2.2 所示。

图 2.2　油轮 “World Glory” 号被畸形波击中而沉入海底[3]

1974 年 5 月，挪威籍油轮 “Wilstar” 号在南非德班海域附近遭受畸形波的攻击，造成船体外部结构严重损伤，如图 2.3 所示。

图 2.3　“Wilstar” 号遭受畸形波攻击后损坏的情形[3]

1980 年，“Esso Languedoc” 号油轮在南非海域同样遭遇了 25m 高、被描述为 “水墙” 的畸形波，船员将这一情景记录了下来，如图 2.4 所示。

图 2.4　油船 “Esso Languedoc” 号上拍摄到的畸形波[3]

2005 年 8 月 26 日，在南非的 Kalk 海湾，两名游客在防波堤上被巨浪卷走，该巨浪波高超过 9m，该海域近岸处的有效波高约 4.5m[4]，如图 2.5 所示。

图 2.5　一个高达 9m 的畸形波卷走防波堤上的游客[4]

据 20 世纪 70 年代以来的不完全统计，在南非海域失事的万吨级航船已有 12 艘之多，如图 2.6 所示。

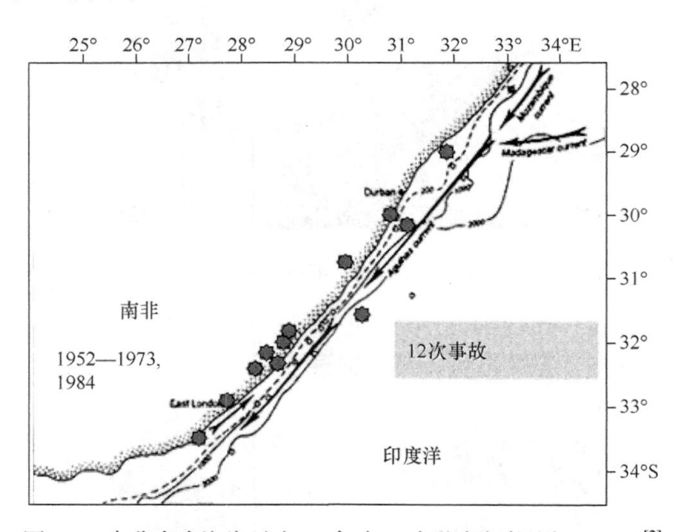

图 2.6　南非东南海岸过去 20 年由于畸形波失事的船只记录[2]

2.2　北　　海

北海是仅次于波斯湾的第二大海洋石油产区。在英国走上繁荣与振兴的过程中，北海石油起了重要的作用。北海是较频繁出现畸形波的海区之一，但这里没有明显的海流经过。1984 年，北海挪威海域 Ekofisk 油田位于平均海面以上 20m 的 2/4—A 采油平台因受到畸形波袭击而造成了一定的损坏，在该事故中，平台控制室的墙壁被波浪击毁，生产停顿了 24 小时[5]。图 2.7 为 1984 年 11 月 17 日在北海 Gorm 海域监测到一个包含畸形波的波面时间序列，该畸形波波峰高达 11m，为有效波高(5m)的 2.2 倍。

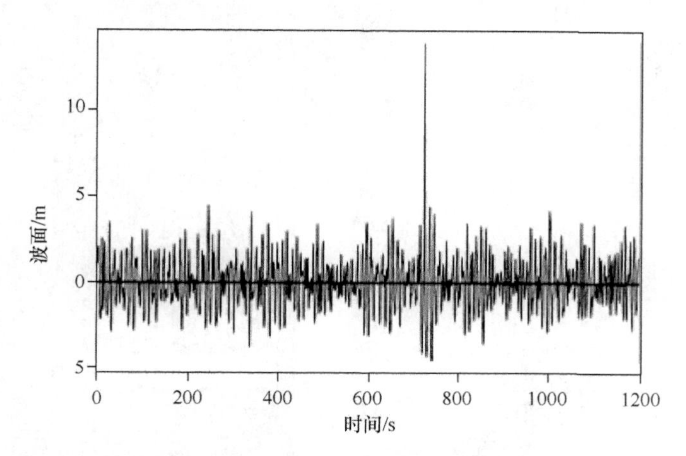

图 2.7　1984 年 11 月 17 日北海 Gorm 海域观测到的畸形波事件[5]

图 2.8 给出的是最有名的畸形波实例，即 1995 年 1 月 1 日 15 时 20 分在北海 Draupner 石油平台记录的波高 25.6m 的“新年波”，时长 1200s 的观测记录显示，当时的有效波高是 11.92m，而其波峰高度就达到 18.4m，它摧毁了北海挪威海域的 Draupner 石油平台[6]。

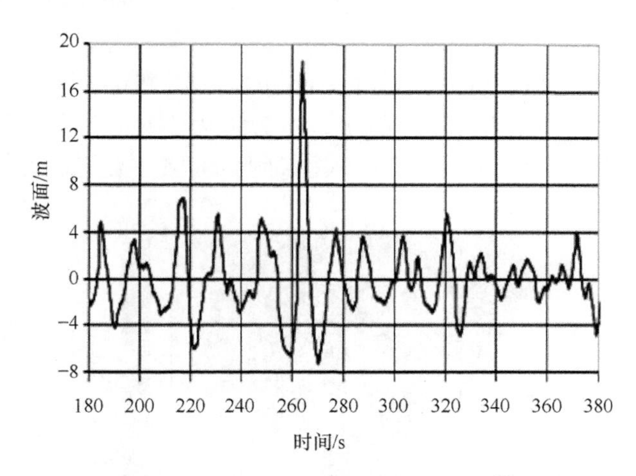

图 2.8　北海“新年波”的时间记录[6]

Draupner 石油平台事故发生几个小时后，一艘名为“Alfried Krupp”的救援船在距 Draupner 石油平台 570km 处遭遇了极端波浪，导致两名船员失踪[7]。气象卫星记录下了该处海域两个时刻的海况，如图 2.9 所示。

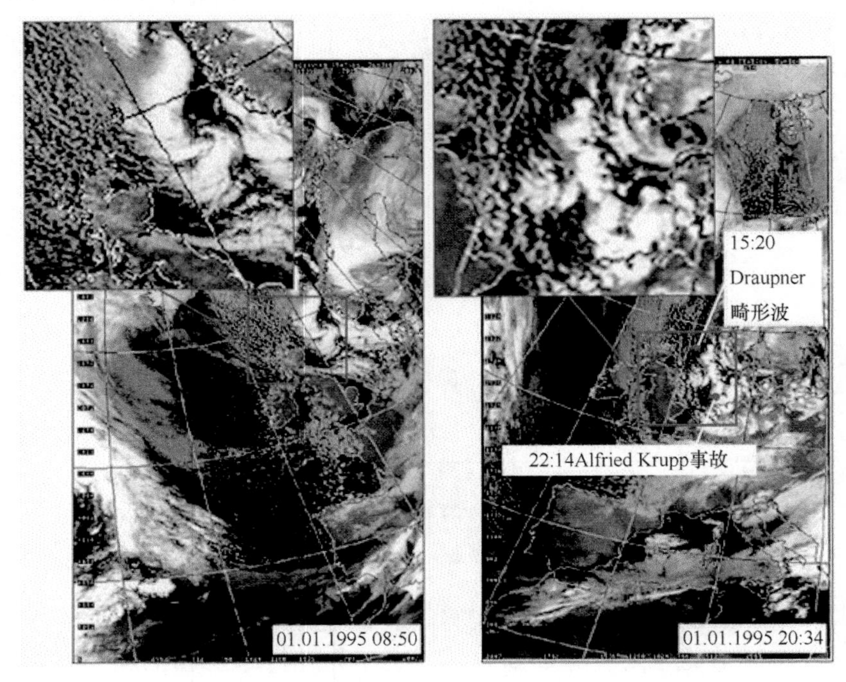

图 2.9　1995 年 1 月 1 日 08:50 和 20:34 海况卫星图像[7]

2006 年 11 月 1 日，位于北海 FiNO-1 海洋研究平台上的浮标在“Britta”风暴期间测量到了一群畸形波。这些畸形波波高超过 20m，周期约 25s，导致平台损坏。2007 年 11 月 9 日，“Tilo”风暴期间 FiNO-1 平台同样遭遇了极端波浪[7]。图 2.10 为北海地形及“Britta”风暴期间测量到的畸形波，图 2.11 为“Britta”风暴过境后 6 小时的海面卫星图像及 2007 年 11 月 9 日“Tilo”风暴期间 FiNO-1 平台附近的海况卫星图像。

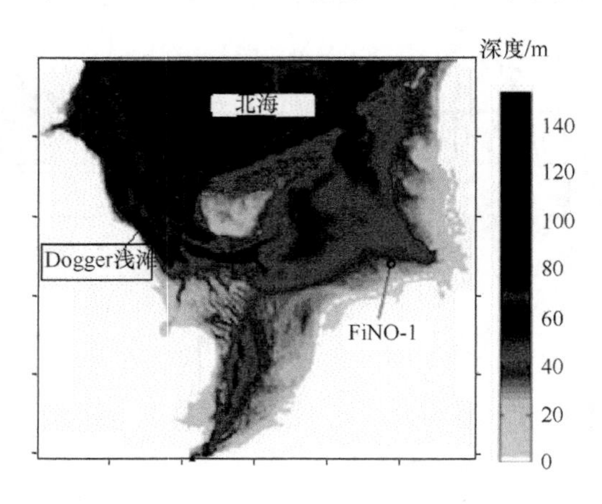

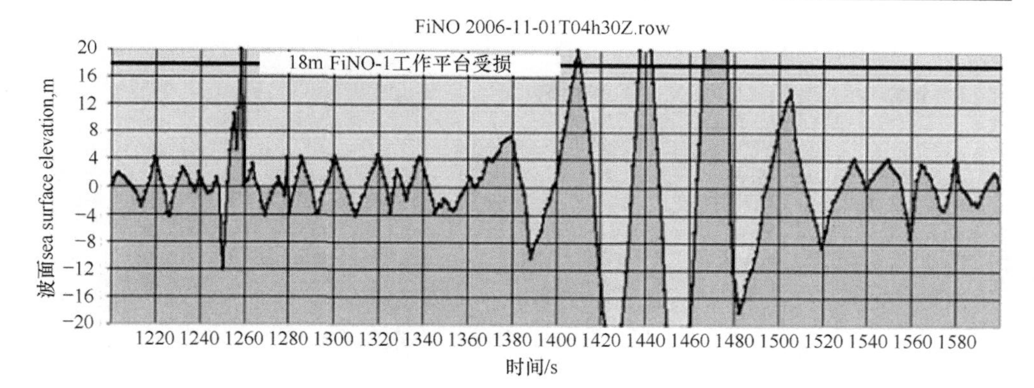

图 2.10　北海地形及“Britta”风暴期间测量到的畸形波[7]

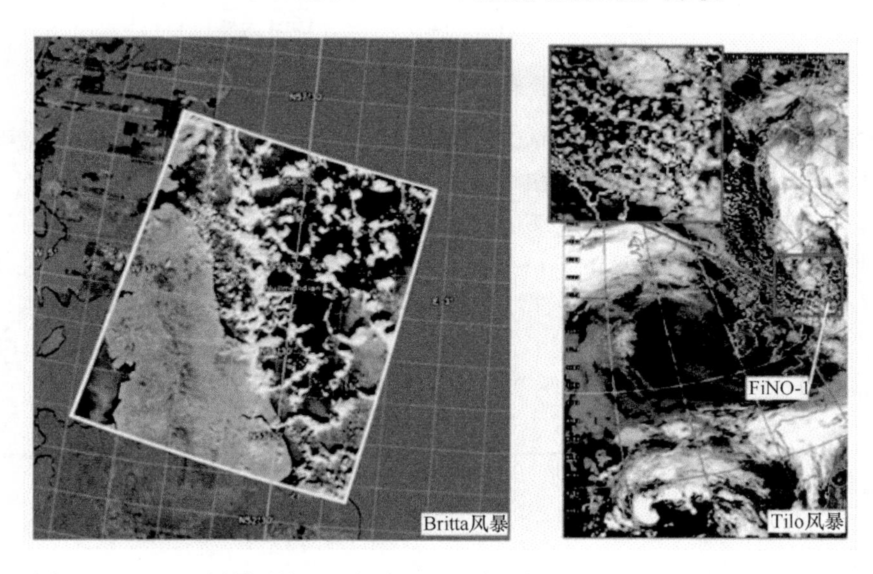

图 2.11　“Britta”风暴过境后 6 小时及 2007 年 11 月 9 日“Tilo”风暴期间 FiNO-1 平台附近的海况卫星图像[7]

2.3　环日本海域

畸形波发生的环日本海域主要是日本东部的西太平洋和西部的日本海，这些海区是传统的天然渔场，但是海底地形复杂，暗礁岛屿密布。1980 年，英国轮船“Derbyshire”号在日本海岸失踪，船上 44 人无一人生还。各种迹象表明，这艘轮船丧生于巨浪之中的可能性很大。图 2.12 为 1980～2010 年环日本海域可能由畸形波导致的一些船舶事故的发生地点。

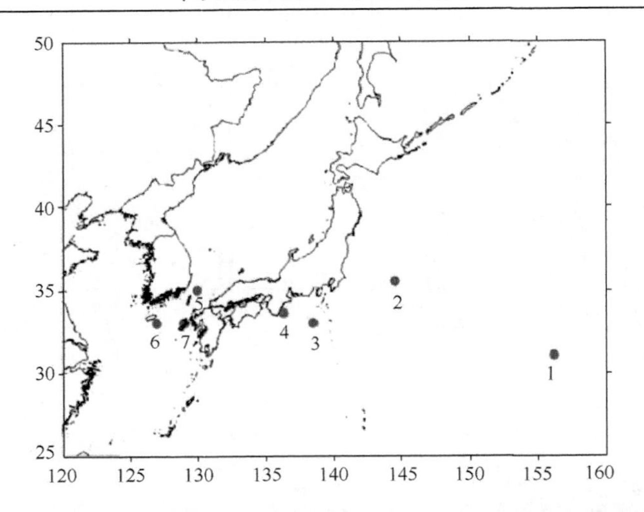

图 2.12　1980～2010 年环日本海域可能由畸形波造成的船舶事故发生地点[8]

Yasuda 曾利用日本气象局(JMS)测量的环日本海的波浪数据，对该海域畸形波发生的概率进行了研究[9]。该次测量一共设有 9 个测站，海面高程是由安置在距海底 50m、距海岸 1～2km 的超声波浪测量仪所观测得到的。日本运输部船舶运输研究协会在 Yura 渔港外 3km 处利用超声波仪器对海浪进行了测量，测量水深为 43m，采样频率为 1Hz，共得到 5 组数据,每组数据包含 20～40 个波浪以上的连续记录。Paul 和 Mori 研究了 1986～1990 年的记录，从中发现了至少 14 次的 10m 以上的畸形波记录[10]，图 2.13 就是其中的两个。

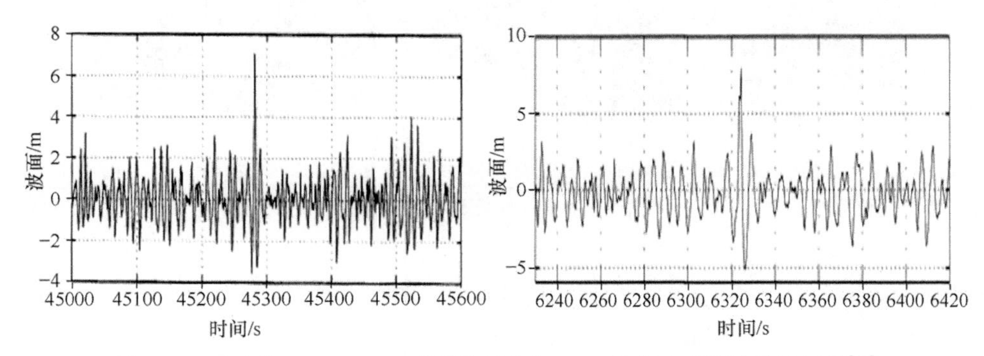

图 2.13　日本海 Y88121401 畸形波(左)和 Yura 港(右)畸形波波面记录[10]

2.4　中国的东、南海域

我国的东海大陆架富含油气资源，南海海域更是石油宝库。经初步估计，整个南海的石油地质储量大致在 230～300 亿吨，约占中国总资源量的三分之一，属于世界四大海洋油气聚集中心之一，有“第二个波斯湾”之称。但与周边国家在南海疯狂开采形成鲜明对照的是，中国在南海仅有“海洋石油 981”等几座钻井平台。除了海洋石油勘探等方面存在的问题，东海、南海海域复杂的海洋条件也是一个重要的因素，每年台风季节，该海域巨浪狂涛多，平均波陡大，畸形波生成概率高，海况非常复杂。

许明光[11]、陈正宏[12]等曾收集了 1949 年到 1999 年中国台湾报道的 140 起畸形波事件，在这 50 年内由于近岸畸形波事件超过 496 人失去了生命，超过 35 艘船舶倾覆，它们是中国台湾地区沿岸人类活动的最大威胁之一。1996 年，中国台湾在其周边海域安装了海洋监测系统，Chine 等[13]从中国台湾海域长期观测的波浪数据库中的 4565 个波记录中获得到了 175 个畸形波，图 2.14 给出了一个示例。

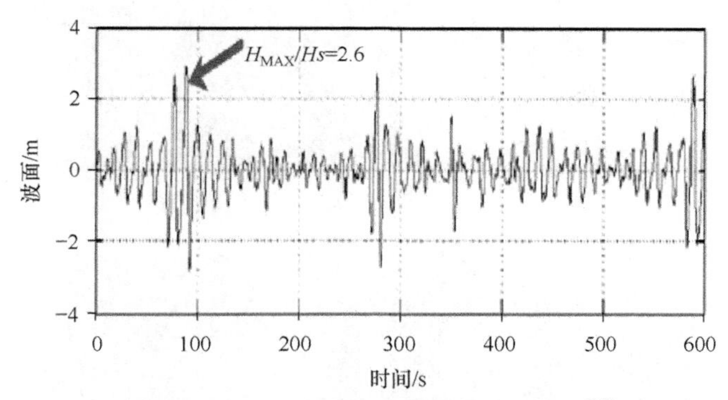

图 2.14　中国台湾实测畸形波的波面记录[13]

2013 年 11 月 9 日，中国台湾新北市 26 名树林小区大学“步道美学课程”学员、家属及讲师到龙洞的鼻头角地质公园海滨户外教学，突遭“疯狗浪”袭击，连续打来的三个大浪造成 8 人落海死亡，另 8 人受伤，是中国台湾近年来最严重的“疯狗浪”杀人事件，也是地质公园首起“疯狗浪”夺命案例。图 2.15 为当时的救援现场。

2014 年 6 月 27 日 8 时 20 分，渔船“闽霞渔 01003”号在钓鱼岛以北 60 海域翻覆沉没。造成船上 10 人全部落水，其中 3 人获救、1 人死亡、6 人失踪的较大水上安全事故。根据国家海洋环境预报中心提供的“2014 年 6 月 27 日钓鱼岛附近沉船事故海域海况分析”，得到该海域特殊地貌易造成畸形波，畸形波的波高能达到 10m 以上，历史上多次观测到高达 30m 的畸形波，并有多起因畸形波造成的海难事故。虽然距事发地 60km 外的 QF209 浮标(如图 2.16)没有观测到畸形波，但是考虑到畸形波具有孤立传播的性质，具有发生偶然、持续时间很短、能量巨大等特点，结合事发地周围地形、海流和波浪情况，其与本次沉船事故发生的特点比较吻合；事故调查组根据本起事故的突发性和特征，结合事发海域海况的特殊性，认为沉船事故发生符合畸形波致灾的特点。综合上述，事故调查组认为事故海域突发的畸形波是导致“闽霞渔 01003”号沉船事故的直接原因。

图 2.15　“疯狗浪”袭人事件救援现场

图 2.16　事故发生地和浮标位置

Wang 等[14]通过对位于江苏省东北部沿海响水站的浮标 SBF3-1 全年的测量数据进行分析，从中发现了三个典型的畸形波，并对江苏省沿岸的畸形波发生概率进行了研究。陆杨等[15]对该浮标的数据进行分析，从波向和发生季节上得到了响水海域畸形波的一些统计特征。图 2.17 为浮标 SBF3-1 及响水站位置。

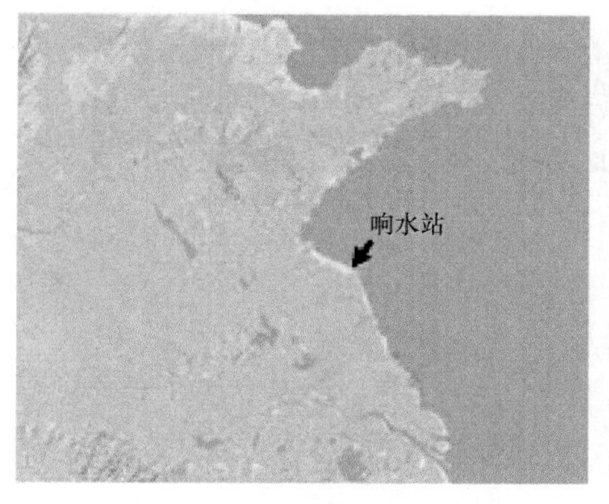

图 2.17　浮标 SBF3-1 及响水站位置[14]

2.5　墨西哥湾加勒比海附近海域

墨西哥湾位于北美洲东南，介于美国佛罗里达半岛、墨西哥尤卡坦半岛和古巴岛之间，呈椭圆形。东西长 1609km，南北长 1287km，面积为 154.3 万 km^2，大小仅次于孟加拉湾，为世界第二大湾。墨西哥湾地处热带和亚热带，是一个几乎与外洋隔绝的海域，水温较高，夏季可达 29℃，冬季也在 20℃左右。大西洋中的南北赤道暖流在墨西哥湾汇聚后，通过佛罗里达海峡流出。它进入大西洋后又和从赤道北上的另一股暖流汇合，便形成了墨西哥湾暖流(也叫“湾流”)，沿美国东海岸向北流去。墨西哥湾的西北部沿岸和大陆架储藏着丰富的石油、天然气和硫磺，但此地气候不佳，常常刮大风。特别是夏末秋初的季节，这里常刮可怕的飓风，风力可达 12 级。2005 年 4 月 16 日，“Norwegian Dawn”号在佛罗里达遭遇到了 70ft(1ft=0.3048m)的畸形波。船长描述“巨大的波浪突然出现后，海面立刻恢复了平静”。Melville 等[16]在靠近墨西哥海岸的太平洋恶劣环境下，利用航测的方式用摄像机拍摄强风条件下波浪的发展，在 400km 的距离内，来回以 25m/s 的速度经过 8 个小时的风中飞行后，找到 4 个符合 $H_j/H_s \geqslant 2$ 条件的畸形波。图 2.18 给出了发生在靠近墨西哥海岸的两个实测畸形波和航拍画面。

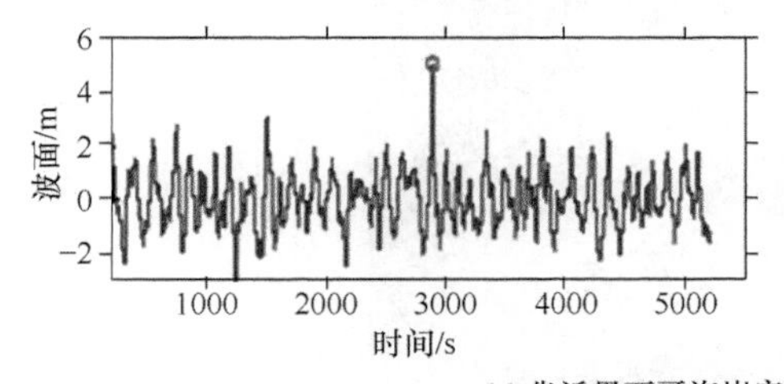

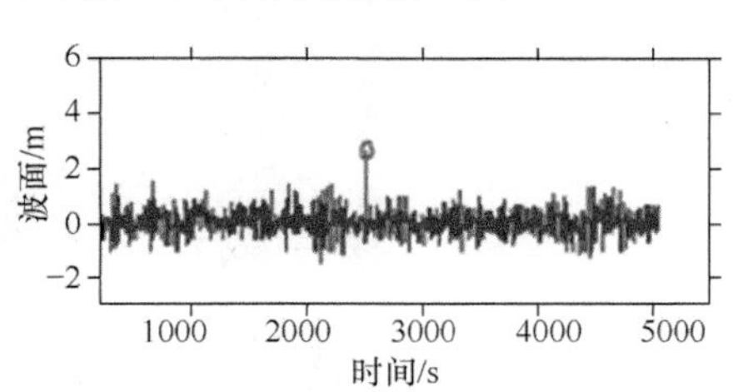

(a) 靠近墨西哥海岸实测包含畸形波的波列

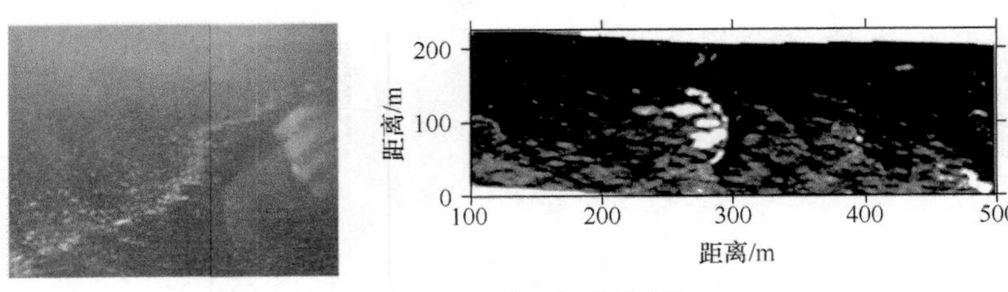

(b) 2004年2月19日航拍画面

图 2.18 靠近墨西哥海岸畸形波实测及航拍画面[16]

2.6 其他海域

除上述畸形波多发地带外，世界其他海域也有相关畸形波实测数据及由畸形波导致的事故发生。2002 年 11 月 20 日，油轮“Prestige”号在西班牙西北部 Galicia 海域由于遭受畸形波的袭击而严重损毁，最终船身断成两截而沉没[17]。图 2.19 为沉没中的“Prestige”号。

图 2.19 2002 年 11 月 20 日正在沉没的“Prestige”号油轮[17]

2005 年 2 月 14 日，一艘载有超过 700 名游客的“Voyager”号游轮在地中海遭遇风暴，15m 高的大浪使船上电子仪器受损并导致主机停转[4]。图 2.20 为巨浪过后的游轮。

图 2.20 遭受巨浪袭击的“Voyager”号游轮[4]

2010 年 2 月 14 日，畸形波袭击了美国加州 Maverricks 海滩，2 个 6m 高的巨浪卷走了海滩上的 13 名游客。图 2.21 为当时海滩上的情景。

图 2.21　2010 年 2 月 14 日畸形波袭击 Maverricks 海滩[18]

2010 年 3 月 3 日下午 4 时 20 分，“Louis Majesty”号游轮在地中海毫无征兆地撞上了一堵至少 8m 高的水墙。根据事后复原，游轮在驶下这堵巨浪的背风面时发生颠簸，接着又撞上了第二波、甚至第三波接踵而至的怪浪。海水冲上了船身吃水线上方近 17 米处，打破了第 5 层甲板上一间休息室的窗户，造成 2 名乘客当场死亡，另有 14 名乘客受伤。接着，巨浪就像突然出现一般，又突然消失了。图 2.22 为当时遭受畸形波袭击的部位。

图 2.22　“Louis Majesty”号游轮遭受畸形波袭击的部位[18]

Johnson Glejin 等[19]对位于印度西海岸 Ratnagiri 地区 2011 年的浮标测量数据进行分析，从 16464 组数据中发现了 89 个畸形波，并研究了该海域不同类型的畸形波及其季节性变化。图 2.23 为发现的 5 种类型的畸形波。

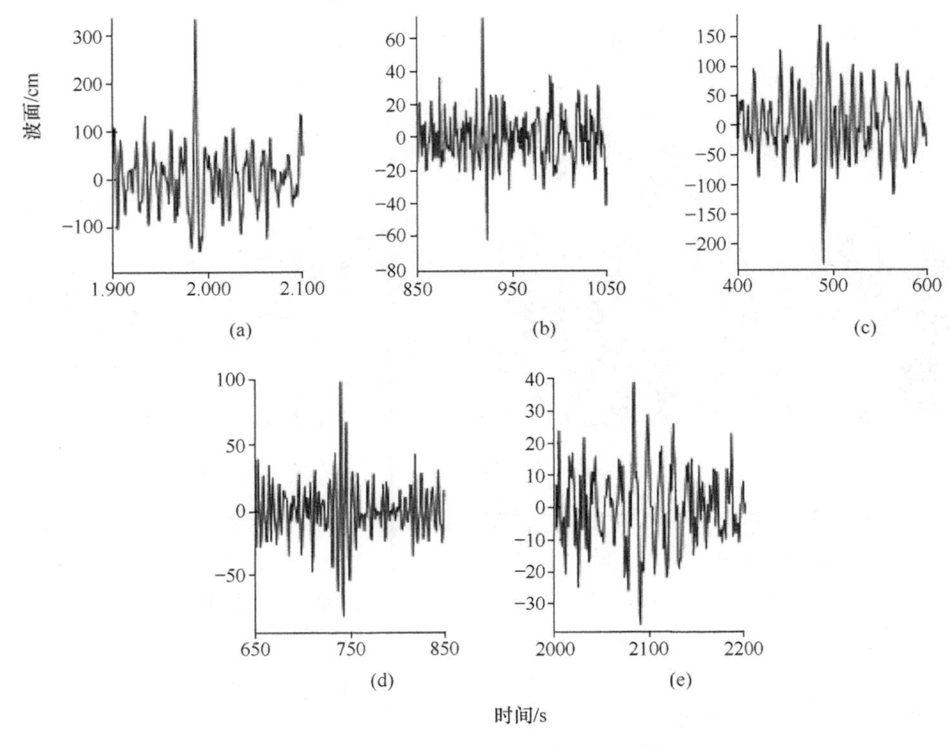

图 2.23　5 种不同类型的畸形波[19]

2014 年 1 月 7 日下午，畸形波袭击了葡萄牙波尔图海岸，当时人们正在岸边游览，突然大浪袭来，冲走了岸边的汽车，据当地媒体报道，至少 4 人在此次畸形波事件中受伤，图 2.24 为当时人们拍下的画面。

图 2.24　2014 年 1 月 7 日下午畸形波袭击葡萄牙波尔图海岸

2.7 小　结

畸形波实测记录的海域都是海上交通繁忙或者是海洋石油资源比较丰富的地区，海洋监测体系相对比较完善，可以想象，世界上的其他海域也会有畸形波发生但由于畸形波的不可预见性和监测体系的不健全，人们无法得到这些资料。即使是现有的畸形波实测资料，文献中的记录也均是对某一点的时域观测，缺少完整的畸形波发展记录。欧盟于 2000 年启动了“MaxWave”计划，用两架地球扫描卫星对海洋进行扫描测量，计划绘制一幅巨浪地图，显示海洋的哪些地方巨浪最有可能发生，但此类项目耗时耗力，需要强大的资金支持，此外卫星测量的真实性仍值得讨论。因此，实测资料的缺乏已经成为畸形波研究的一大障碍。

参 考 文 献

[1] Monbaliu J, Toffoli A. Regional distribution of extreme waves[J]. Rogue Waves: Forecast and Impact on Marine Structures. GKSS Research Center, Geesthacht, Germany, 2003.
[2] Lavrenov I V. The Wave Energy Concentration at the Agulhas Current off South Africa[J]. Natural Hazards, 1998, 17(2): 117-127.
[3] Kharif C, Pelinovsky E, Slunyaev A. Rogue Waves in the Ocean[M]. Springer Berlin Heidelberg, 2009.
[4] Didenkulova I I, Slunyaev A V, Pelinovsky E N, et al. Freak waves in 2005[J]. Natural Hazards & Earth System Sciences, 2006, 6(6): 1007-1015.
[5] Sand S E, Hansen N E O, Klinting P, et al. Freak Wave Kinematics[M]//Water Wave Kinematics. Springer Netherlands, 1990: 535-549.
[6] Haver S. A possible freak wave event measured at the Draupner Jacket, January 1 1995[J]. Actes de colloques - IFREMER, 2004.
[7] Pleskachevsky A L, Lehner S, Rosenthal W. Storm observations by remote sensing and influences of gustiness on ocean waves and on generation of rogue waves[J]. Ocean Dynamics, 2012, 62(9): 1335-1351.
[8] Waseda T, Tamura H, Kinoshita T. Freakish sea index and sea states during ship accidents[J]. Journal of Marine Science and Technology, 2012, 17(3): 305-314.
[9] Yasuda T, Mori N. Occurrence Properties of Giant Freak Waves in Sea Area around Japan[J]. Journal of Waterway Port Coastal & Ocean Engineering, 1997, 123(4): 209-213.
[10] Mori N, Liu P C, Yasuda T. Analysis of freak wave measurements in the Sea of Japan[J]. Ocean Engineering, 2002, 29(11): 1399-1414.
[11] 许明光, 曾俊超, 高家俊. 台湾地区疯狗浪之调查及成因初探[J]. 第五届海洋工程研讨会, 1993, 513.
[12] 陈正宏. 疯狗浪原因初探[D]. 中国台湾: 中国台湾成功大学, 1999.
[13] Chien H, Kao C C, Chuang L Z H. On the characteristics of observed coastal freak waves[J]. Coastal Engineering Journal, 2002, 44(04): 301-319.
[14] Wang Y, Tao A F, Zheng J H, et al. A preliminary investigation of rogue waves off the Jiangsu coast, China[J]. Natural Hazards & Earth System Sciences, 2014, 14(9): 2521-2527.

[15] 陆杨, 冯卫兵, 杨斌. 响水海域畸形波特性初探[J]. 水道港口, 2015, (01): 21-25.
[16] Melville W K, Romero L, Kleiss J M. Extreme wave events in the Gulf of Tehuantepec[J]. 2005.
[17] Lechuga A. Were freak waves involved in the sinking of the Tanker "Prestige"[J]. Natural Hazards & Earth System Sciences, 2006, 6(6):973-978.
[18] Slunyaev A, Didenkulova I, Pelinovsky E. Rogue waves in 2006-2010[J]. Natural Hazards & Earth System Sciences, 2011, 11(11): 2913-2924.
[19] Glejin J, Kumar V S, Nair T M B, et al. Freak waves off Ratnagiri, west coast of India[J]. Indian Journal of Geo-Marine Sciences, 2014, 43(7): 1-7.

第 3 章　生成畸形波的理论模型及数值模拟

目前对畸形波的研究主要分为三个途径：一是理论分析研究；二是利用现场的观测资料进行统计分析研究；三是实验室内的模拟研究。目前，理论分析研究尚有很大的局限性，诸多假说有赖于进一步试验的验证；由于畸形波发生的不确定性和瞬时性，加上恶劣的现场环境，进行现场测量有很大的难度；对于畸形波这种特殊的波浪，很多的问题有赖于实验室模拟研究。实验室的模拟研究分为两大类：一种是利用风或者造波机进行物理模拟；另外一种是数值模拟，数值模拟具有经济方便等优点，日益受到人们的重视和广泛的应用。

本章首先建立畸形波的理论模型，然后以理论模型为基础数值模拟生成畸形波。

现有畸形波的生成假说可分为两种类型：(1)外在环境变化影响；(2)波浪内部演化或能量汇聚。环境变化的影响可以解释一些海域的畸形波现象(南非海域的 Agulhas 海流)，但不适用于没有明显海流和特殊海底地貌的开放海域。能量汇聚则更具普适性。本章暂不考虑环境的影响，而是以更有普遍意义的波浪能量汇聚作为出发点，数值模拟生成畸形波。

天然海浪是很复杂的，人们对它的认识和研究过程是由简到繁，由浅入深的，目前已经建立的数值模拟生成波浪的模型有很多种，选择最为常见的线性叠加模型，应用同一方向不同频率组成波的线性叠加作为数值模拟畸形波的出发点，运用多种方法模拟生成包含畸形波的波列。

线性叠加模型具有物理意义清晰，计算简单的优点，多年的应用已经证明其可以描述天然海浪。采用线性叠加模型还有一个最大的优势，即现有的实验室利用造波机生成波浪都是采用线性叠加法，这样数值模拟得到的包含畸形波的随机波列，不用做太大的改动就可以转化为控制造波机造波板位移的信号序列，实现畸形波在实验室的模拟，从而完成一个从理论分析到数值模拟，再进行试验相互验证的过程。

3.1　不规则波浪模拟方法及要求

3.1.1　不规则波浪模拟方法

20 世纪 50 年代初，Pierson 最先将 Rice 关于无线电噪声的理论应用于海浪，从此，利用谱的概念以随机过程描述海浪成为随机波浪研究的主要途径之一。以此为出发点，引出了后来种种描述海浪的海浪模型。其中一种最常用的 Longuet-Higgins 模型，将无数个组成波叠加起来，描述一固定点的波面[1~4]：

$$\eta(x,t)=\sum_{i=1}^{M}a_i\cos(k_ix+\omega_it+\varepsilon_i) \tag{3.1}$$

式中，x，t 分别表示位置和时间，η 为波动水面相对于静水面的瞬时高度；a_i 为第 i 个组成波的振幅；k_i，ω_i 为第 i 个组成波的波数和圆频率，$k_i=2\pi/L_i$、$\omega_i=2\pi/T_i$，L_i、T_i 分别为波长、周期；ε_i 为第 i 个组成波的随机初相位。

设所需模拟的海浪频谱为 $S_{\eta\eta}(\omega)$，其能量的绝大部分分布在一有限的频域 $\omega_1\sim\omega_2$ 范围内，见图 3.1。在 $\omega_1\sim\omega_2$ 范围内将 ω 划分为 M 个区间，其间隔为 $\Delta\omega_i=\omega_{i+1}-\omega_i$，取 $\hat{\omega}=(\omega_{i+1}+\omega_i)/2$，在每一个频域间隔内，对应的组成波的振幅应为

$$a_i=\sqrt{2S_{\eta\eta}(\hat{\omega}_i)\times\Delta\omega_i} \tag{3.2}$$

于是，式(3.1)可写为

$$\eta(x,t)=\sum_{i=1}^{M}\sqrt{2S_{\eta\eta}(\hat{\omega}_i)\Delta\omega_i}\cos(kx+\varpi_it+\varepsilon_i) \tag{3.3}$$

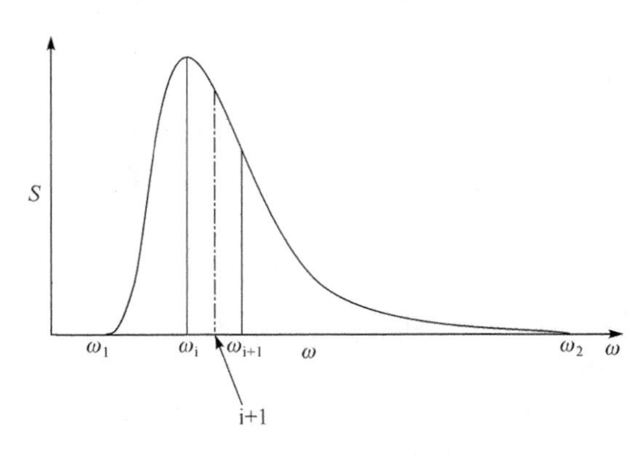

图 3.1　划分波谱的频率区间示意图

在具体模拟随机波列过程中，需要合理地选择频谱的频域范围、组成波个数及组成波的代表频率、初相位等参数。

(1) 频谱范围 $\omega_1\sim\omega_2$ 的选取

设在高频侧与低频侧各允许略去总能量的 μ (取 0.002) 部分，则

$$\mu = \frac{\int_{\omega_2}^{\infty} S_{\eta\eta}(\omega)\mathrm{d}\omega}{\int_0^{\infty} S_{\eta\eta}(\omega)\mathrm{d}\omega} = \frac{\int_0^{\omega_1} S_{\eta\eta}(\omega)\mathrm{d}\omega}{\int_0^{\infty} S_{\eta\eta}(\omega)\mathrm{d}\omega} \tag{3.4}$$

对于 P-M 谱，将指定的波浪谱 $S_{\eta\eta}(\omega)$ 代入上式，即可求得 ω_1 与 ω_2：

$$\omega_1 = \sqrt[4]{-\frac{3.11}{H_s^2 \cdot \ln(\mu)}} \tag{3.5}$$

$$\omega_2 = \sqrt[4]{-\frac{3.11}{H_s^2 \cdot \ln(1-\mu)}} \tag{3.6}$$

(2) 划分频率区间

一般常用的有等分频率法和等分能量法两种方法。在此采用等分频率法，即取 $\Delta\omega$ 为一常量：

$$\Delta\omega = \frac{\omega_2 - \omega_1}{M} \tag{3.7}$$

其中，M 为组成波的个数。某一频率区间的代表频率 ϖ ：它可以有多种取值法，就直观的概念看来，似乎可以取 $\hat{\omega}$，但如果这样来选取 ϖ ，则由式(3.3)所模拟的波面将以周期为 $\frac{2\pi}{\Delta\omega}$ 重复出现，这不符合海浪的实际情况。因此在选取 ϖ 时，最好在 $\omega_i \sim \omega_{i+1}$ 范围内随机选取。但要说明的是，在计算 $S_{\eta\eta}(\hat{\omega})$ 时，$\hat{\omega}$ 仍以取 $\frac{1}{2}(\omega_i + \omega_{i+1})$ 为宜。

(3) 随机初相位 ε_i

所有组成波的随机初相位 ε_i 应在 $0 \sim 2\pi$ 范围内均匀地随机分布，本书的模拟中，组成波的随机初相位全部由计算机随机产生。具体计算时，式(3.3)可写成离散的形式，即

$$\eta(x, n\Delta t) = \sum_{i=1}^{M} \eta_i(x, n\Delta t) = \sum_{i=1}^{M} \sqrt{2S_{\eta\eta}(\hat{\omega}_i)\Delta\omega_i} \cos(kx + \varpi_i n\Delta t + \varepsilon_i) \tag{3.8}$$

3.1.2　不规则波浪模拟的要求

不规则波试验模拟时，主要遵循现行的行业标准《海港水文规范》[5]中相关规定：

(1) 波能谱总能量偏差控制在 ±10% 以内；

(2) 峰频模拟值偏差在 ±5% 以内；

(3) 有效波高、有效波周期或谱峰周期偏差在 ±5% 以内；

(4) 模拟波列中的 1%累积频率波高、有效波高与平均波高的比值偏差在 ±15% 以内。在试验中完全满足以上要求比较困难，试验中主要以满足 (1)、(3)、(4) 项为主。

在认为波浪是平稳和各态历经的假设下，模拟随机波列时，选定的目标谱型为 P-M 谱。有效波高为 $H_s = 5\text{m}$ 。在 $f_{\min} = 0.1 f_p \sim f_{\max} = 4 f_p$（$f_p$ 为谱峰频率）采用等频率分割方法，组成波个数 M=100，并利用计算机产生的随机数 (×2π) 作为组成波的初相位，采样时距 $\Delta t = 0.02\text{s}$ ，可以得到二维条件下的一个随机波列如图 3.2 所示：

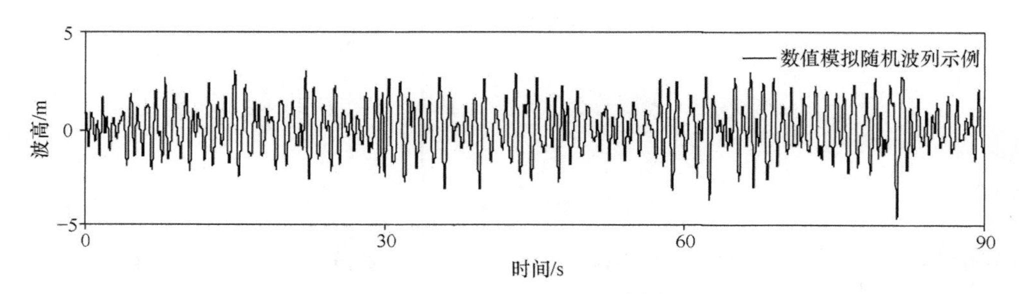

图 3.2 线性叠加法数值模拟的随机波列示例

3.2 畸形数值模拟理论模型一：部分组成波初相位相同模型

3.2.1 数值模拟生成畸形波的原理

对于式 (3.3)，有

$$\sum_{\omega}^{\omega+\Delta\omega} \frac{1}{2} a_n^2 = s(\omega)\Delta\omega \tag{3.9}$$

$$s(\omega) = \frac{1}{\Delta\omega} \sum_{\omega}^{\omega+\Delta\omega} \frac{1}{2} a_n^2 \tag{3.10}$$

由 Longuet-Higgins 理论知，海浪的总能量由各组成波提供，第 i 个组成波的能量为 $\frac{1}{2} a_i^2$ 。式 (3.3) 中，每一个组成波的初相位 ε_i 为随机变量，从而由组成波叠加而成的不规则波面垂直位移 η 也为随机量。如果全部组成波中有若干组成波的初相位 ε_i 是相同的，当不同频率、相同初相位的若干组成波在同一时间同一地点相互叠加，就将起到能量集中的作用，因此考虑调整组成波的初相位 ε_i ，使其部分相同 (称之为“部分组成波初相位相同模型”) 模拟得到包含畸形波的波列。

3.2.2　数值实现及分析

(1)波浪频谱及谱参数选择

波浪频谱的形状跟许多因素有关，随风速、风的持续时间和风的吹距、风浪的成长阶段、涌的存在与否以及地形水深的情况而变，但它也有一些基本的性质，迄今已提出许多海浪频谱，其中相当大的一部分具有 Neumann 谱的形式，该谱形在 20 世纪 50 年代至 60 年代初应用最广。20 世纪 60 年代中期，Moscowitz 从北大西洋的大量实测资料中选择了 54 组处于充分成长状态的波浪资料求得平均谱，1964 年，Pierson 和 Moscowitz 将其无因次化，得到所谓的 P-M 谱。其表达式为

$$S(\omega)=\frac{0.78}{\omega^5}\exp\left[-1.25\left(\frac{\omega_m}{\omega}\right)^4\right] \tag{3.11}$$

其中，ω是频率，$\omega_m=1.253/\sqrt{H_s}$ 是谱峰频率。上式中仅包含 H_s 一个参数，不足以表征复杂的海浪情况，第 13 届国际拖曳水池会议(ITTC，1972)曾对其进行过修改，1978 年，第 15 届 ITTC 同时考虑了波高和周期两个因素，采用了下列形式的谱公式，在此称其为改进的 P-M 谱：

$$\begin{gathered}S(\omega)=A\omega^{-5}\exp(-B\omega^{-4})\\ A=173H_s^2T_{0.1}^{-4}\\ B=691T_{0.1}^{-4}\end{gathered} \tag{3.12}$$

式中，H_s 和 $T_{0.1}$ 分别是有效波高和由谱距计算的平均周期。20 世纪 70 年代，国际上有关机构实施了“联合北海波浪计划”(Joint North Sea Wave Project，缩写 JONSWAP)，提出了著名的 JONSWAP 谱(1973)。JONSWAP 计划中的波浪观测工作是迄今为止最系统的海浪观测工作。它获得了大量的资料，而且在谱的基本理论上做了深入的研究工作。我国对海浪谱的研究始于 20 世纪 50 年代末，文圣常教授在 20 世纪 60 年代和 80 年代提出了两种频谱形式，后者列入了我国《港口工程技术规范》。

考虑到 P-M 谱的特点是所依据资料比较充分，分析方法比较合理，可以直接积分使用比较方便，在海洋工程和船舶工程中广为应用；另一方面，已有的研究表明，在畸形波的生成模拟过程中，畸形波生成的理论模型及其效果受谱型影响不大，故本文数值及物理模拟部分均以改进的 P-M 谱为目标谱。

在模拟随机波列时，对应的谱参数为

有效波高 $H_s=5\text{m}$；

频域范围 $f_{\min}=0.1f_p\sim f_{\max}=4f_p$（$f_p$ 为谱峰频率）；

组成波个数 M=100；

采样时距 $\Delta t = 0.02$ s。

采用等频率分割方法，并将利用计算机产生的伪随机数(×2π)作为组成波的初相位。

(2)初相位均匀分布情况下的计算结果

对于初相位在 0~2π 均匀分布的情况，共进行了 500 组随机数的模拟试验。每一组由计算机产生的 0~1 随机数(×2π)作为组成波的初相位，组成波叠加形成的一个波列所包含的波浪的个数为 11000~12000 个。

采用 FFT 方法来计算数值模拟波列的波浪谱。图 3.3 中给出了模拟波列的波浪谱和目标谱的比较，吻合良好。图 3.4 给出了其中一组模拟的波列示例，该波列中的最大波浪，波高可达 10.336m，符合畸形波定义的前 2 个条件但不符合定义的第 3 个条件。

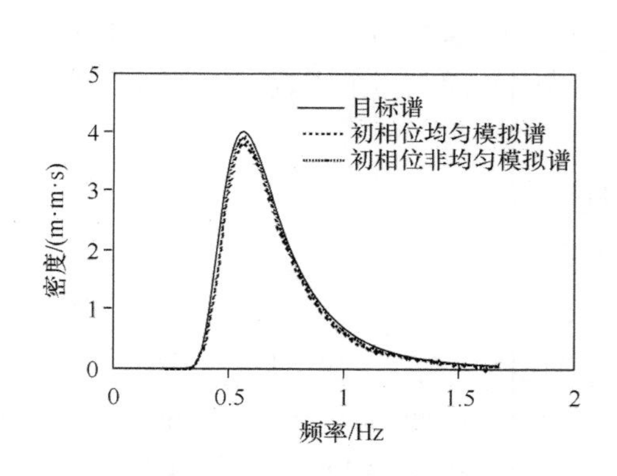

图 3.3　模拟波浪谱和目标谱的比较

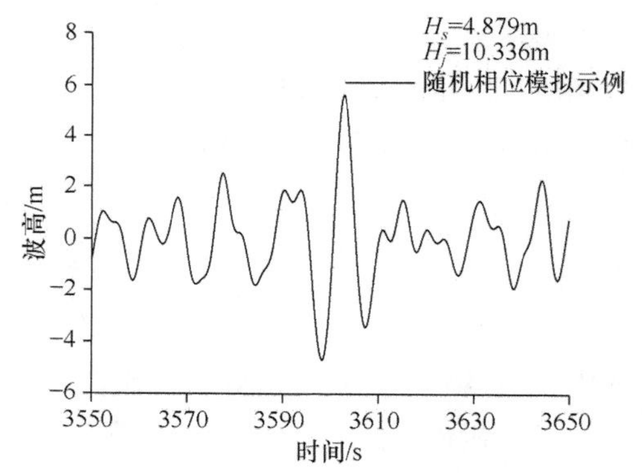

图 3.4　初相位均匀分布时模拟的波列示例

总体而言，在有效波高 $H_s = 5$m 的条件下，模拟结果中 432 组最大波高在 8m 以上，其中 157 组的最大波高在 9m 以上，最大波高在 10m 以上的有 24 组。表 2.1 汇总了组成波初相位均匀分布时,模拟得到的波列中三个比较典型的较大波浪的统计特征值。表中，h_s 表示模拟的目标谱有效波高，H_s 表示的是下跨零统计方式统计的模拟波列的有效波高。

表 3.1 可见，模拟的较大波浪波形都比较规则，没有出现同时满足定义全部条件的畸形波。

事实上，就物理意义而言，当组成波初相位在 0~2π 均匀分布时，可类比于常规的天然波列：在没有如复杂地形、复杂流场等因素的情况下，波能在特定时间和特定地点集中(产生畸形波)的概率甚低，因此很难发生畸形波。

表 3.1　初相位均匀分布时，模拟的几个较大波浪统计特性

数　组	h_s /m	H_s /m	H_j /m	α_1	α_2	α_3	α_4
[0，080]	5.0	5.034	11.512	2.287	3.003	1.477	0.542
[0，255]	5.0	4.821	10.665	2.212	2.098	2.863	0.446
[0，319]	5.0	4.879	10.336	2.118	2.814	2.575	0.585

(3)部分组成波初相位相同条件下的计算结果及比较

令 100 个组成波中的部分初相位相同，具体计算时首先用计算机生成一个随机数组，然后令其中的 1/9(比如，第 9、18、…、99 个)、1/4、1/3 取同一个值。这样叠加生成波列的部分组成波就具有相同的初相位。

为了进行对比，选用和初相位均匀分布时完全相同的 500 组随机数进行模拟试验，每一波列所包含的波浪的个数为 11000~12000 个。

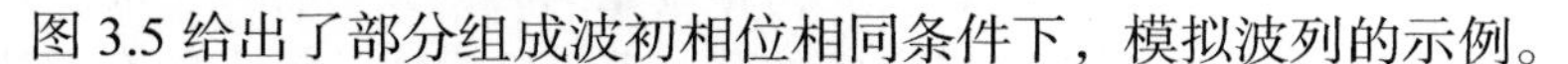

图 3.5 给出了部分组成波初相位相同条件下，模拟波列的示例。

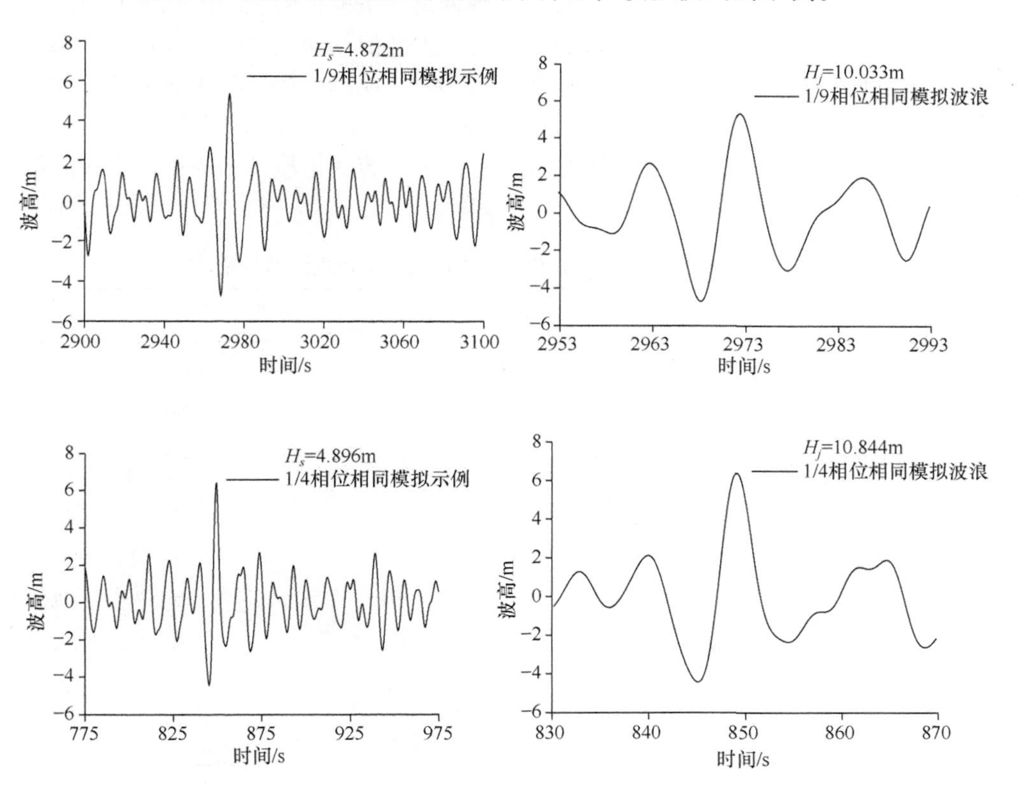

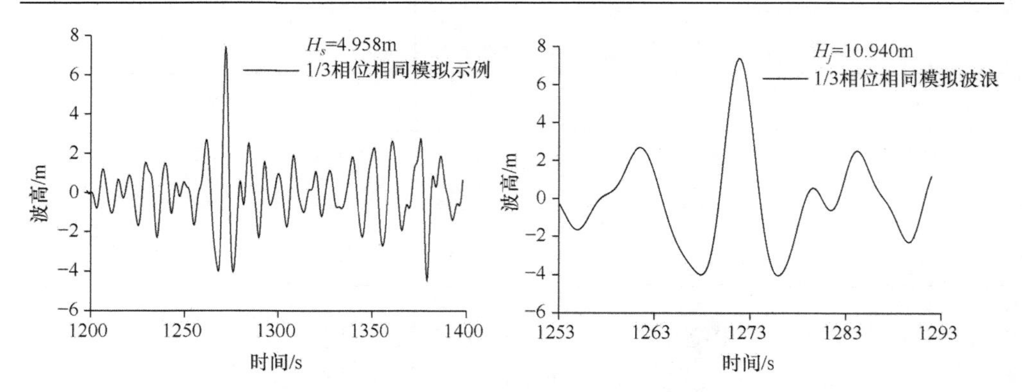

图 3.5　组成波初相位非均匀分布时，数值模拟的波列及较大波浪示例

图中，1/9 初相位相同情况下，最大波高达到 10.033m，符合畸形波定义的前 2 个条件但不符合定义的第 3 个条件；1/4 初相位相同情况下，最大波高 10.844m，符合所采用的畸形波定义的前 2 个条件但不符合定义的第 3 个条件；1/3 初相位相同情况下，最大波高达到 11.375m，符合所采用的畸形波定义的全部 3 个条件

表 3.2 分别给出了 1/9、1/4、1/3 组成波初相位相同时，数值模拟生成波列的波统计参数结果示例。从表中可以看出，各种情况下模拟生成的波列的有效波高 H_s 和目标谱的有效波高基本一致，波列中的最大波浪均能满足畸形波定义的第一、第二个条件；但在 1/9、1/4 组成波初相位相同时，模拟生成的较大波浪相对比较规则，其波峰与波高之比小于 0.650，不能满足畸形波定义的第三个条件。

表 3.3 汇总了组成波初相位四种情况下，各自 500 组模拟结果中最大波高的基本特征参数。

表 3.2　组成波初相位非均匀分布时，模拟的几个较大波浪的统计特性

初相位	数　组	h_s /m	H_s /m	H_j /m	α_1	α_2	α_3	α_4
1/9相同	[9，035]	5.0	4.984	12.465	2.501	2.043	3.379	0.434
	[9，237]	5.0	4.919	11.177	2.272	2.575	2.101	0.503
	[9，393]	5.0	4.872	10.033	2.059	2.519	2.536	0.578
1/4相同	[4，030]	5.0	4.883	10.332	2.116	3.120	2.553	0.571
	[4，251]	5.0	5.124	10.317	2.013	3.641	2.072	0.600
	[4，390]	5.0	4.896	10.844	2.215	4.024	2.559	0.618
1/3相同	[3，047]	5.0	4.962	11.691	2.356	2.830	2.393	0.665
	[3，389]	5.0	5.011	11.670	2.329	3.997	2.068	0.652
	[3，430]	5.0	4.958	11.375	2.294	2.623	2.464	0.656

表 3.3　组成波初相位四种分布情况下，各自 500 组模拟结果中最大波高的基本特征参数

波高分布	总组数	$H_j < 8\text{m}$	$8\text{m} \leqslant H_j < 9\text{m}$	$9\text{m} \leqslant H_j < 10\text{m}$	$H_j \geqslant 10\text{m}$
初相位均匀分布	500	68	275	133	24
1/9 初相位相同	500	51	266	148	35
1/4 初相位相同	500	0	9	137	354
1/3 初相位相同	500	0	0	0	500

当 100 个组成波中，有 1/9 初相位相同时，模拟的 500 组波列中只有 35 组的最大波高大于或等于 2 倍的有效波高，较波初相位均匀分布时略有提高，但其中的多个较大波浪仅能满足畸形波定义的第 1 和第 2 个条件，波形仍比较规则，波峰和波谷对称，不能满足定义的第 3 个条件。

当具有相同初相位的组成波比例增加至 1/4 时,模拟的 500 组波列中只有 354 组的最大波高大于或等于 2 倍的有效波高，这种情况下模拟出来的较大波浪波形已经表现出较强的非线性，接近但不能满足畸形波定义的条件 3。

当具有相同初相位的组成波比例增加至 1/3 时，模拟的全部 500 组波浪的最大波高均大于或等于 2 倍的有效波高,统计结果显示其中有 26 个波浪是符合定义全部三个条件的畸形波。

上述计算结果表明:增加随机初相位相同的组成波比例,可以提高强非线性、大波浪的出现频率，当该比例增加到 1/3 时，完全符合畸形波三个条件的波浪也随之生成。

(4)初相位相同的组成波排列次序对计算结果的影响

改变初相位相同的组成波排列次序：仍然令 100 个数中的 1/3 部分相同，但打乱其次序使其随机分布(其他参数不变)。目的是探寻提高生成畸形波效率的简单而有效的方法。

模拟的结果表明，初相位相同的组成波排列次序随机分布时，对计算结果的影响不可控制。有的排列方式可以在模拟的波列中出现较大波高的波浪，如图 3.6 的示例：波列中最大的波高达到了 10.094m，畸形波的特征参数均满足要求（$\alpha_1 = 2.798$；$\alpha_2 = 3.104$；$\alpha_3 = 3.543$；$\alpha_4 = 0.701$），但是对模拟出来的波列的有效波高已经不符合不规则波模拟的要求(H_s=3.910m)。更多的情况下模拟的波列中的最大波高变化并不大，甚至还小于初相位均匀分布时的模拟结果，由于模拟的不可控制性导致模拟效率很低。

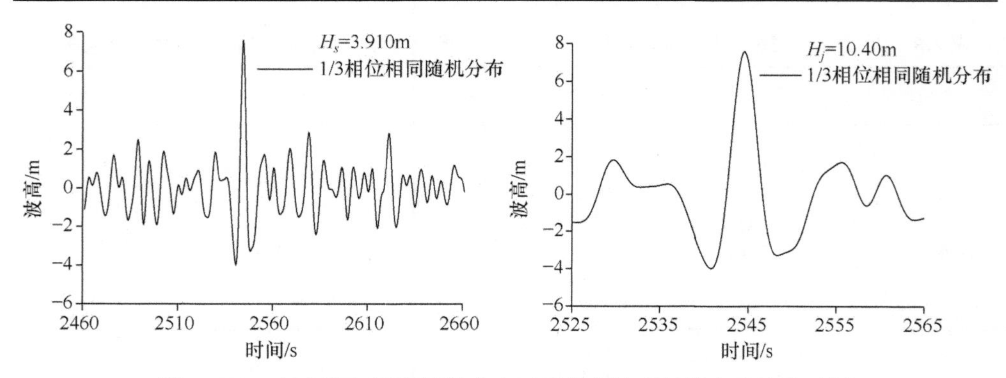

图 3.6　1/3 初相位相同但随机分布时模拟的波列及最大的波浪示例

3.2.3　部分组成波初相位相同模型模拟实测畸形波

(1)模拟日本海实测波浪

图 3.7 为 Mori 1987 年 12 月 14 日在日本海海域(水深 70m)观测到的一个包含畸形波的波列。其有效波高为 5.280m，畸形波的波高为 11.260m。

利用部分组成波初相位相同模型模拟该畸形波，采用改进的 P-M 谱，有效波高与实测波高一致,组成波个数 M=100,取 1/3 的组成波相位相同,采样时距 $\Delta t = 0.02\text{s}$ 。

图 3.8 是数值模拟生成的波列，与图 3.7 的实测波列比较，可以看出两者较为

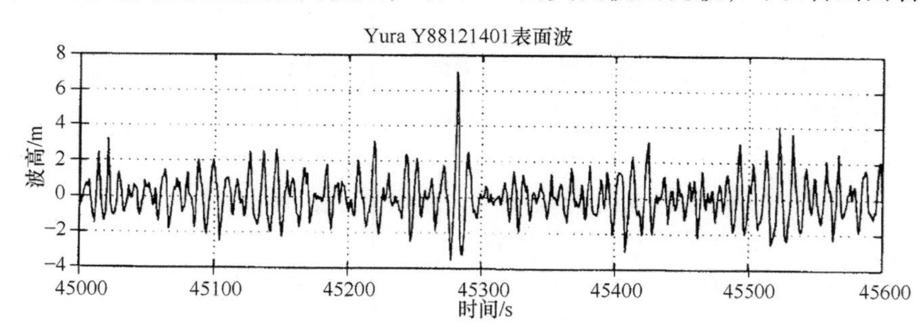

图 3.7　实测日本海 Y88121401 波浪的波面记录

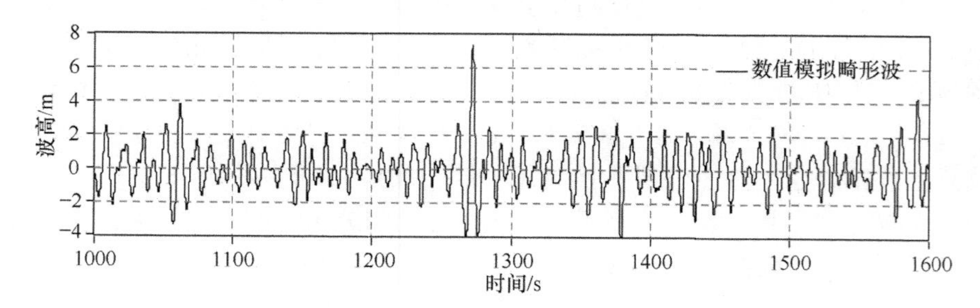

图 3.8　数值模拟包含畸形波的波列

接近，有效波高及畸形波参数也大体一致。

图 3.9 给出了两个畸形波浪的波形的直接比较，可以看出两者几乎相同。

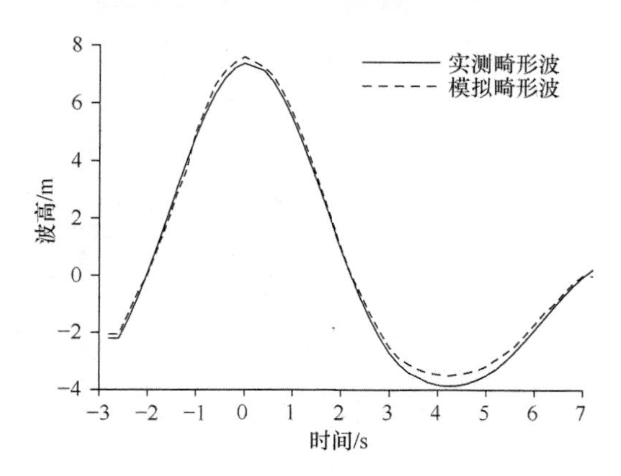

图 3.9　数值模拟畸形波和实测畸形波波形比较

(2) 模拟“新年波”

直接采用“新年波”发生时的实际海洋状态为背景来对其进行模拟。模拟方法与模拟日本海实测波浪的方法相同。

图 3.10 给出了含有畸形波部分的北海“新年波”波列的数值模拟结果。图 3.11 为“新年波”模拟与实测记录的对比。其中模拟畸形波的四个特征参数分别为 $\alpha_1 = 2.183$ ，$\alpha_2 = 2.212$ ，$\alpha_3 = 3.707$ ，$\alpha_4 = 0.650$ ，而实测“新年波”的对应参数为 $\alpha_1 = 2.150$ ，$\alpha_2 = 2.133$ ，$\alpha_3 = 3.404$ ，$\alpha_4 = 0.719$ 。可以看出两者基本接近，但还有一定的差别。

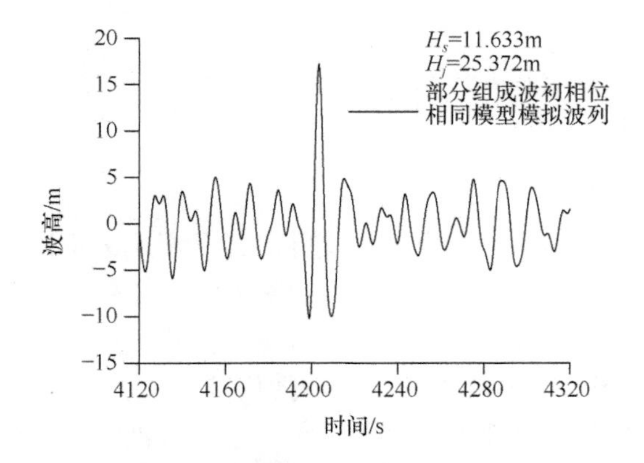

图 3.10　数值模拟的畸形波波列

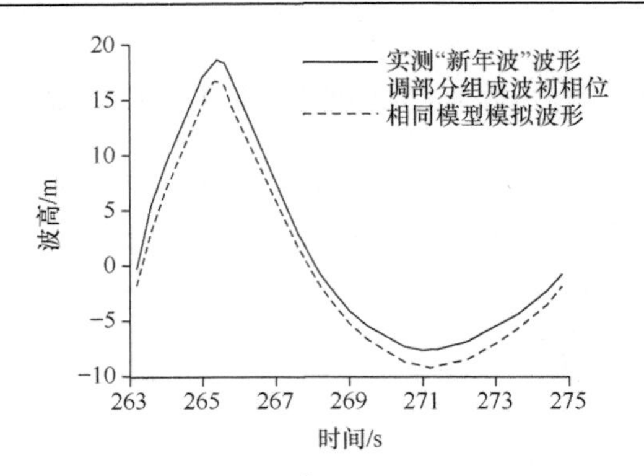

图 3.11　模拟的畸形波与“新年波”比较

3.2.4　部分组成波初相位相同模型小结

数值模拟结果表明:

(1) 在组成波的初相位随机分布的条件下,较大波浪发生的概率很低且其畸形程度较小，很难模拟得到满足定义全部条件的畸形波;

(2) 部分组成波初相位相同的模型，在 1/3 组成波的初相位相同的情况下，可以模拟生成满足畸形波定义 3 个条件的畸形波;

(3) 利用该模型模拟日本海实测的畸形波及北海“新年波”，结果表明这种模拟方法在非线性较弱的条件下是可行有效的(如日本海实测的畸形波)，但在非线性较强的条件下尚需改进;

(4) 初相位相同的组成波排列次序随机分布时，对计算结果的影响较难控制，建议部分组成波初相位相同模型采用规则排序法。

3.3　畸形数值模拟理论模型二：双波列叠加模型

3.3.1　双波列叠加模型

为了通过数值模拟方法模拟出符合实际海洋状况的畸形波，同时提高畸形波生成的效率，Kriebel 等提出一种生成畸形波模型，假定包含畸形波的波列的能量由两部分组成：其中一部分能量构成一个基本的随机波列，另一部分能量构成一个瞬态波列,把这个瞬态波列叠加在基本的随机波列中,称为“双波列叠加模型”。

对于目标谱，基于波谱能量的分配，每一个组成波频率上的波能量都按照相同的比例分为 p_1、p_2 两部分，$p_1 + p_2 = 1$。其中的 p_1 部分用于产生基本的随机波浪，另外的 p_2 部分则用于产生瞬态波浪。根据 Longuet-Hinggins 模型，自由水面的时间序列可以写作:

$$
\begin{aligned}
\eta(x,t) &= \eta_1(x,t) + \eta_2(x,t) \\
&= \sum_{i=1}^{M} A_{1i}\cos(k_i x + \omega_i t + \varepsilon_i) + \sum_{i=1}^{M} A_{2i}\cos[k_i(x - x_c) + \omega_i(t - t_c)]
\end{aligned} \tag{3.13}
$$

其中，t_c、x_c 表示瞬态波浪汇聚的时间和空间位置；ε_i (i=1, 2, 3, …, M)是生成基本波列组成波的初相位。ω_i、k_i 为基本波列和瞬态波列组成波的频率和波数(双波列各组成波对应的频率和波数相同)，另外的两个参数 A_{1i} 和 A_{2i} 是基本波列和瞬态波列的波幅，可以用下面的式子表示：

$$
\begin{aligned}
A_{1i} &= \sqrt{2p_1 s(\omega_i)\Delta\omega} \\
A_{2i} &= \sqrt{2p_2 s(\omega_i)\Delta\omega}
\end{aligned} \tag{3.14}
$$

3.3.2　数值实现及分析

(1)双波列叠加模型物理意义及实现实例

采用双波列叠加模型，得到波浪时间序列的随机过程。图 3.12 分别给出了双波列中的基本波列、瞬态波列及双波列叠加后的波列计算结果示例。

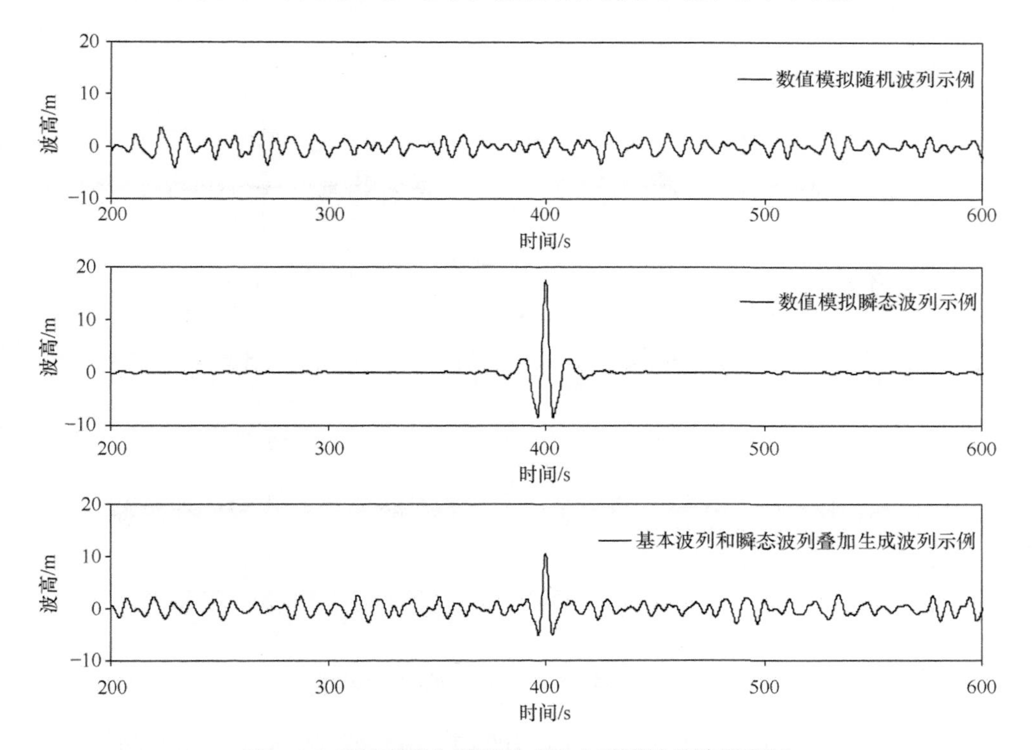

图 3.12　双波列叠加模型生成包含畸形波的波列示例

可以清楚地看到：双波列叠加模型物理意义十分明确，其基本波列为具有平稳和各态历经性的随机过程，即常规的随机波列，该波列中畸形波出现的概率极低；其瞬态波列为仅在特定的时间和地点出现部分较大的能量汇聚(聚焦波)，该能量汇聚区之外，水面波动都较小。当双波列叠加后即可生成具有原始目标谱特征的、可能含有畸形波的波列。

(2) 双波列叠加模型组成波的个数对模拟的影响

下面采用双波列叠加模型数值模拟生成畸形波，目标谱型采用改进的 P-M 谱，有效波高 h_s=5m，对应的谱峰周期为 T_p=11.21s，采样时距 $\Delta t = 0.02\text{s}$，水深为无限。

多组的模拟计算发现，与部分组成波初相位相同模型不同，采用双波列叠加模型时组成波的个数对数值模拟结果影响很大：前者取 100 组成波模拟结果即基本稳定，但双波列叠加模型组成波的个数为 100 个时效果却很不理想。

为了研究双波列叠加模型中组成波个数对模拟的影响，探寻较佳的组成波的个数，数值计算比较了组成波个数分别为 100、150、200、240 时的模拟结果。见图 3.13 给出的示例。

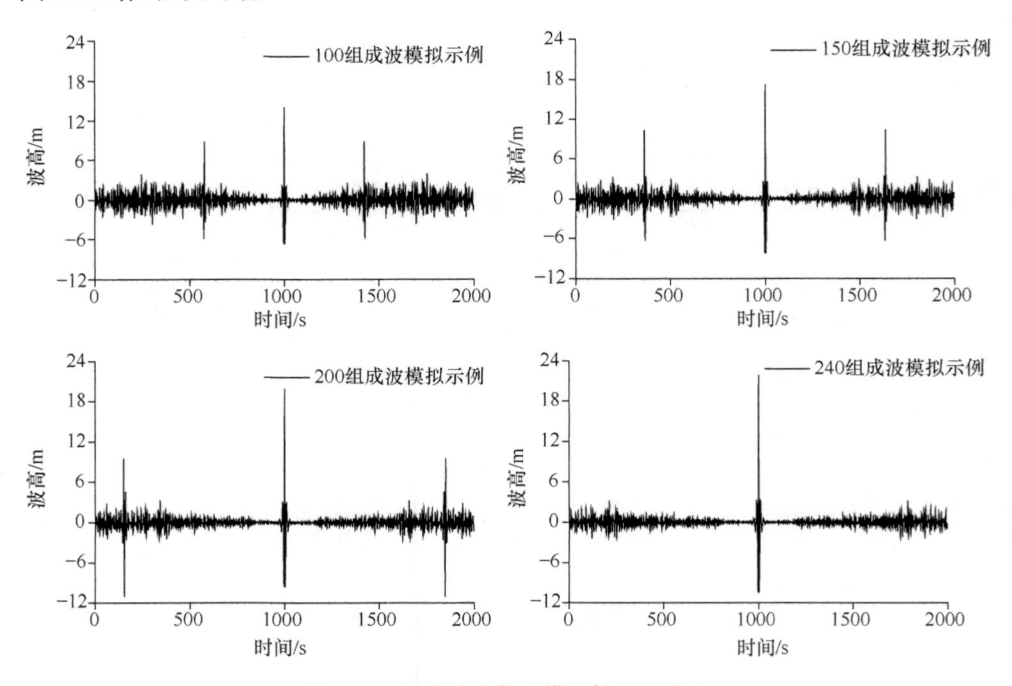

图 3.13　组成波个数对模拟结果的影响

图 3.13 可以看出，当组成波个数为 100 时，瞬态波列中最大波浪两侧的两个

波浪影响较大；随着组成波个数的增加，这两个对称波逐渐消失；到采用 240 个组成波，达到完全消失，模拟生成的瞬态波浪效果很好，保证了和基本波列叠加后生成畸形波的效果。

图 3.14 给出了在组成波为上述四种情况时模拟的瞬态波浪的波高对比，可以看出在用 240 个组成波时模拟的效果较好，图 3.15 给出了该种情况时模拟生成的瞬态波浪示例。

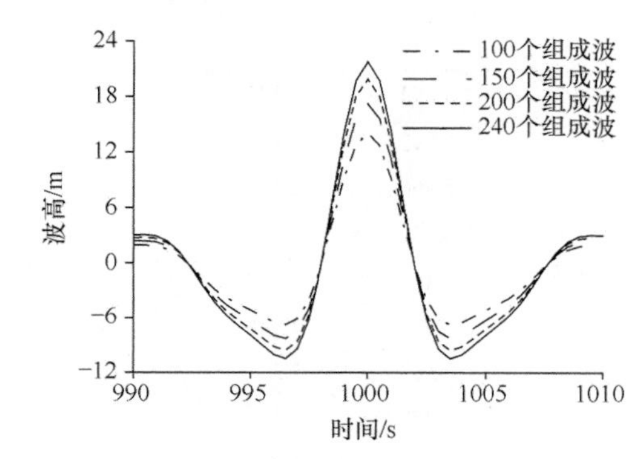

图 3.14　四种组成波情况模拟的瞬态波浪对比

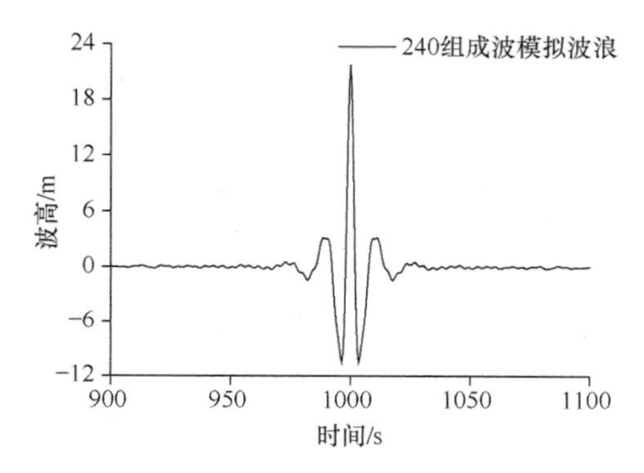

图 3.15　240 个组成波时数值生成的瞬态波浪

事实上，在双波列叠加模型中，每一个组成波频率上的波能量都按照相同的比例分为 p_1、p_2 两部分，其中 p_2 部分用于产生瞬态波浪，并同时指定了瞬态波浪汇聚的时间和空间位置。当组成波个数较少时，将会影响在相同时间和空间位置的波能集中程度。

(3) 瞬态波列所占能量比例的变化对模拟生成畸形波特征参数的影响

按照选定的目标谱，在其他参数相同的条件下，调整基本波浪和瞬态波浪所占波谱能量的比例 p_1 和 p_2 在 100%到 0%内的变化。

表 3.4 汇总了瞬态波列所占能量比例变化时，波高采用上跨零统计方式统计得到的模拟波浪的特征参数，其中，h_s 是目标谱的有效波高，H_s 是模拟得到的波面序列的有效波高。图 3.16 给出了表中所给的十二种不同情况时，数值模拟生成畸形波的示例。

数值模拟结果表明：当瞬态波列所占能量比例 p_2 在 20%到 100%之间变化时，模拟的波列中都出现了符合定义 3 个条件的畸形波，当瞬态波列所占能量比例较多时，生成的畸形波可以满足定义的 3 个条件，比例越多生成的畸形波的波高越大。比如，瞬态波列占有 100%能量时，模拟生成的最大波高可为有效波高的 12.34 倍，但整个模拟波列的有效波高随之降低，只有 2.62m，这种情况即为前面提及的瞬态波浪，最大波浪的周围波浪都比较小，近乎于平静的状态，这和实际畸形波发生时刻是不同的。随着瞬态波列所占能量比例的减少，生成波列中的最大波浪波高逐步减小，但整个生成波列的有效波高在提高。多组的数值模拟证明，当 $p_2 \geqslant 20\%$ 时模拟生成波列的有效波高符合不规则波浪模拟的要求；而当 $p_2 \leqslant 15\%$ 时，模拟生成的波列的有效波高满足不规则波浪模拟的要求，但波列中的最大波浪波高较小，不能满足畸形波定义的 3 个条件。

表 3.4　瞬态波列所占能量分配变化时模拟生成的畸形波统计特性

瞬态波列能量比例	h_s /m	H_s /m	H_j /m	α_1	α_2	α_3	α_4
100%	5.0	2.620	32.332	12.340	7.103	2.373	0.674
90%	5.0	3.103	29.716	9.577	5.909	2.406	0.682
80%	5.0	3.518	27.568	7.836	5.406	2.408	0.683
70%	5.0	3.824	25.393	6.640	4.900	2.402	0.690
60%	5.0	4.071	23.131	5.682	4.464	2.397	0.691
50%	5.0	4.278	20.740	4.848	4.022	2.388	0.698
40%	5.0	4.445	18.134	4.080	3.567	2.352	0.702
30%	5.0	4.533	16.977	3.611	3.882	2.102	0.667
20%	5.0	4.749	13.126	2.764	3.321	2.027	0.656
15%	5.0	4.789	11.283	2.356	2.998	1.960	0.642
10%	5.0	4.865	9.528	1.958	1.333	1.688	0.468
0%	5.0	4.944	8.781	1.776	1.308	1.616	0.459

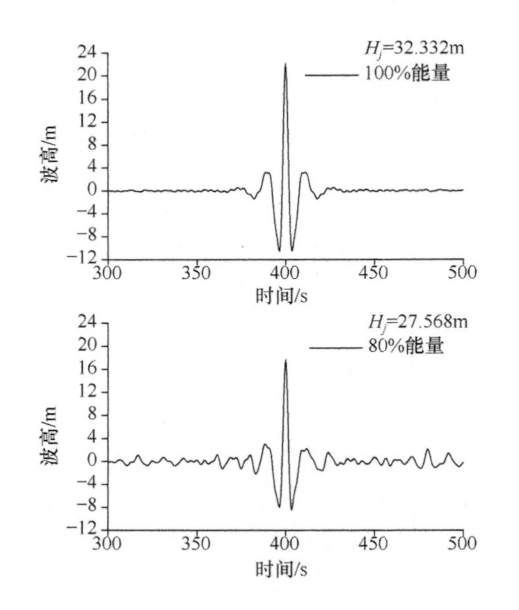

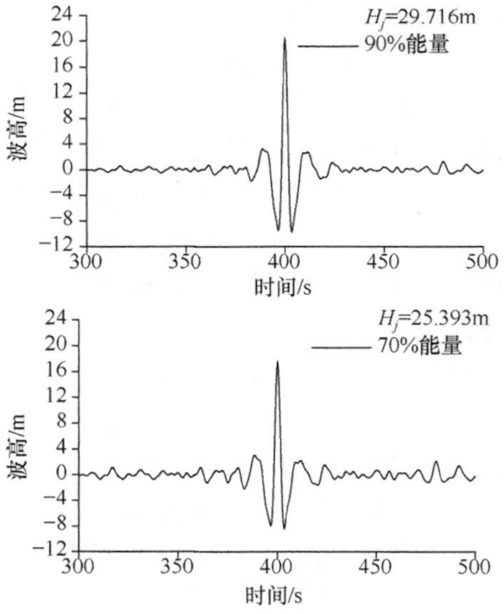

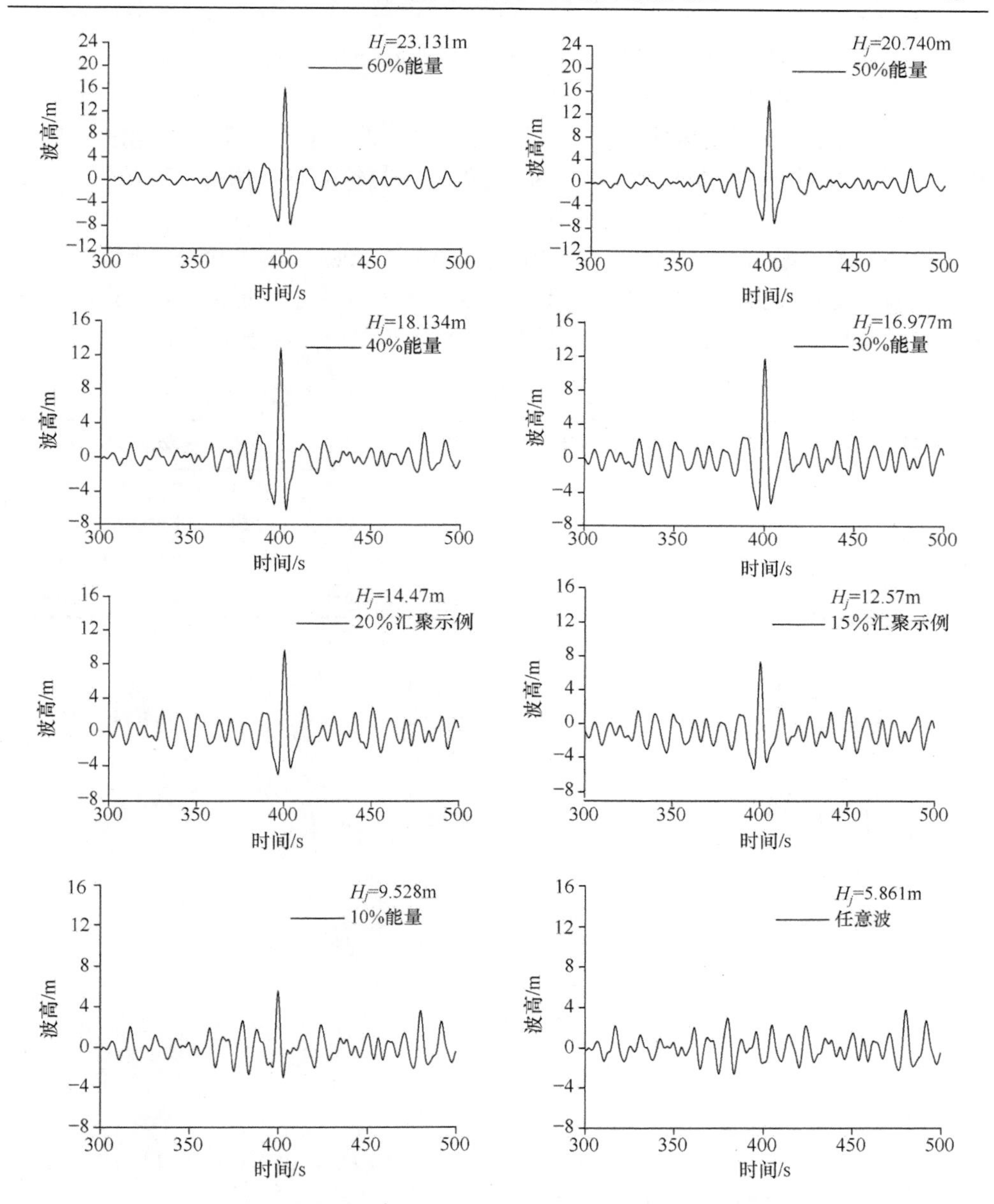

图 3.16　瞬态波列占有不同能量比例时模拟生成畸形波示例

Kriebel 等物理试验的结果也表明，瞬态波列所占能量比例对畸形波的生成有决定性的影响，当 p_2=15%、20%时，模拟的波浪序列出现了比较理想的畸形波，即最大波高能满足不小于 2 倍的有效波高的要求，又不会过多的影响整个模拟生成波列的有效波高。

综上所述，数值试验的结果和 Kriebel 的物理试验结果是一致的。

(4) 畸形波的定时生成

采用式(3.13)给出的模拟生成畸形波的方法，采用上面选定的目标谱及谱参数，以瞬态波列所占能量比例为 20%时为例，在其他的参数保持不变的情况下，进行畸形波的定时生成数值模拟试验。

表 3.5 给出了预定畸形波在 20s、200s、1500s、4500s 四个不同时刻生成时，模拟生成畸形波的特征参数结果汇总示例。图 3.17 给出了表中四种工况时，模拟生成的波列以及其中的畸形波示例。可以看出畸形波出现的时间和预定的非常吻合。

表 3.5 定时模拟畸形波的特征参数结果汇总

预定时间/s	实际时间/s	h_s /m	H_s /m	H_j /m	α_1	α_2	α_3	α_4
20	19.347	5.0	4.775	14.921	3.125	3.034	2.166	0.660
200	200.025	5.0	4.824	14.650	3.067	4.058	2.033	0.654
400	399.283	5.0	4.890	14.472	2.960	3.331	2.027	0.703
800	799.850	5.0	4.799	14.641	3.051	6.342	2.155	0.659

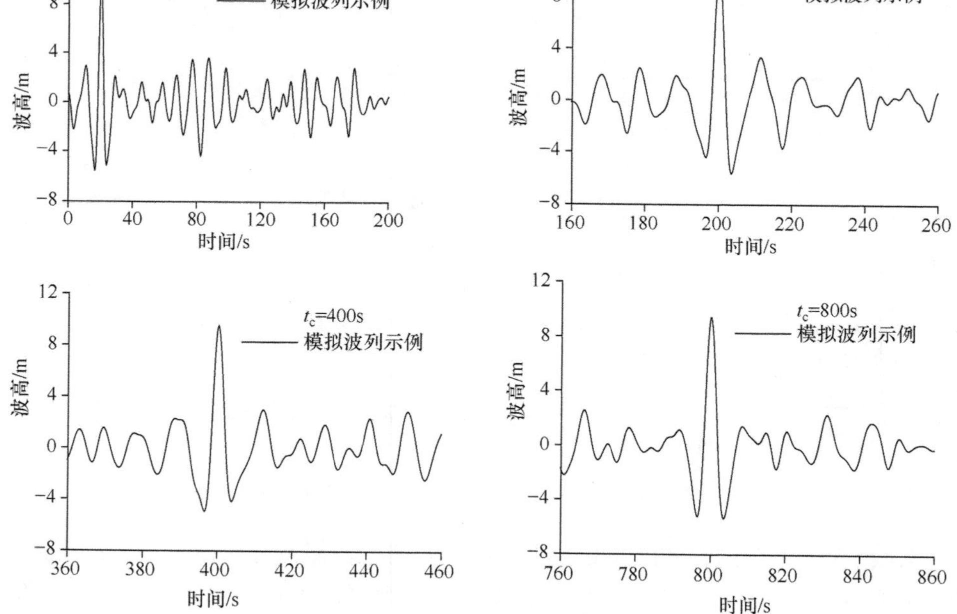

图 3.17 预定畸形波定时生成时模拟生成波列及畸形波的示例

(5)畸形波的定点生成

由于海浪的复杂多变性，加上现场环境恶劣，现场能够得到的包含畸形波的波列基本上都是有限个固定点处的样本，这些样本都是某一点记录的波浪的波面时间序列，但在一些实际的研究中波面的空间发展纪录甚至比时间序列更有用处。在以往的文献中，对于式(3.13)都是采用对 t 进行积分离散计算，这样的计算方法得到的只是模拟波面的时间序列，是某一点的水面高程的变化历程，无法得到在某时刻其他点的波浪信息。为了得到固定时刻的某一点的波面空间序列，从而得到某时刻所有空间点的波浪信息，同时又能够验证畸形波的定点生成，因此，采用对式 (3.13)中的 x 取积分离散计算，可写成离散的形式，即

$$\eta(n\Delta x,t)=\sum_{i=1}^{M}\eta_i(n\Delta x,t)=\sum_{i=1}^{M}\sqrt{2S_{\eta\eta}(\hat{\omega}_i)\Delta\omega_i}\cos(k_i n\Delta x+\varpi_i t+\varepsilon_i) \tag{3.15}$$

上式模拟的结果就是 t 时刻，所有二维空间点的水面高程的序列，如果 t 取畸形波出现的时间，则该式表示的就是畸形波出现时刻的波面空间序列。

采用上面选定的目标谱及谱参数，以 20%的能量分配给瞬态波列为例，在其他的参数保持不变的情况下，设定 t 为畸形波出现的时刻，进行畸形波的定点生成模拟试验。

表 3.6 给出了预定畸形波在 1500m、3000m、4500m、6000m 四个不同地点生成时，模拟生成畸形波的特征参数示例。

图 3.18 为预定畸形波在上述四点生成时的计算示例。可以看出畸形波出现的地点和预定地点也非常吻合。

表 3.6　定点模拟畸形波的特征参数结果汇总

预定地点/m	实际地点/m	h_s /m	H_s /m	H_j /m	α_1	α_2	α_3	α_4
1500	1506.4	5.0	4.835	14.856	3.073	2.636	2.258	0.672
3000	3020.6	5.0	4.889	14.061	2.876	2.563	2.278	0.661
4500	4496.2	5.0	4.910	13.969	2.845	2.439	2.283	0.653
6000	6006.8	5.0	4.893	14.270	2.916	2.631	2.180	0.689

3.3.3　模拟实测的“新年波”

利用双波列叠加模型数值模拟生成“新年波”。组成波个数 M=240，瞬态波列所占能量比例为 20%。

图 3.20 为模拟的“新年波”的波面记录。波高采用上跨零统计方式得到模拟波列的有效波高是 11.752m，波列中畸形波的波高达到了 25.724m，略大于“新年波”的 25.6m。图 3.19 中实测“新年波”的四个特征参数为 $\alpha_1=2.150$，$\alpha_2=2.133$，

$\alpha_3 = 3.404$，$\alpha_4 = 0.719$；而模拟生成畸形波的相应参数分别为 $\alpha_1 = 2.187$，$\alpha_2 = 2.054$，$\alpha_3 = 3.879$，$\alpha_4 = 0.703$。图 3.21 为模拟得到的畸形波和天然实测“新年波”波形的对比。图 3.22 为实测波浪频谱与目标谱的比较。

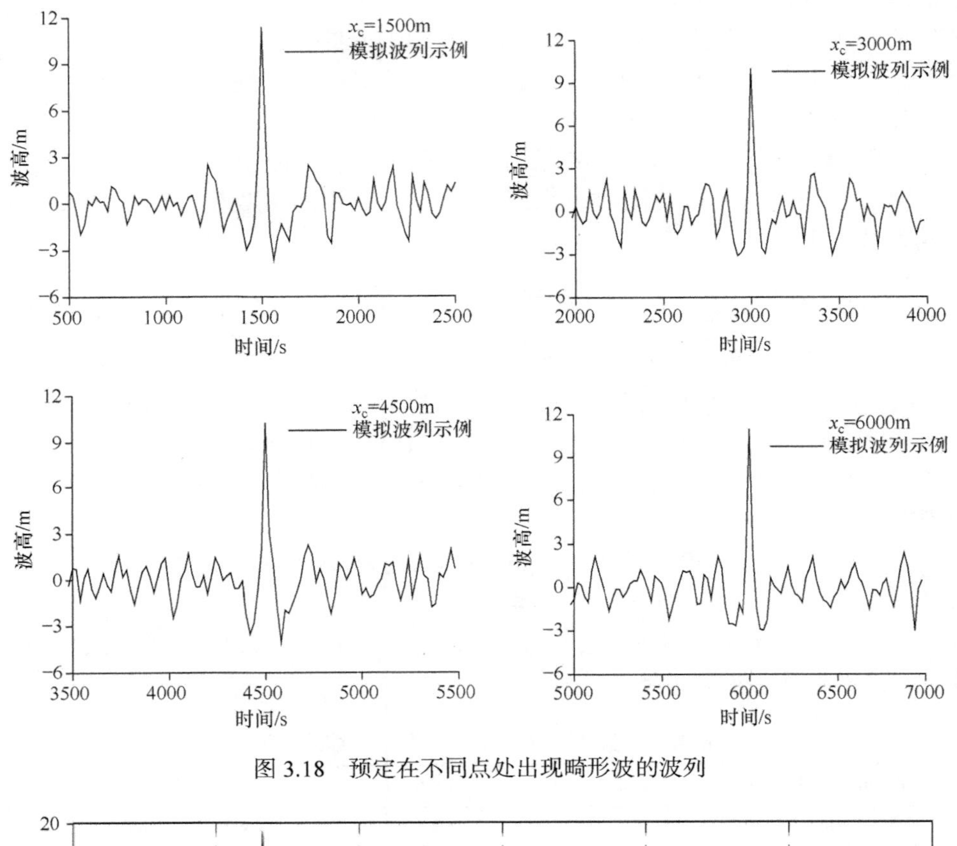

图 3.18　预定在不同点处出现畸形波的波列

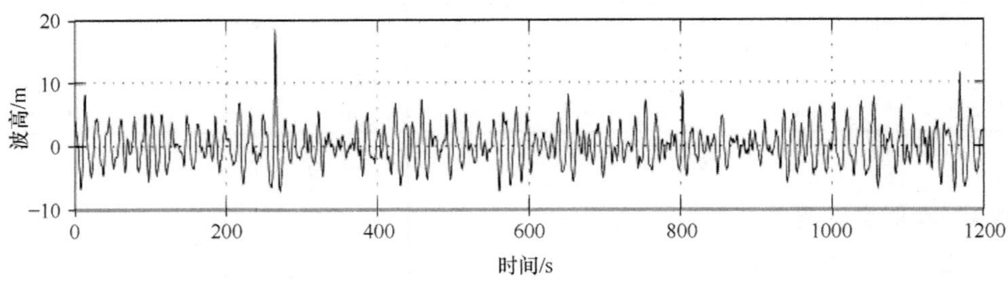

图 3.19　实测北海“新年波”的波面记录

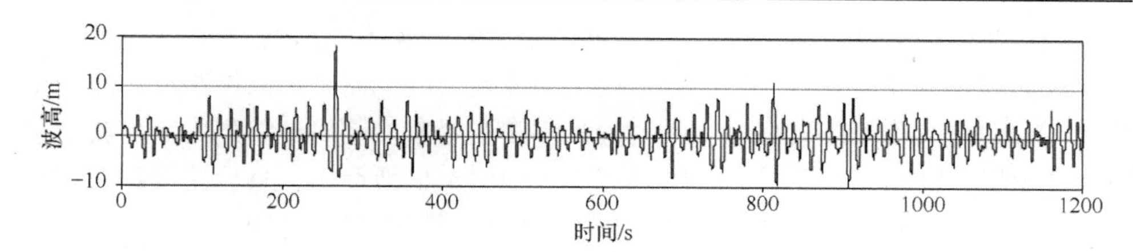

图 3.20　模拟的“新年波”的波面记录

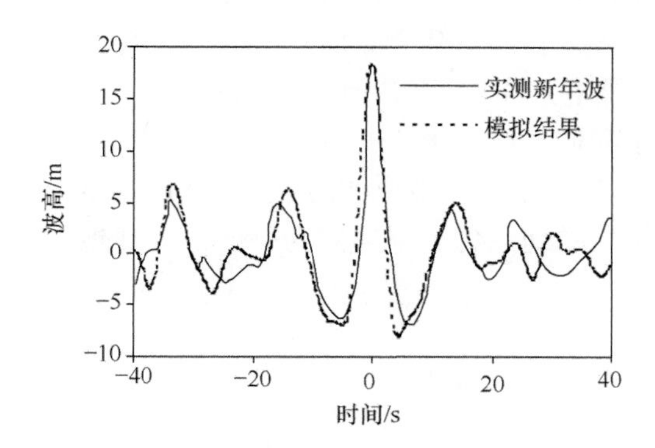

图 3.21　模拟波浪和“新年波”比较

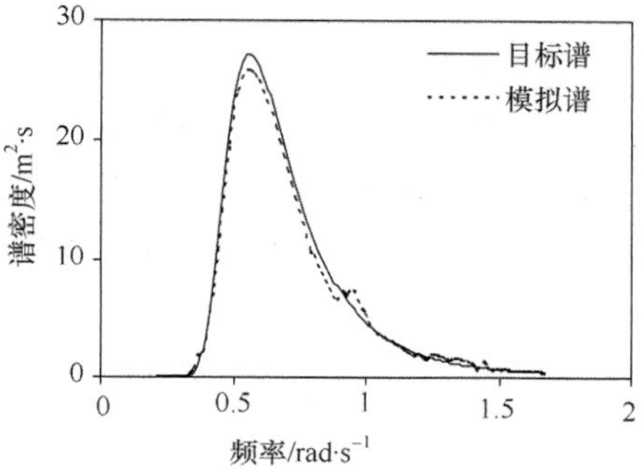

图 3.22　实测波浪谱和目标谱的比较

综合图 3.19～3.22 的结果可以看出，模拟结果和实测记录非常吻合，表明这种方法模拟畸形波有效且比较符合实际海况。同时可以发现，在模拟具有较强非线性的“新年波”时，双波列叠加模型优于部分组成波初相位相同模型。

3.3.4　双波列叠加模型的优缺点

采用双波列叠加模型，可以较好地模拟出实测北海“新年波”的波面记录，其优点主要体现为以下几点。

(1) 双波列叠加模型提高了模拟生成畸形波的效率

采用常规的 Longuet-Higgins 模型（p_2=0），按照瑞利分布的统计结果，$H \geqslant 2H_s$ 情形大约在 3000 个波浪中才出现一次，如果再要求这个较大波浪符合畸形波定义的后两个条件，在实际的模拟中找到一个畸形波是很困难的。

采用双波列叠加模型，应用选定的目标谱及谱参数，令瞬态波列所占能量比例为 15~20%，进行 500 组随机数的模拟，每组随机数产生一个随机波列，其中包含 1000~1100 个波浪。计算表明：在所有的模拟结果中各个波列中 492 组的最大波高在 10m 以上，这其中 213 组最大波高在 11m 以上，总共有 55 个波列中的最大波浪是符合定义全部条件的畸形波。

（2）双波列叠加模型可以控制畸形波的生成时间和生成地点

双波列叠加模型不仅可以高效地模拟生成畸形波，而且可以控制畸形波的生成时间和地点。用瞬态波列汇聚的时间和空间位置来控制模拟波列中畸形波出现时间和位置，其意义在于可以让畸形波在波列中及早地产生，且位置确定，就不用像采用常规 Longuet-Higgins 模型一样，要求模拟的波浪序列中包含很长的波浪系列，然后从中寻找畸形波。实验室水槽长度有限，双波列叠加模型可以控制畸形波出现的空间位置，大大增加了实验室模拟测量畸形波的可操作性。

但该模型还是存在一定的问题，主要表现在以下几个方面。

（1）Kriebel 利用该模型物理试验的效果不太理想

图 3.23 是 Kriebel 试验的结果，从中我们可以看出，畸形波在预定的时间和地点出现，但效果不好，严格地说是不能满足所采用的畸形波的定义。究其原因，在于瞬态波列的聚焦效果不好，导致在预定的地点各个组成波的叠加不太理想。

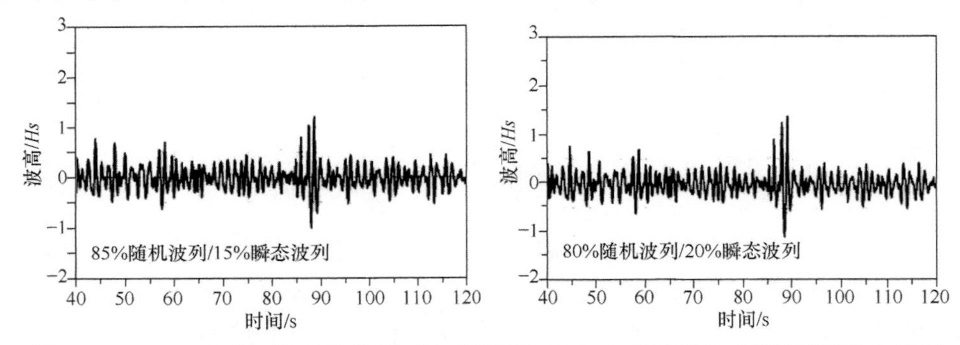

图 3.23　Kriebel 实验中瞬态波列所占能量比列为 15%、20%物理生成的波列及较大波浪

（2）瞬态波列所占能量比例影响整个模拟波列的有效波高

当模拟畸形程度不太高的畸形波时，瞬态波列占有较少的能量即可，这种情况下对整个模拟波列的有效波高影响不大；但是当模拟非线性很强的畸形波时，瞬态波列所占能量比例就需要增大，当该比例增大到一定的程度时（大于 30%，如图 3.24 所示），对整个模拟波列的影响比较大。Palinovsky 等（2002）[6]给出了出现在黑海的一个畸形波，其波高是所在波列有效波高的 3.9 倍。如果用双波列叠加模型模拟该畸形波，瞬态波列所占能量比例就要达到 40%，有效波高只有 4.445m，不符合畸形波模拟的要求。

（3）模拟非线性非常强的畸形波效果较差

图 3.25 就是前面曾介绍过的一个北海实测畸形波，该波列有效波高是 5.65m，而其中的畸形波波高是有效波高的 3.19 倍，达到了 18.04m，波峰的高度是 13.9m。下面尝试用双波列叠加模型模拟该畸形波，仍采用 P-M 谱，有效波高 $H_s = 5.650\text{m}$，组成波个数 $M = 240$。

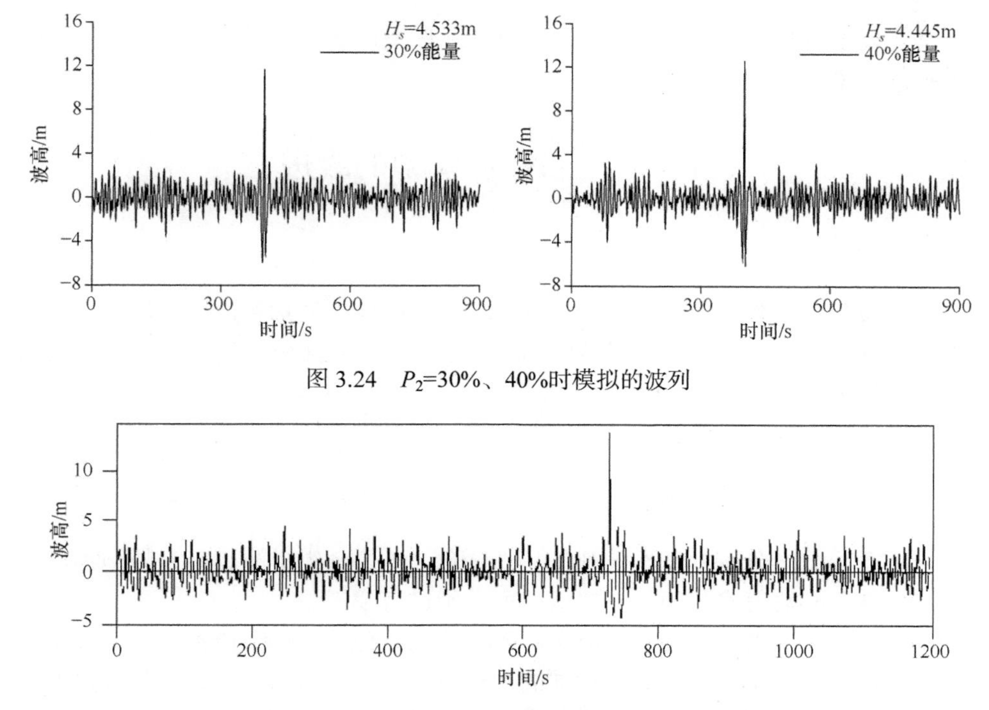

图 3.24　P_2=30%、40%时模拟的波列

图 3.25　北海实测包含畸形波的波浪时间序列

图 3.26 给出了模拟生成的波列及其中的畸形波，波列中的最大波浪波高为 15.334m，四个特征参数：$\alpha_1 = 2.797$，$\alpha_2 = 2.182$，$\alpha_3 = 3.564$，$\alpha_4 = 0.702$。从图中可以看出，双波列叠加模型模拟生成的畸形波和实测畸形波相比，尽管波谷很相近，但波峰的差距较大，这表明，即使不考虑有效波高的影响，双波列叠加模型模拟某些非线性比较强的畸形波效果也较差。

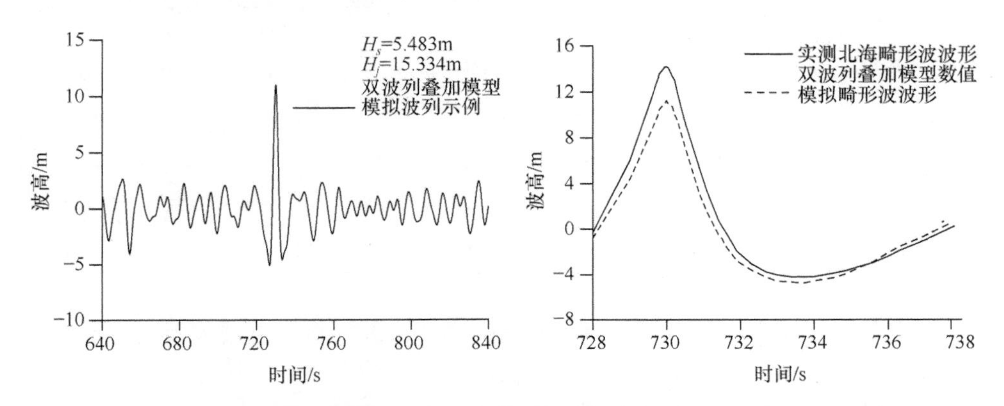

图 3.26　双波列叠加模型模拟的包含畸形波的波列以及与实测畸形波的比较

基于以上的总结，下面试图优化现有的线性叠加数值生成畸形波的方法，提高模拟的效率和能力。

3.4 双波列叠加模型的改进

3.4.1 调整基本波列组成波的初相位

在双波列叠加模型的基础上，调整基本波列组成波的初相位，以便提高生成畸形波的效率。令基本波列组成波的初相位 ε_i 中有 $1/n$ 部分是相同的，则 x 点的波面时间序列可记为

$$\begin{aligned}\eta(x,t) &= \eta_1(x,t)+\eta_2(x,t) \\ &= \sum_{i=1}^{M} A_{1n}\cos(k_n x+\omega_i t+\varepsilon_i)+\sum_{i=1}^{M} A_{2n}\cos[k_n(x-x_c)+\omega_i(t-t_c)]\end{aligned} \tag{3.16}$$

采用 3.16 式，分别令基本波列的 1/9、1/6、1/4、1/3 组成波具有相同初相位，对“新年波”和北海实测畸形波两组波列分别进行模拟。

结果发现：基本波列的组成波中具有相同初相位的比例对模拟结果有一定的影响。组成波中有 1/9、1/6 具有相同的初相位时，模拟结果与未改进的双波列叠加模型模拟结果差别不大；但组成波中有 1/4、1/3 具有相同的初相位时，模拟的结果比较理想。

表 3.7 中给出了组成波中有 1/3 具有相同的初相位时，“新年波”和北海畸形波模拟与实测畸形波特征参数比较。

表 3.7 用 3.16 式模拟生成畸形波的统计特性（组成波中有 1/3 具有相同的初相位时）

名 称	h_s/m	H_s /m	H_j /m	η_j /m	α_1	α_2	α_3	α_4
“新年波”	—	11.920	25.600	18.400	2.150	2.133	3.404	0.719
[3，029]	11.92	11.675	26.127	18.132	2.238	2.062	3.038	0.694
[3，234]	11.92	11.783	25.762	18.059	2.192	2.058	3.964	0.701
北海畸形波	—	5.650	18.040	13.900	3.193	2.385	2.010	0.771
[4，057]	5.65	5.472	17.830	12.410	3.258	2.576	3.232	0.696
[4，117]	5.65	5.679	18.848	13.100	3.319	2.088	3.424	0.694

图 3.27 和图 3.28 分别给出了模拟“新年波”和北海畸形波波列及与实测波形的比较。可以看出，模拟生成畸形波和实测“新年波”波形符合较好；而和北海实测畸形波的波峰较接近但波谷相差比较大。

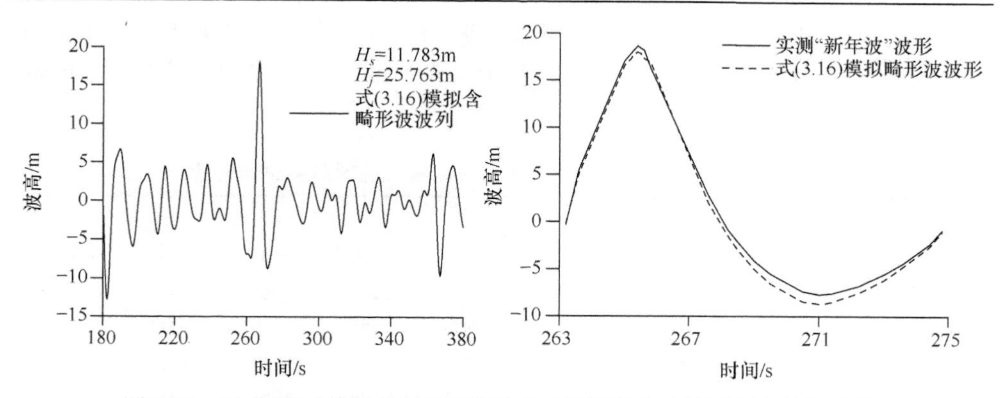

图 3.27　用式(3.16)模拟的包含畸形波的波列以及与实测"新年波"比较

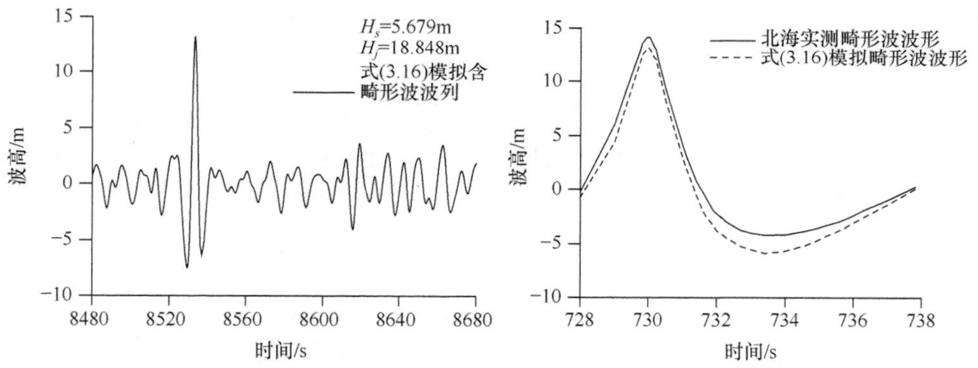

图 3.28　用式(3.16)模拟的包含畸形波的波列以及与实测畸形波的对比

采用调整基本波列组成波的初相位的方法，改进双波列叠加模型，模拟生成的畸形波符合定义的 3 个条件，在模拟"新年波"时模拟的波形和"新年波"的波形很相似，而在模拟非线性更强的畸形波时，虽然模拟的畸形波的波高和实测畸形波波高接近，但波谷却相差不少。

综合上述结果可以认为，式(3.16)有一点缺陷：即部分组成波初相位相同时生成的基本波列中会有一个较大波浪；瞬态波列的汇聚也会产生一个较大波浪。但是这两个较大波浪很难在波面序列的同一时刻发生，需要进一步改进。

3.4.2　基本波列和瞬态波列最大波浪出现时刻同步法

在调整基本波列组成波初相位的基础上，令瞬态波列的汇聚时刻 t_c 和基本波列中最大波浪出现的时间为 $t_{h\max}$ 相等，即 $t_{h\max}=t_c$，则 x 点的波面时间序列就可以表示为

$$\begin{aligned}\eta(x,t) &= \eta_1(x,t)+\eta_2(x,t)\\ &= \sum_{i=1}^{M} A_{1n}\cos(k_n x+\omega_i t+\varepsilon_i)+\sum_{i=1}^{M} A_{2n}\cos[k_n(x-x_c)+\omega_i(t-t_{\max})]\end{aligned} \quad (3.17)$$

采用式(3.17)，分别模拟北海实测畸形波和“新年波”，表 3.8 汇总给出了模拟与实测畸形波的统计特征参数结果，图 3.29 和图 3.30 分别给出模拟与实测畸形波的波形比较。

表 3.8 调整两个较大波浪同时出现时模拟的畸形波统计特性

名 称	h_s/m	H_s /m	H_j /m	η_j /m	α_1	α_2	α_3	α_4
“新年波”	—	11.920	25.600	18.400	2.150	2.133	3.404	0.719
[5，008]	11.92	11.765	26.055	18.291	2.215	2.202	3.523	0.702
[5，030]	11.92	11.664	25.440	17.961	2.181	2.079	3.675	0.706
北海畸形波	—	5.650	18.040	13.900	3.193	2.385	2.010	0.771
[6，047]	5.65	5.483	18.476	13.580	3.370	2.194	3.418	0.735
[6，047]	5.65	5.536	18.251	13.433	3.297	2.127	3.170	0.736

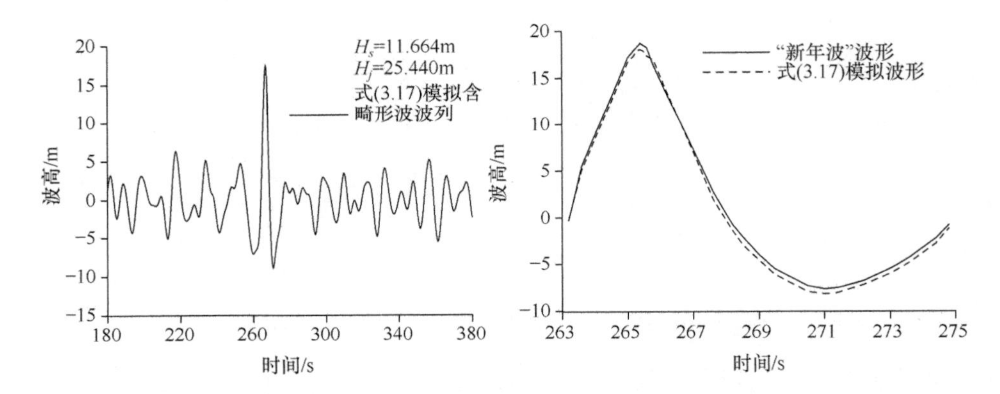

图 3.29 用式(3.17)模拟的包含畸形波的波列以及和“新年波”比较

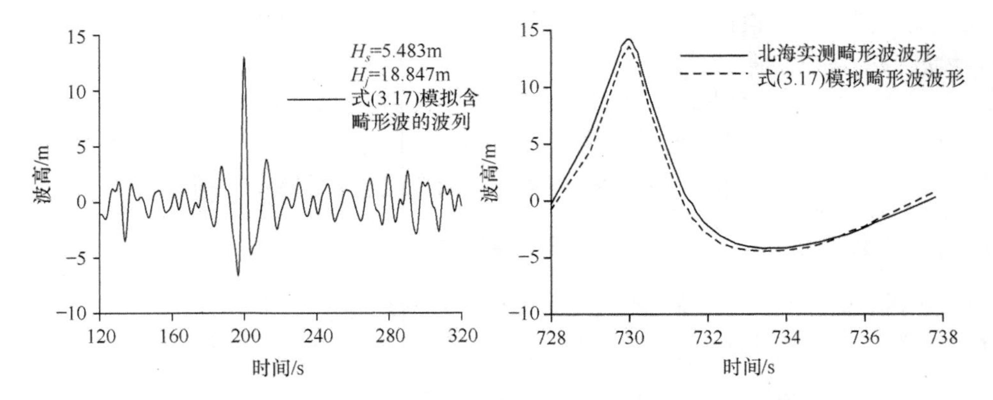

图 3.30 用式(3.17)模拟的包含畸形波的波列以及和北海实测畸形波比较

比较发现，采用基本波列和瞬态波列最大波浪出现时刻同步的方法式(3.17)，提高了模拟生成畸形波的非线性，不但模拟实测“新年波”的波形更接近，而且模拟非线性更强的北海畸形波的效果也很好。

3.4.3 改进双波列叠加模型小结

(1) 调整基本波列的组成波的初相位方法式(3.16)，当 1/3 组成波的初相位相同的情况下模拟的新年波的波形与实测波形很相近，但在模拟非线性更强的波浪时有一定的差距。

(2) 基本波列和瞬态波列最大波浪出现时刻同步法式(3.17)，模拟得到的畸形波非线性显著增强，波形与非线性很强的实测畸形波最为接近。

(3) 无论是调整基本波列的组成波的初相位方法式(3.16)，还是基本波列和瞬态波列最大波浪出现时刻同步法式(3.17)，都不能控制畸形波的生成时间。

3.5 畸形数值模拟理论模型三：三波列叠加模型

3.5.1 三波列叠加模型

为了提高畸形波模拟的质量并达到可控制畸形波定时、定点生成之目标，基于双波列叠加模型的思想，进一步将瞬态波列分解为两个瞬态波列。首先令两个瞬态波列的波能汇聚时间和地点一致，然后和一个基本波列叠加，来模拟包含畸形波的波浪序列，称为“三波列叠加模型”，三波列叠加模型的波面可以表示为

$$\begin{aligned}\eta(x,t) &= \eta_1(x,t)+\eta_2(x,t)+\eta_3(x,t)\\ &= \sum_{i=1}^{M} A_{1i}\cos(k_i x+\omega_i t+\varepsilon_i)+\sum_{i=1}^{M} A_{2i}\cos[k_i(x-x_c)+\omega_i(t-t_c)] \\ &\quad +\sum_{i=1}^{M} A_{3i}\cos[k_i(x-x_c)+\omega_i(t-t_c)]\end{aligned} \tag{3.18}$$

式中的 A_{3i} 是第二个瞬态波列的波幅，而其他参数和式(3.13)中一致。

3.5.2 三波列叠加模型的数值实现

(1) 两个瞬态波列的能量分配

三波列叠加模型的数值实现，首先需要明确两个瞬态波列的能量分配比例。在此，通过数值模拟计算，在两个瞬态波列能量之和所占波列总能量比例固定的条件下，讨论两个瞬态波列的能量分配最佳问题。

以两个瞬态波列能量之和所占波列总能量比例固定为 20%为例。图 3.31 分别

给出了两个瞬态波列的能量分配比例为 19%：1%、15%：5%、10%：10%三种分配情况下模拟的畸形波波形比较。图 3.31 可以看到：

(1) 当分配比例为 19%：1%时，模拟得到的波列中的较大波浪的参数为 $\alpha_1 = 3.339$，$\alpha_2 = 2.941$，$\alpha_3 = 3.735$，$\alpha_4 = 0.644$；

(2) 当分配的比例是 15%：5%时，模拟生成波列中的较大波浪的参数是 $\alpha_1 = 3.668$，$\alpha_2 = 2.819$，$\alpha_3 = 3.771$，$\alpha_4 = 0.647$；

(3) 当两个瞬态波列各为 10%能量时，模拟生成波列中的较大波浪的参数为 $\alpha_1 = 4.055$，$\alpha_2 = 3.419$，$\alpha_3 = 3.240$，$\alpha_4 = 0.653$。

很明显当两个瞬态波列平均分配于汇聚生成畸形波的能量时，模拟生成的波列中的较大波浪符合所采用定义的全部条件，非线性也最强，在后面的试验中也将采用该种分配方式处理用于汇聚生成畸形波的能量。

图 3.32 给出了效果最好的第三种分配方式模拟波列及其中畸形波的示例。

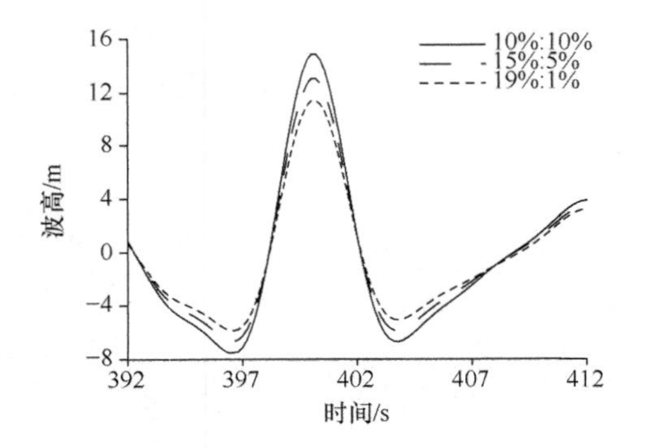

图 3.31 三种能量分配方式下模拟畸形波的比较

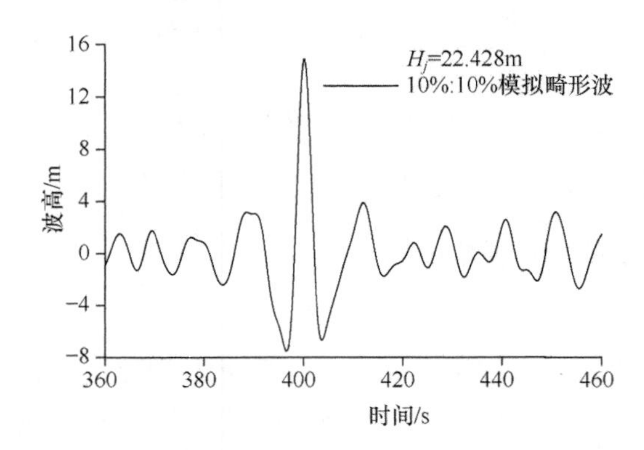

图 3.32 两瞬态波列平分 20%能量时模拟畸形波

(2) 三波列叠加模型与双波列叠加模型的比较

在此，对于三波列叠加模型，将瞬态波列所占总能量平均分配给两个瞬态波列；同时，三波列叠加模型与双波列叠加模型中瞬态波列的总能量相等。

表 3.9 给出了瞬态波列所占能量比例为 100%(完全瞬态波)、40%、30%、20%、15%、10%时，利用三波列叠加模型与双波列叠加模型模拟生成畸形波的统计参数。

图 3.33 是以上六种能量分配方案下，两种模型模拟生成畸形波的对比。

表 3.9 中可见如下。

当瞬态波列所占能量比例为 10%时，双波列叠加模型模拟的波列中最大波高是有效波高的 1.958 倍，但波峰和波高之比只有 0.468；三波列叠加模型模拟生成畸形波波高是有效波高的 2.620 倍，波峰和波高之比为 0.662。随着分配给瞬态波列能量的增加，两种方法模拟生成的畸形波的波高与有效波高之比都有所增加。

当瞬态波列所占能量比例为 15%时，双波列叠加模型模拟生成波列的有效波高是 4.789m，畸形波波高是有效波高的 2.626 倍；三波列叠加模型模拟的结果中有效波高为 4.95m，畸形波波高可以达到有效波高的 3.297 倍。

当瞬态波列所占能量比例为 20%时，双波列叠加模型模拟生成波列的有效波高是 4.749m，畸形波波高是有效波高的 3.048 倍；三波列叠加模型模拟的结果中有效波高为 4.937m，畸形波波高可以达到有效波高的 4.52 倍。

表 3.9　瞬态波列所占能量比例相同时两种模型模拟生成的畸形波的统计参数比较

瞬态波列能量比例	模型	h_s /m	H_s /m	H_j /m	α_1	α_2	α_3	α_4
100%	双波列叠加	5.0	2.620	32.332	12.340	7.103	2.373	0.674
	三波列叠加	5.0	4.044	47.100	11.646	2.368	7.099	0.675
40%	双波列叠加	5.0	4.445	18.134	4.080	3.567	2.352	0.702
	三波列叠加	5.0	4.820	28.034	5.816	2.348	6.315	0.674
30%	双波列叠加	5.0	4.533	16.977	3.611	3.882	2.102	0.667
	三波列叠加	5.0	4.926	23.940	4.860	2.342	5.791	0.673
20%	双波列叠加	5.0	4.749	13.126	2.764	3.321	2.027	0.656
	三波列叠加	5.0	4.937	19.158	3.881	2.334	5.034	0.670
15%	双波列叠加	5.0	4.789	12.575	2.626	2.998	1.960	0.660
	三波列叠加	5.0	4.950	16.320	3.297	2.327	4.473	0.667
10%	双波列叠加	5.0	4.865	9.528	1.958	1.333	1.688	0.468
	三波列叠加	5.0	4.954	12.980	2.620	2.311	3.670	0.662

当瞬态波列所占能量比例为 30%、40%时，双波列叠加模型生成的畸形波波高是有效波高的 3.611、4.080 倍，而三波列叠加模型相应的参数是 4.860、5.816。

当瞬态波列所占能量比例为 100%(完全瞬态波)时，双波列叠加模型生成的畸形波波高是有效波高的 12.340 倍，而三波列叠加模型相应的参数 11.646 倍(此时，三波列叠加模型有效波高有所增加)。

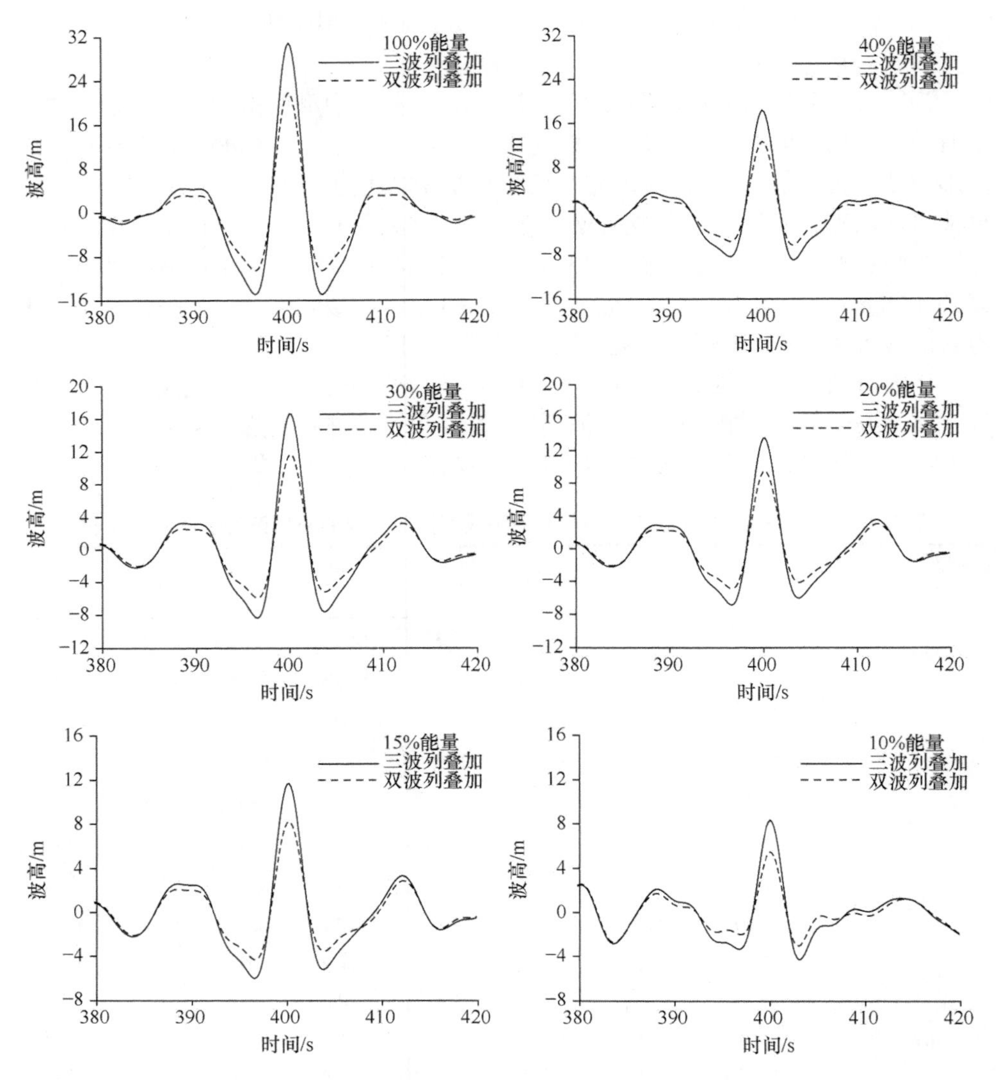

图 3.33　瞬态波列所占能量比例相同时两种模型模拟生成的畸形波比较

综上所述可以认为：当瞬态波列所占能量比例相同时，三波列叠加模型比双波列叠加模型模拟生成的畸形波非线性更强，对整个波列的有效波高影响也较小，模拟生成的整个波列更符合畸形波发生时实际的海洋状况。这是因为三波列叠加模型中两个瞬态波浪在同一时间同一地点生成，增强了能量汇聚的效果，提高了单位汇聚能量模拟生成畸形波的效率。

3.5.3　三波列叠加模型模拟实测畸形波例

采用三波列叠加模型模拟图 3.26 的北海实测畸形波，吻合良好(见图 3.34)。

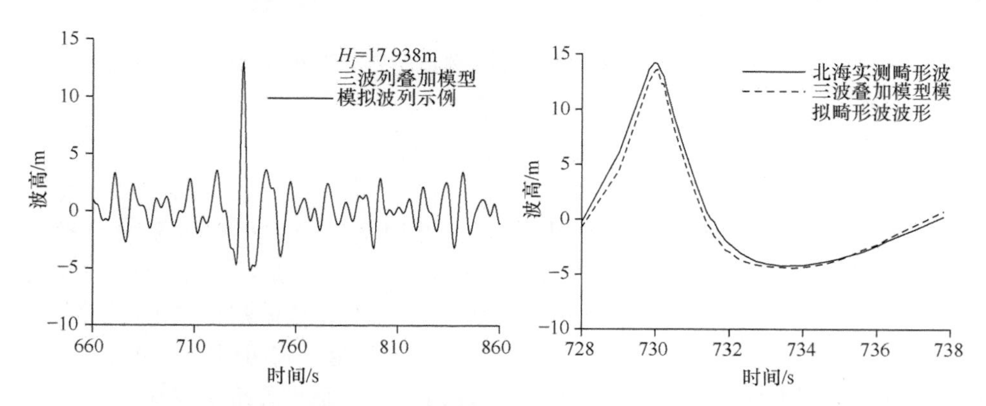

图 3.34　三波列叠加模型模拟的包含畸形波的波列以及模拟畸形波和实测波比较

3.5.4　三波列叠加模型模拟实验室尺度畸形波

在畸形波的实际研究中，实测资料比较缺乏，而且所有的资料都是海上或海岸某一固定点监测到的波面时间序列，没有完整的畸形波发展过程的记录，在这种情况下，实验室物理模拟畸形波是比较理想的研究方法之一。通过造波传递函数将目标谱转化为造波板驱动波形谱，数值模拟得到控制造波机的信号序列，推动造波板就可以在实验室内物理模拟生成畸形波。在实验室物理模拟畸形波，获得可控制的畸形波，得到完整的畸形波空间发展记录，可以了解其基本的内部结构，还可以验证已有的数值模拟。

在数值模拟实验室尺度量级的畸形波波列时，相关参数设置：有效波高 $h_s = 0.05\text{m}$，对应谱峰周期 $T_\text{p} = 1.00\text{s}$；组成波个数 M=240；设定聚焦地点 20m；聚焦时间第 60s；20%的能量分配给瞬态波列。

图 3.35 给出一个模拟生成波列以及其中的畸形波，波列的有效波高为 0.048m，畸形波的波高为 0.185m，四个特征参数 α_1=3.916，$\alpha_2 = 2.180$，$\alpha_3 = 4.994$，$\alpha_4 = 0.662$，模拟得到的畸形波符合定义的 3 个条件。

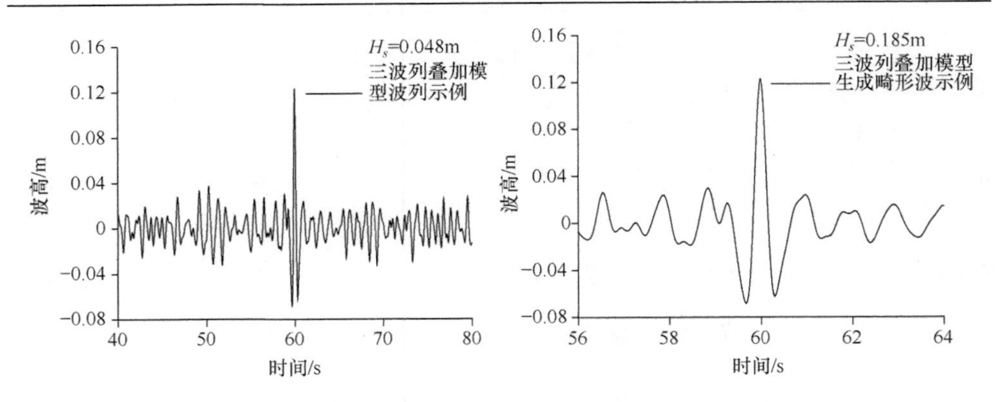

图 3.35 三波列叠加模型模拟的实验室尺度波列及畸形波示例

3.6 小 结

采用部分组成波初相位相同模型、双波列叠加模型、改进的双波列叠加模型、三波列叠加模型，都可以得到满足定义的畸形波，在目前畸形波实测资料比较缺乏的情况下，可以就此进一步展开对畸形波的研究。部分组成波初相位相同模型，运用调整组成波初相位的方法模拟产生畸形波，当 1/3 组成波初相位相同的情况下，模拟生成波列中出现了满足定义全部条件的畸形波，但这种方法模拟效率不高，产生的畸形波与实测“新年波”的波形相差也较大。采用双波列叠加模型，模拟“新年波”生成的畸形波波形与实测波形很相近，但在模拟非线性更强的北海实测畸形波时不太理想。采用改进的双波列叠加模型，当 1/3 组成波初相位相同的情况下，调整基本波列和瞬态波列中较大波浪同时出现，模拟生成“新年波”的波形与实测波形很相近，但在模拟非线性更强的波浪时有一定的差距，同时不能控制畸形波出现的时间，这给畸形波的实验室模拟带来不便。采用三波列叠加模型，总体上优于采用改进的双波列叠加模型。该模型不但可以提高畸形波的模拟效率，减少对整个模拟波列有效波高的影响，而且可以模拟非线性很强的实测畸形波。

参考文献

[1] 俞聿修. 随机波浪及其在工程上的应用[M]. 大连: 大连理工大学出版社, 2000.
[2] 文圣常, 余宙文. 海浪理论与计算原理[M]. 北京: 科学出版社, 1984.
[3] 邹志利. 水波理论及其应用[M]. 北京: 科学出版社, 2005.
[4] 张宁川. 随机波浪的运动学研究[D]. 大连: 大连理工大学, 1998.
[5] 中华人民共和国交通部. 波浪模型试验规程[M]. 北京: 人民交通出版社, 2002.
[6] Pelinovsky E, Slunyaev A, Lopatoukhin L, et al. Freak Wave event in the Black Sea: observation and modeling[J]. Dokl Earth Sci2004 A, 2004, 395: 438-43.

第 4 章　畸形波实验室生成

很多研究者利用数值模拟的方法来研究畸形波，但畸形波的问题不能单纯依靠数值模拟解决，数值模拟的结果也需要物理试验和实测结果的验证，在现场测量有很大难度的情况下,采用物理模拟,实验室再生畸形波是非常有意义的工作。

本章基于对现有畸形波生成机理(假说)的归纳和分析，首先，在一定坡度的地形上，观测不规则波浪的变形演化过程，探讨自然海域中地形变化导致畸形波发生的可能性；然后，以建立的几个数学模型为基础，通过数值模拟得到控制造波机的信号序列，在实验室内物理模拟生成畸形波。

4.1　造波系统与造波信号的形成

4.1.1　造波系统

一套完整的造波系统通常由动力系统、采集系统、控制系统三部分组成。图 4.1 给出了造波机完成整个造波过程的示意图。

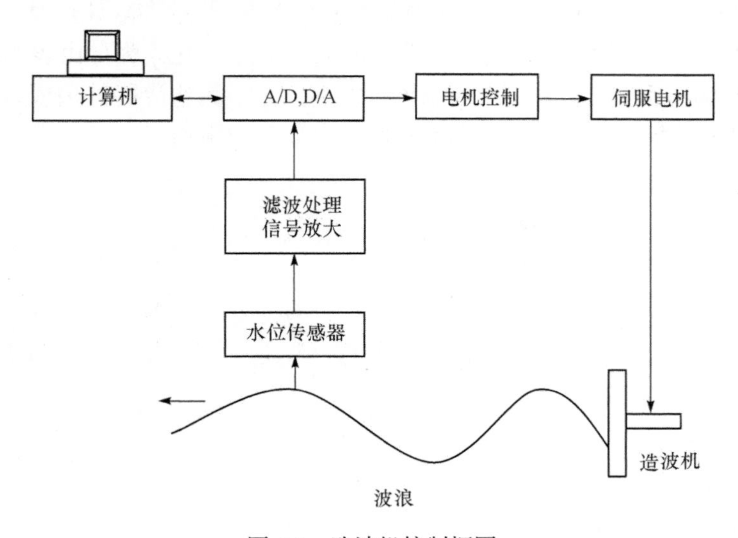

图 4.1　造波机控制框图

动力系统用于驱动执行部位做往复运动，在水槽或者水池中产生扰动，造出波浪；采集系统用于对波参量数据进行采集以及滤波、放大等工作；目标波浪序列作为控制系统的输入，经由动力系统产生波浪，采集系统进行收集、处理后，再次作为控制系统的输入，从而进一步控制动力系统驱动执行部件运动造波。

4.1.2　造波信号的形成

(1) 水动力传递函数

在实验室生成不规则波浪的关键在于制作合用的造波驱动信号，在第 3 章已经由波浪谱模拟得到不规则波浪的时间序列，实验室生成不规则波浪的关键是需要计算波浪波高与造波板位移之间的传递函数。该传递函数在把造波机系统看作是线性控制系统的前提下，反映了波浪水面高程与造波板运动之间的关系。

如图 4.2 所示的坐标系统中，原点位于静水面与造波板的交点，x 轴与静水面重合，指向背离造波板一方，y 轴垂直于静止水面向上，依据线性波浪理论，假设水是不可压缩的、无旋的理想流体，则二维波浪域内连续方程可描述为

$$\nabla^2\phi = 0 \tag{4.1}$$

动力学表面边界条件：

$$\frac{\partial\phi}{\partial t} + \frac{1}{2}\left|\nabla\phi\right|^2 + gz + \frac{p_a}{\rho} = C(t) \tag{4.2}$$

其中，ϕ 为速度势；$\nabla^2 = \partial^2/\partial x^2 + \partial^2/\partial z^2$ 为二维 Laplace 算子；x、z 分别为水平和垂向坐标；t 表示时间；g 为重力加速度；P_a 大气压力，实际计算时令 $P_a = 0$；ρ 为流体密度；$C(t)$ 为一个与时间相关的函数，可取为 0；η 为自由表面的高程；u_s、w_s 分别为自由表面上的水平速度和垂向速度；n 为边界的外法线方向。造波水槽的边界条件包括三部分，分别为水底、水面及波板边界。

水底边界条件：

$$\frac{\partial\phi}{\partial y} = 0 \quad y = -h \quad (h\text{ 为水深}) \tag{4.3}$$

水面条件：

$$\frac{\partial^2\phi}{\partial t^2} + g\frac{\partial\phi}{\partial y} = 0,\quad y=0 \tag{4.4}$$

波板边界：

$$\frac{\partial\phi}{\partial x} = U\mathrm{e}^{\mathrm{i}\omega t},\quad x=0 \tag{4.5}$$

由分离变量法可得到势函数的表达式为

$$\phi = A_0 \cosh k_0 (y+h) \mathrm{e}^{\mathrm{i}(k_0 x - \omega t)} + \sum_{n=1}^{\infty} A_n \cos k_n (y+h) \mathrm{e}^{-k_n - \mathrm{i}\omega t} \tag{4.6}$$

这样可以得到波高与造波板的行程之比为

$$\frac{H}{S} = \frac{4\sinh^2 k_0 h}{\sinh 2k_0 h + 2k_0 h} \tag{4.7}$$

其中，$S(t)$是造波机位移信号，$T(\varepsilon_i)$是造波机造波板前波浪振幅序列与造波机位移之间的水动力传递函数，(Sand and Mynett 1987, Takayama 1984)可以由下式计算得到：

$$T(\omega_i) = \frac{4\sinh^2(k_i h)}{\left[2k_i h + \sinh(2k_i h)\right]} \tag{4.8}$$

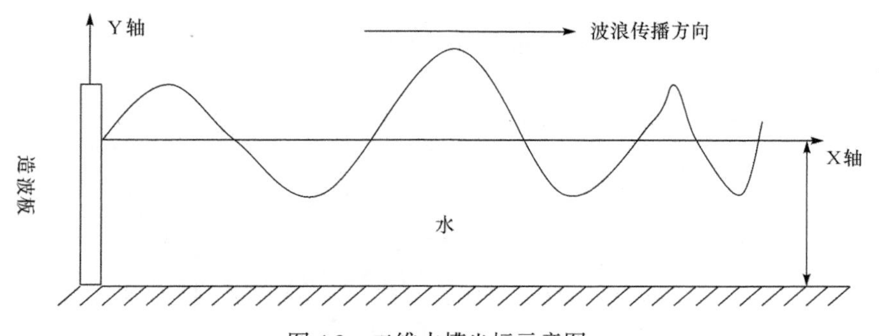

图 4.2　二维水槽坐标示意图

(2) 驱动波形谱和造波板的驱动信号

上面已经给出了波高和造波板位移之间的的关系，如果给定了目标谱$S_{\eta d}(\omega)$，可以由波浪目标谱得到造波板的驱动波形谱$S_v(\omega)$：

$$S_v(\omega) = S_{\eta d}(\omega) / \left|T(\omega)\right|^2 \tag{4.9}$$

其中，$T(\omega_i)$是造波传递函数，ω_i为组成波的频率。

由驱动波形谱和线性叠加理论，通过下式得到造波机的驱动信号：

$$S(t) = \sum_{i=1}^{M} \sqrt{2S_v(\hat{\omega}_i)\Delta\omega_i} \cos(\hat{\omega}_i n\Delta t + \varepsilon_i) \tag{4.10}$$

其中，$\hat{\omega}_i$是第 i 个组成频率区间的代表频率。

(3) 迭代造波

将所生成的造波板位移序列输入造波机控制系统驱动造波板，即可以在水槽内生成一个不规则波，但不能保证所得波浪满足不规则波浪模拟的要求，因此在适当位置进行监测，得到所生成波浪的信息，估算得到实测的波谱，并与目标谱相比较，如不能满足要求，可由实测谱推算新的传递函数：

$$\left|T(\omega)\right|^2 = \frac{S_{\eta m}(\omega)}{S_v(\omega)} \tag{4.11}$$

然后替代原来的传递函数得到新的造波驱动信号，也可以修改输入谱，得到

$$S'_{\eta d}(\omega) = S_{\eta d}(\omega) + \alpha\left[S_{\eta d}(\omega) - S_{\eta m}(\omega)\right] \tag{4.12}$$

一般取修正系数$\alpha = 0.618$。通常都需要重复迭代数次，直至得到满意的实测谱为止。整个不规则波浪造波信号驱动制作次序可以用图 4.3 表示：

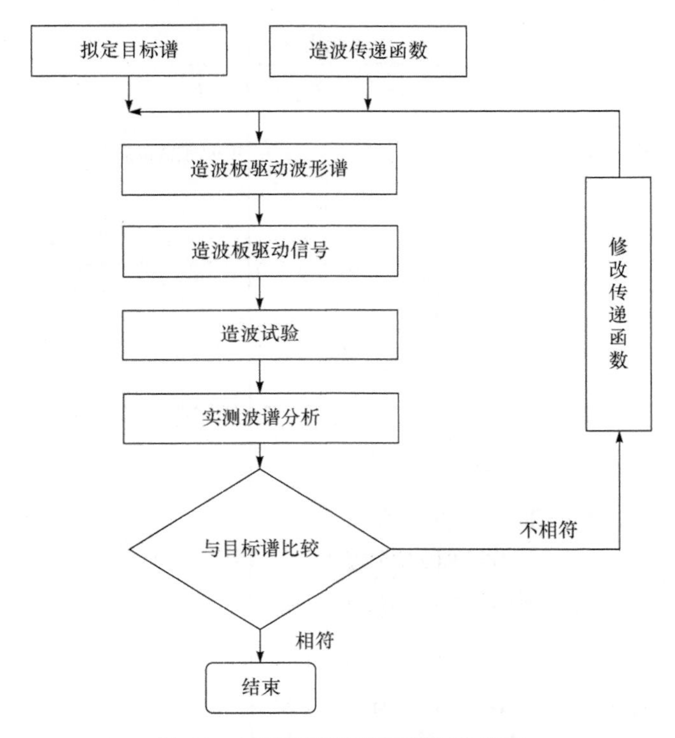

图 4.3　不规则波造波信号制作程序

4.2　不规则波浪在一定坡度地形上传播与演化

4.2.1　试验目的

综合分析现有的畸形波实测资料发现[1~6]，畸形波发生比较频繁的几个重点海域，其环境恶劣，有海流或者强风暴存在，海底的地形也多比较复杂。本部分试验的目的是在一定坡度的地形上观测不含畸形波的“常规”不规则波浪的变形演

化过程，探讨自然海域中地形变化导致畸形波发生的可能性。

4.2.2　模型布置与试验方法

(1)造波设备和测量仪器

试验在大连理工大学海岸及近海工程国家重点实验室海洋环境水槽中进行，该水槽长 56m，深 1m，宽 3m。在水槽长边的 19~26m 底部加一个地形，其长高比为 1:10。在水槽一端布置由实验室自己研制的数字控制液压伺服推板式造波机，另一端布置波浪吸收材料，以免波浪反射影响实验效果，在造波机和波浪吸收材料之间，按一定距离布置 16 个浪高仪，用来采集波面数据。试验中波面高度的测定采用天津水科所研制的 DJ800 型多点测波系统。所有仪器均在实验室多次使用，性能可靠；在试验期间不定期对仪器做检测和率定，确保其正常工作，符合试验要求。试验用水槽和波高采集系统如图 4.4 所示。

图 4.4　试验所用的海洋环境水槽以及数据采集系统

(2)测点布置

为了更好地记录水槽中各个位置的波面升高过程，便于对比有地形和没有地形时波浪的变化情况，16 个浪高仪等距地分布在水槽的 11~26m 处，间距为 1m，试验的总体布置如图 4.5 所示。图 4.6 中给出了浪高仪在水槽中的实际分布情况。

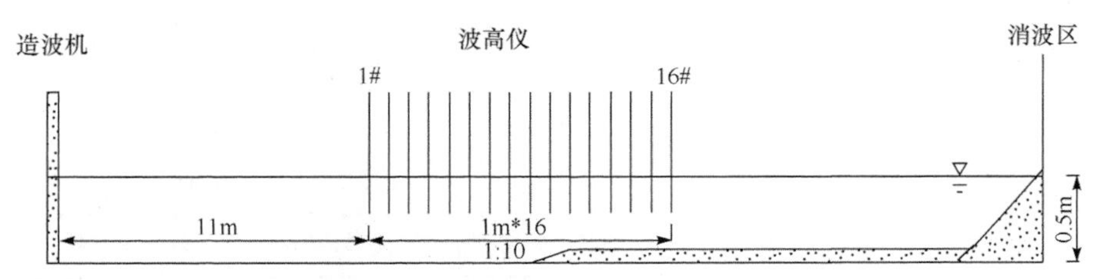

图 4.5　试验初期浪高仪等距分布时布置图

图 4.6 等距均布于水槽中的浪高仪

(3) 试验组次

平地海床上水深固定为 0.5m，试验原始波要素是普通不规则波浪。试验组次如表 4.1 所示。其中，每组波要素在一定的有效波高和谱峰周期的条件下，分别给定 10 组随机初相位，即生成 10 组随机波列。

如图 4.6 所示，试验时，先利用 1#波高仪凑出所需要的试验波要素，每组波要素均重复三次，以确保凑出波要素在试验要求的误差精度范围以内，然后利用 2~16#波高仪观测各组随机波浪序列在 1∶10 坡度的地形上的传播变形过程。

表 4.1 不规则波在地形上传递及演变过程试验组次

试验名称	有效波高/m	谱峰周期/s	组别编号
普通不规则波浪变形	0.05m	1.10	5a11
		1.30	5a13
		1.50	5a15
	0.07m	1.10	7a11
		1.30	7a13
		1.50	7a15
	0.09m	1.10	9a11
		1.30	9a13
		1.50	9a15
备注	每组十个随机波浪序列，命名为组名后加 r 加生成波浪的随机数，如 5a11r234。		

(4) 试验数据采集与分析方法

根据现行的波浪模型试验规范，不规则波浪数据采集时间间隔应小于有效周期的 1/10，且不宜大于高频截止频率对应周期的 1/4，在波浪平稳条件下，连续采集的波浪个数不应少于 100 个。本试验波浪数据采集时间间隔为 0.02s，连续采集的波浪个数为 100~120 个。图 4.7 中给出了试验中所应用的波高采集系统某点处浪高仪采集到的波列示意图。

波高和周期分析应采用跨零点法，并应设阈值。每组试验至少进行三次。

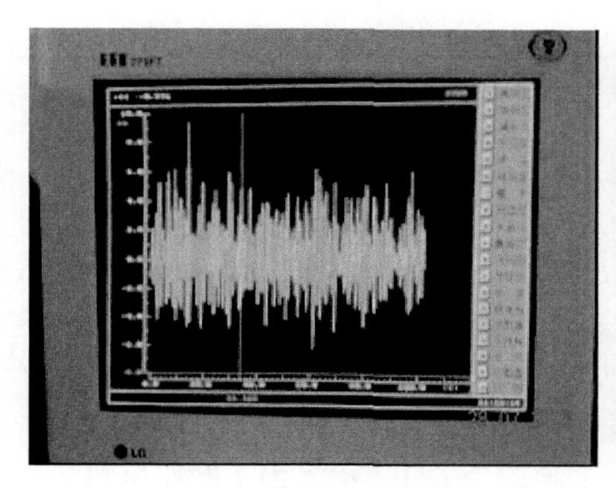
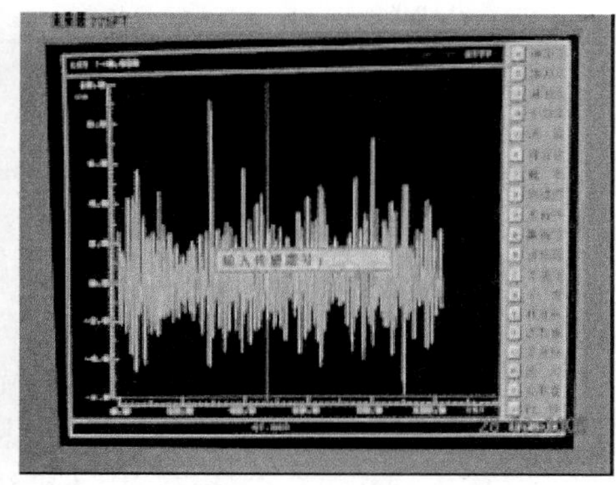

图 4.7　数据采集系统采集到的包含畸形波的波浪序列示例

4.2.3　波浪要素模拟结果

图 4.8 给出了 1#、5#波高仪处的一组实测波浪(编号为 5a11r234)频谱和目标谱的比较示例，可以看出两者吻合良好。表 4.2 给出了平地地形上几组目标和实测有效波高 H_s 及有效周期 T_s 的比较示例。可以看出生成波列的有效波高 H_s 和有效周期 T_s 都和目标值相差很小，符合不规则波浪模拟的要求。

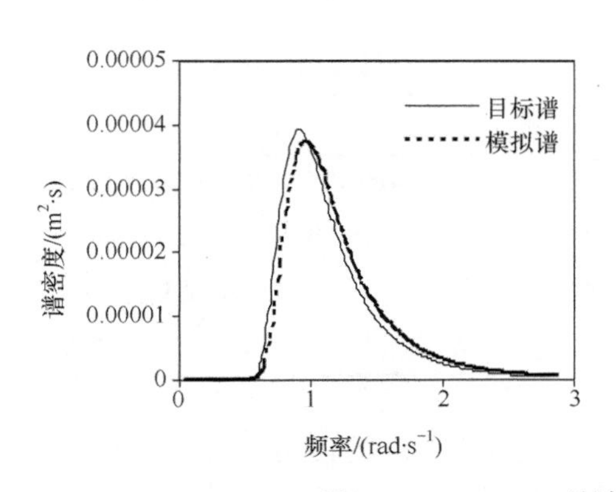

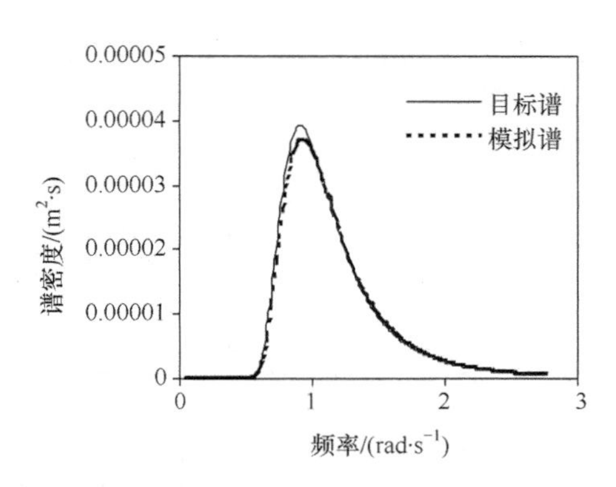

图 4.8　11m、15m 处波浪实测谱与目标谱比较

表 4.2 平地地形上目标和实测有效波高及谱峰周期的比较示例

组号	目标有效波高 h_s /m	实测有效波高 H_s /m	目标谱峰周期 t_p /s	实测谱峰周期 T_p /s
1	0.050	0.051	1.100	1.082
2	0.070	0.072	1.100	1.088
3	0.070	0.070	1.300	1.293
4	0.090	0.091	1.100	1.090

4.2.4 试验结果及分析

(1)平地地形上随机波浪的基本特征

在此关注随机波列中的较大波浪。共记录 720 个波列，其中最大波高不小于 2 倍有效波高的波浪个数为 44，但只有一个波浪满足畸形波定义的全部条件。

表 4.3 给出了平地地形上记录的 720 个波列较大波高统计参数汇总。

表 4.4 给出了平地地形上记录的 4 个较大波高对应的畸形波的统计参数。可以看出，编号为 1 的波浪能满足畸形波定义的全部条件。而编号为 2、3 的波浪能满足定义的第一和第三个条件，但不能满足第二个条件；编号为 4 的波浪则是不能满足定义的第三个条件，这三个波浪代表了试验中的多个较大波浪，它们虽然能够满足畸形波定义的部分条件，但还不是严格意义上的畸形波。

表 4.3 平地地形上记录的 720 个波列较大波高统计参数汇总

波列总数	满足下列条件的大波个数			满足畸形波条件的大波个数
	$\alpha_1 \leqslant 1.6$	$1.6 < \alpha_1 < 2.0$	$\alpha_1 \geqslant 2.0$	
720	100	576	44	1

表 4.4 平地地形上记录的 720 个波列中 4 个典型较大波浪的统计参数

编号	α_1	α_2	α_3	α_4	备注
1	2.202	4.258	2.099	0.652	满足畸形波定义的全部条件
2	1.917	2.790	2.790	0.702	满足第一、三条件，不满足第二个条件
3	2.014	1.295	3.152	0.699	满足第一、三条件，不满足第二个条件
4	1.781	2.438	2.064	0.642	满足第一、二条件，不满足第三个条件

图 4.9 给出了平地地形上记录得到的随机波列中包含的较大波浪的示例。

以普通不规则波浪在水槽中的传播来类比自然海域没有环境变化的情形，试验的结果表明，严格符合定义的畸形波在该情况下出现的概率并不大，依据上述试验统计，概率约为 1/70000。

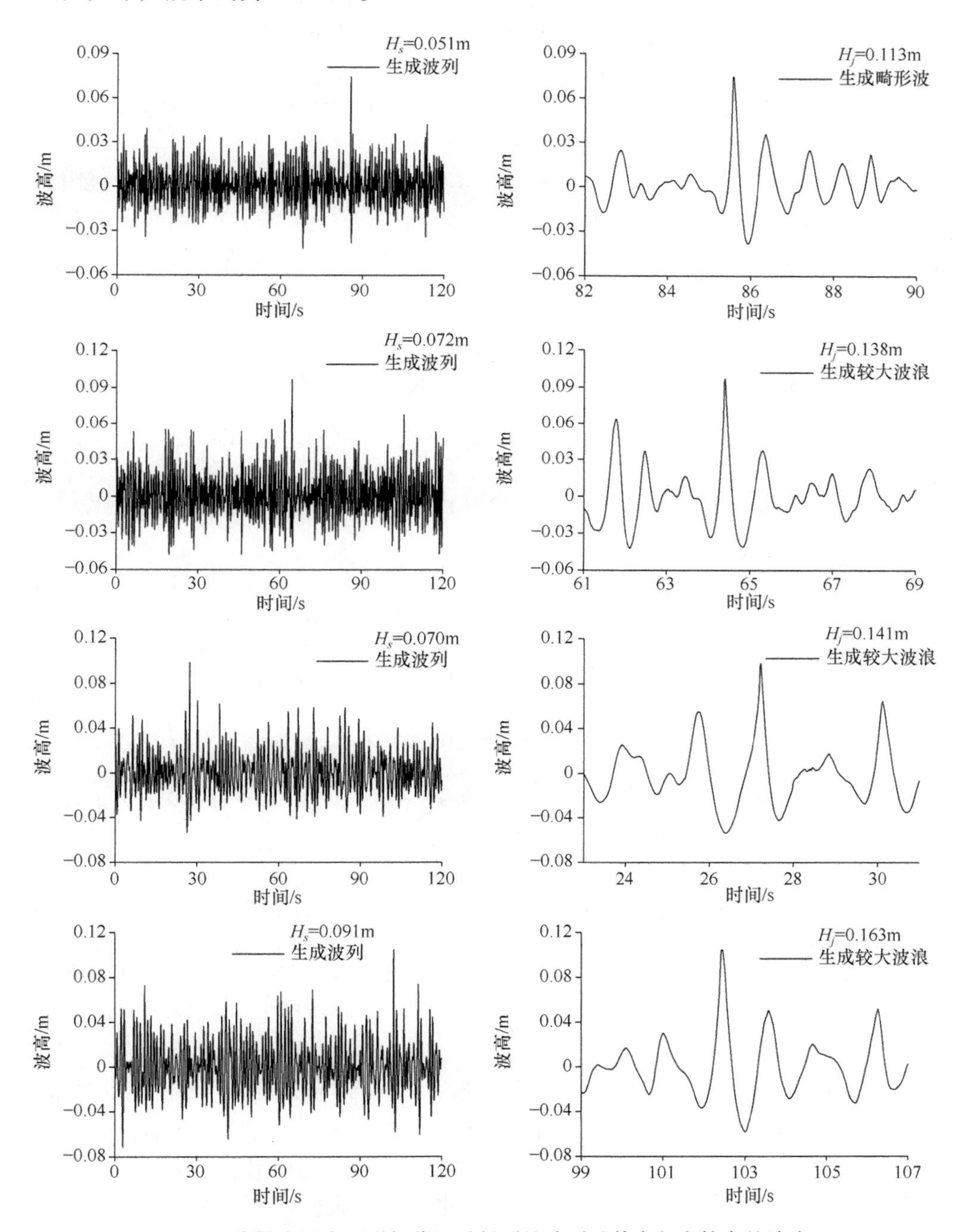

图 4.9　水槽中没有地形部分记录得到的波列及其中包含较大的波浪

(2) 随机波浪在 1∶10 坡度地形上传播变形过程中生成的畸形波

水槽中的 16 个波高仪是相隔 1m 等距分布的，由此可记录随机波浪在平地地形至 1∶10 坡度地形上传播变形过程。

试验的结果表明，普通不规则波浪在 1∶10 坡度地形上变形，波高的变化比较大，并易演化为畸形波，如图 4.10 的示例。

图 4.10 中可见，在水槽中平地地形部分（11~18m 处）的波高仪实测的波列中，并没有较大波浪出现，而水槽中 1∶10 坡度地形部分（19~26m 处）的波高仪实测的波列中，开始出现具有较大波高的波浪，并最终在 22m 处出现了符合定义全部条件的畸形波。

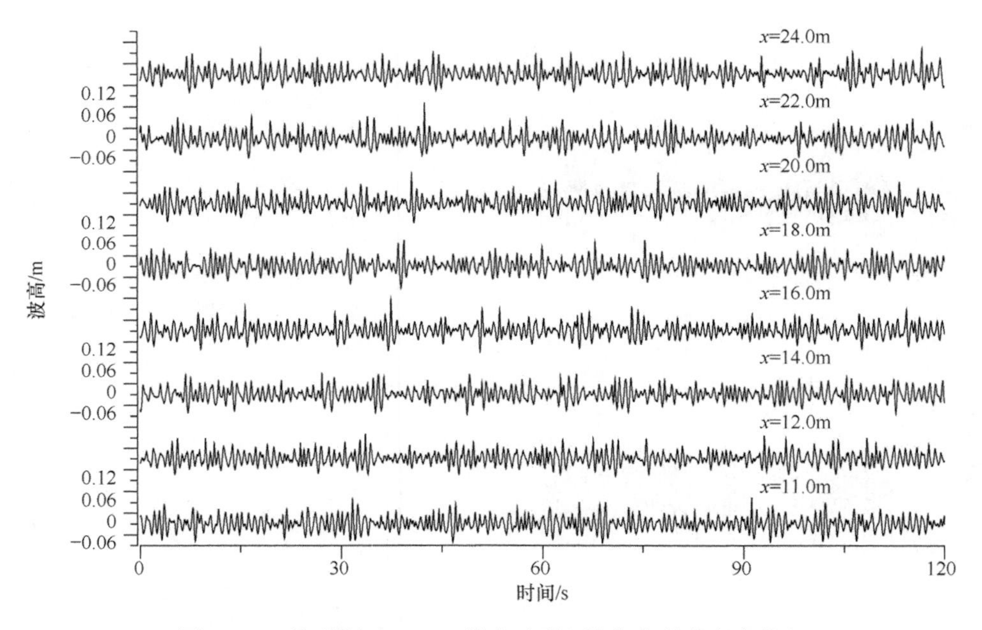

图 4.10　不规则波在 1∶10 坡度地形上演化变形形成畸形波

图 4.11 给出 8 个布置在 1∶10 坡度地形上波高仪，记录常规不规则波浪演化变形形成畸形波的过程。表 4.5 给出了 1∶10 坡度地形上生成的畸形波特征参数。

图 4.11 可以看出，各波列中的最大波高 H_j 从 17m 处的 0.116m 逐步增加，到 22m 处达到最大为 0.147m，为有效波高的 2.042 倍，其分别为前后相邻波高的 2.046 倍和 2.706 倍。从 22m 处开始，波列中最大波高开始减小，到 24m 处为 0.115m。畸形波波峰与波高之比 α_4 的变化过程为从小到大再变小，从 17m 处的 0.509 到 22m 处的极值 0.706，再到 23m、24m 处的 0.643 和 0.625。

表 4.5　1∶10 坡度地形上记录畸形波的特征参数示例

编号	位置/m	h_s /m	H_s /m	t_s /s	T_s /s	H_j /m	α_1	α_2	α_3	α_4
01	17.0	0.07	0.071	1.1	1.068	0.116	1.632	1.470	2.004	0.509
02	18.0	0.07	0.072	1.1	1.073	0.128	1.784	4.536	1.211	0.511
03	19.0	0.07	0.071	1.1	1.053	0.124	1.747	1.375	1.943	0.619
04	20.0	0.07	0.074	1.1	1.119	0.135	1.826	3.894	2.194	0.601
05	21.0	0.07	0.072	1.1	1.088	0.118	1.651	2.407	1.473	0.666
06	22.0	0.07	0.072	1.1	1.141	0.147	2.042	2.046	2.706	0.706
07	23.0	0.07	0.077	1.1	1.086	0.131	1.700	1.807	1.473	0.643
08	24.0	0.07	0.076	1.1	1.126	0.115	1.521	5.166	2.484	0.625

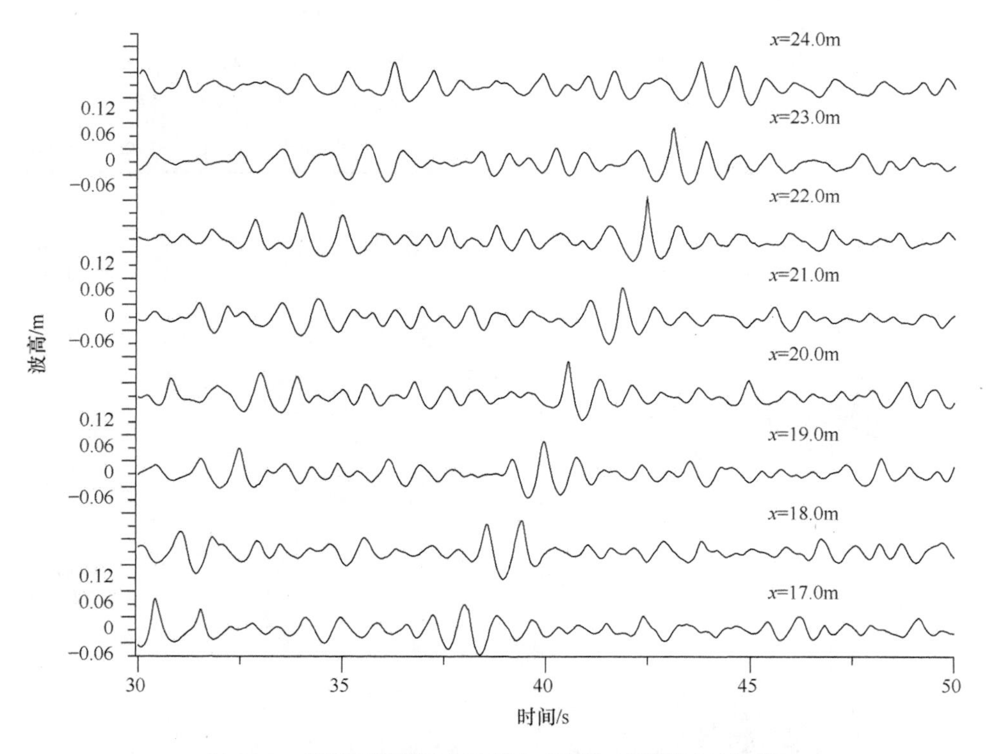

图 4.11　普通不规则波在地形上变形生成畸形波的过程

图 4.11 中可以看出畸形波生成发展的过程，畸形波形成前 17m、18m 处还不太突出，19m、20m 处最大波高开始增大，其中，20m 处为畸形波形成前的较大波峰开始减小的时刻，21m 处则是出现较大波谷的时刻，随着波谷变小波峰变大

到 22m 处形成畸形波。然后是畸形波波峰变小，其后面的波谷变大，到 24m 处已经没有比较明显的较大波高。

总体而言，在 1：10 坡度地形上记录波列中，波高大于 2 倍有效波高的波浪数量明显增多，约是平地地形情况下的 3 倍，这其中包括了 15 个完全满足定义全部条件的畸形波。

表 4.6 中分别给出了 4 组不同的随机波列中，在 1：10 坡度地形上采集到的四个畸形波的统计参数示例。图 4.12 给出了该四波列及波列中的畸形波时间过程曲线示例。因为在地形上产生变形，坡度地形上的有效波高 H_s 比目标有效波高 h_s 稍大。

表 4.6　不规则波地形上变形生成畸形波的特征参数结果示例

编号	位置/m	h_s /m	H_s /m	t_s /s	T_s /s	H_j /m	α_1	α_2	α_3	α_4
1	23.0	0.05	0.056	1.7	1.668	0.128	2.292	3.428	2.797	0.720
2	22.0	0.09	0.092	1.5	1.488	0.193	2.093	2.392	5.747	0.718
3	24.0	0.07	0.073	1.3	1.283	0.149	2.041	3.488	3.029	0.736
4	22.0	0.07	0.072	1.1	1.141	0.147	2.042	2.046	2.706	0.706

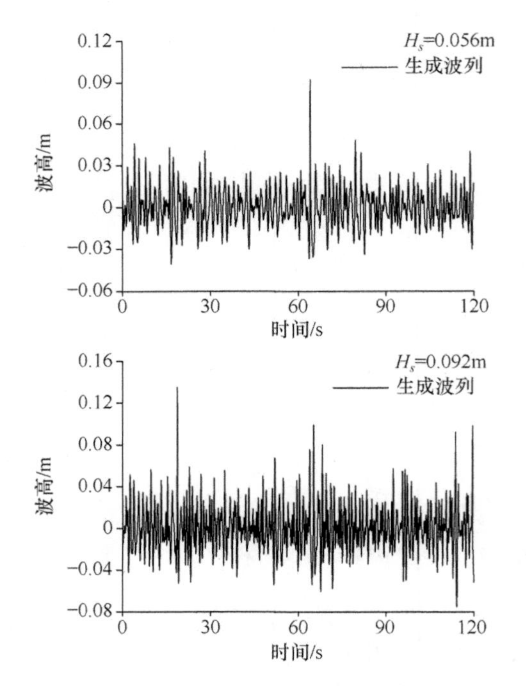

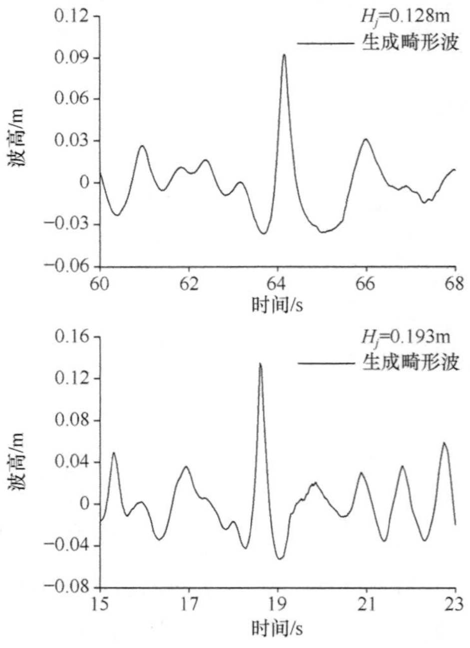

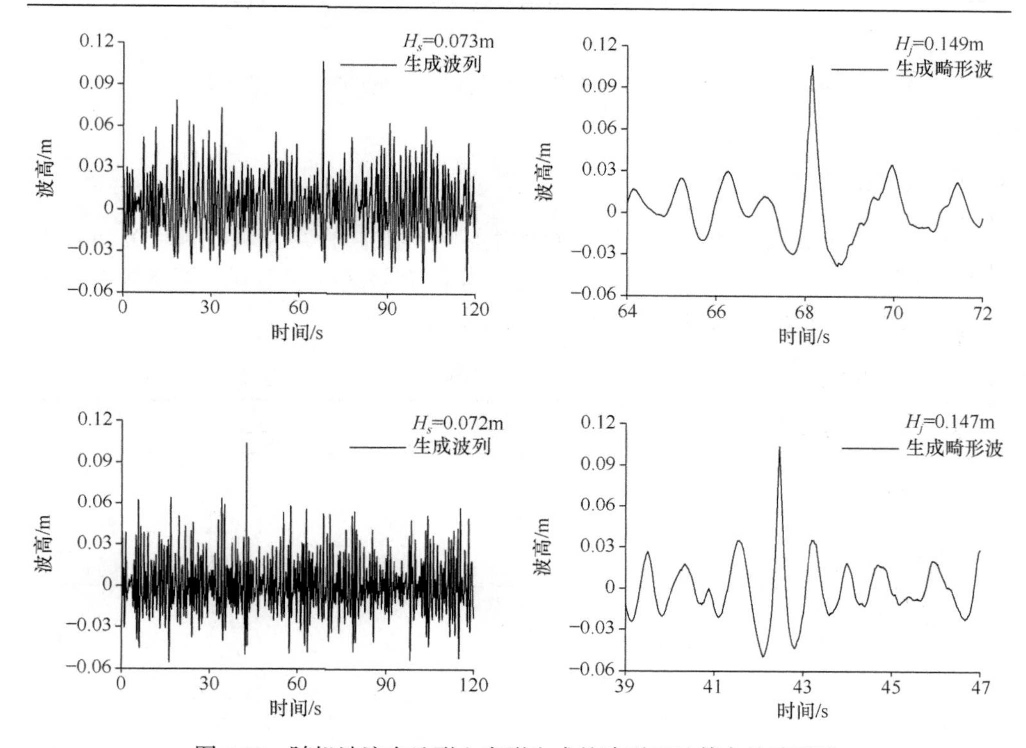

图 4.12　随机波浪在地形上变形生成的波列以及其中的畸形波

从图表中可以看出，四个畸形波均具有较大的波高，很容易从波列中辨识出来，且波峰尖瘦，有突出的波高和不相称的波谷。四个畸形波的波高 H_j 和有效波高 H_s 之比 α_1 分别为 2.292、2.093、2.041、2.042，而畸形波波峰和波高之比 α_4 则比较大，分别是 0.720、0.718、0.736、0.706。

上述结果表明，1 ∶ 10 坡度上生成的畸形波的特征参数，基本达到了天然海况条件下曾记录过的“新年波”的参数指标。

上述试验结果表明，不含畸形波的随机波浪在一定坡度地形上传播变形，可演化生成畸形波。与平地地形相比，随机波浪在经过一定坡度地形上传播演化后，出现畸形波的概率大大增加，且生成的畸形波非对称性特征比较明显，更容易满足畸形波定义的第三个条件。

不规则波浪在一定坡度地形上的变形演化过程，可类比自然海域天然波浪受特定地形影响变化的情形。由此可以推论，在近海较浅水域，受地形或边界影响后随机波浪生成畸形波的概率将有所增大。这和台湾地区附近浅海海域实测资料中频发畸形波的记录是相应一致的。

4.3 部分组成波初相位相同模型物理生成畸形波

4.3.1 试验组别

采用部分组成波初相位相同模型物理生成畸形波试验，水深固定为 0.5m。试验组次汇总于表 4.7。其中，每组波要素在一定的有效波高和谱峰周期条件下，分别给定 10 组随机初相位，即生成 10 组随机波列。

表 4.7 部分组成波初相位相同模型生成畸形波试验组次

试验工况	有效波高/m	周期/s	组别编号
组成波初相位1/3相同	0.05m	1.10	5f11
		1.30	5f13
		1.50	5f15
	0.07m	1.10	7f11
		1.30	7f13
		1.50	7f15
	0.09m	1.10	9f11
		1.30	9f13
		1.50	9f15
备注	每组十个波浪，命名为组名后加 r 加生成波浪的随机数，如 9f15r234。		

4.3.2 模型布置及试验方法

部分组成波初相位相同模型模拟生成畸形波时，无法预知畸形波的生成地点，为了更好地记录水槽中各个位置波面变化的过程，用 23 个波高仪等距地分布在水槽的 5~28m 范围内，间距为 1m，试验波高仪在水槽中的布置如图 4.13 所示。

按照图 4.3 步骤制作造波机驱动信号，在实验室模拟生成畸形波。先由给定的目标谱和造波传递函数得到造波机的驱动波形谱，计算得到造波机的驱动信号，驱动造波机进行造波，然后采集得到波列数据，并对其进行频谱分析，对照目标谱和实测波浪谱，进一步对造波驱动信号进行修正，开始迭代的过程，依次迭代几次直至得到满意的结果为止。

计算机控制造波机并采集波要素数据。按照编制的造波板信号推动造波机产生波浪，信号长度是 240s，从开始造波的 60s 开始采集，每组试验采集数据的时间间隔为 0.02s，样本长度为 6000。所有试验重复 3 遍。

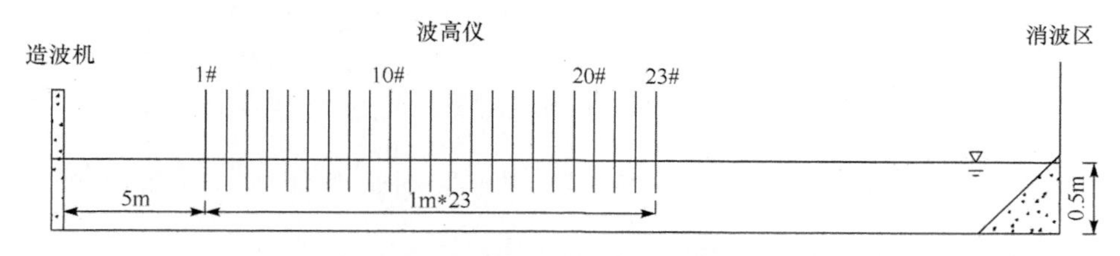

图 4.13　部分组成波初相位相同时生成畸形波的浪高仪布置图

5m、10m 处浪高仪(1#、6#)实测波浪频谱与目标谱的对比如图 4.14 的示例。目标谱和实测波浪频谱的比较吻合良好。

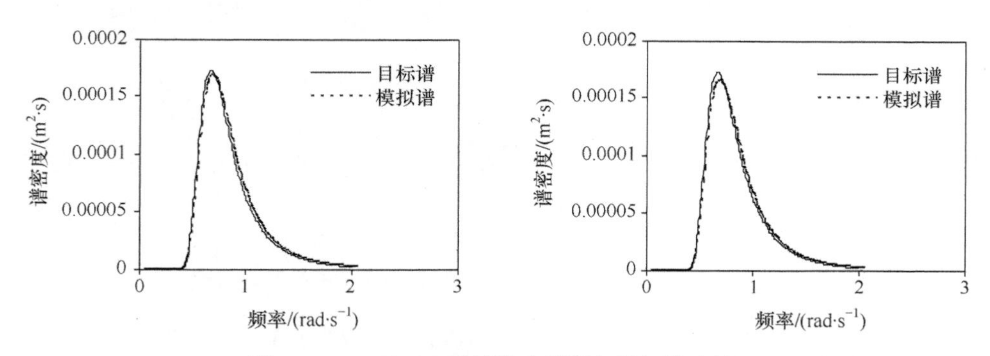

图 4.14　5m、10m 处波浪实测谱与目标谱比较

4.3.3　试验结果及分析

(1)部分组成波初相位相同模型生成畸形波的过程

试验共进行了 90 组试验(参见表 4.7)。每组试验由布置在 23m(约为 10~15 个平均波长)范围内的 23 个浪高仪分别记录不同位置处的波浪过程。

图 4.15 给出了一个畸形波的生成过程示例。图中可以看出整个模拟生成的过程：在 10m 处(参见图 4.13)，波高仪记录的波列过程中无畸形波；13m 处畸形波开始出现；14m 处出现完全意义上的畸形波；15m 处畸形波变小；17m 处畸形波完全消失。畸形波发展的过程变形很快，在波列中突然出现，传播 1 个平均波长范围即可迅速消失。

表 4.8 汇总了这 8 个不同位置处记录波列的统计参数，可以看出，在畸形波形成、发展、消失的整个过程中，波列的有效波高、有效周期都基本保持稳定且都符合目标谱特征。

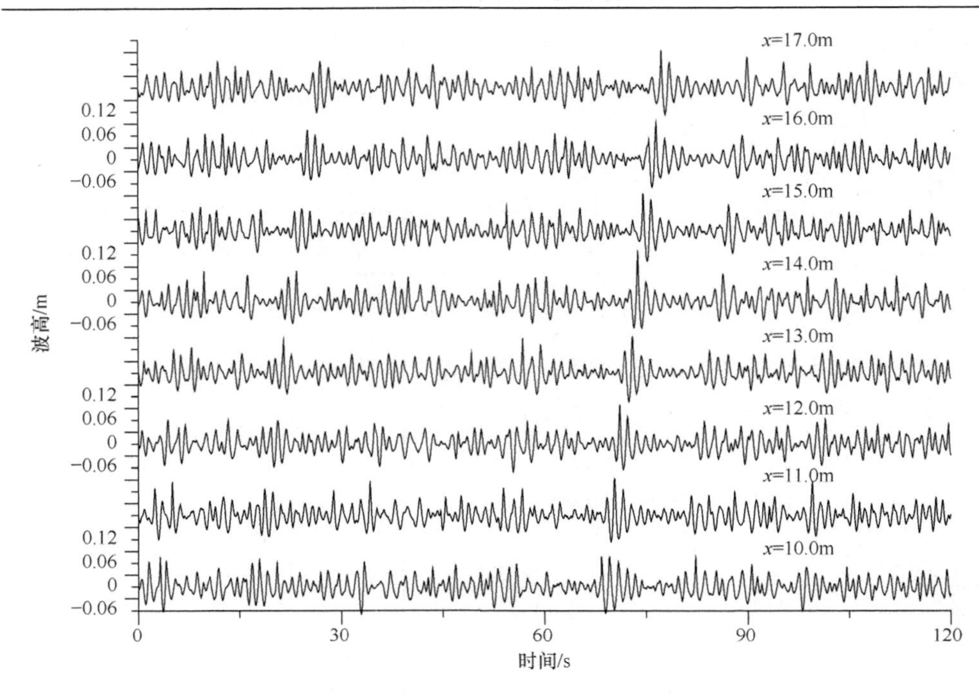

图 4.15　部分组成波初相位相同模型模拟生成畸形波的过程

表 4.8　部分组成波初相位相同模型模拟生成畸形波的过程统计参数汇总

编号	位置/m	h_s /m	H_s /m	t_s /s	T_s /s	H_j /m	α_1	α_2	α_3	α_4
01	10.0	0.09	0.091	1.7	1.749	0.143	1.573	3.285	1.060	0.532
02	11.0	0.09	0.090	1.7	1.768	0.151	1.668	1.371	1.409	0.614
03	12.0	0.09	0.086	1.7	1.680	0.162	1.896	2.669	1.524	0.596
04	13.0	0.09	0.091	1.7	1.713	0.175	1.923	2.304	1.742	0.618
05	14.0	0.09	0.091	1.7	1.702	0.194	2.122	2.017	2.334	0.658
06	15.0	0.09	0.089	1.7	1.684	0.170	1.992	3.234	1.332	0.545
07	16.0	0.09	0.090	1.7	1.689	0.139	1.633	1.164	1.582	0.662
08	17.0	0.09	0.087	1.7	1.654	0.163	1.882	2.427	1.611	0.573

(2)部分组成波初相位相同模型生成的畸形波的基本特征

统计表明，采用部分组成波初相位相同模型生成随机波浪，畸形波的生成概率很大，总共得到 43 个符合定义全部条件的畸形波。在 90%记录波列中最大波高大于或者等于有效波高的 2 倍，不同的有效波高和周期均有畸形波生成。

图 4.16 给出四个实测波列以及波列中的畸形波示例。图中可见，各波列所包含畸形波很容易辨识，有着独立突出的波高，波峰尖瘦，波谷相对较小，有强烈的非对称性。畸形波相邻的前后波浪都较小。

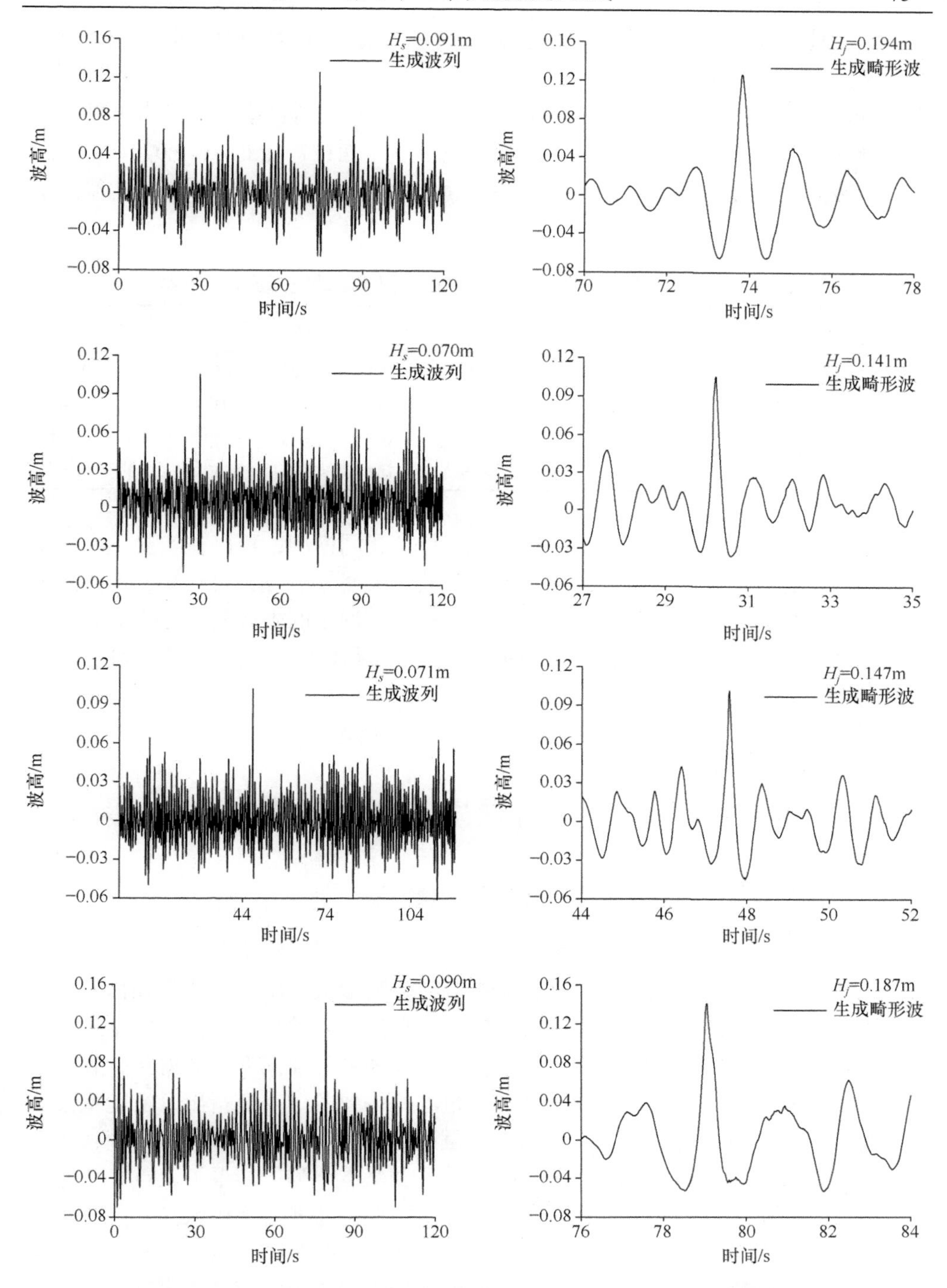

图 4.16 组成波的 1/3 初相位相同时生成的波列及其中的畸形波

生成畸形波后，波列的有效波高 H_s 和谱峰周期 T_s 依然都和目标谱基本一致，符合天然波浪的基本特征。

表 4.9 中给出了对应图 4.16 的波列中出现的畸形波特征参数，表中可见，四个畸形波的波高 H_j 和有效波高 H_s 之比 α_1 分别为：2.122、2.014、2.070、2.080，而畸形波波峰和波高之比 α_4 分别是 0.658、0.707、0.694、0.705，满足畸形波的全部指标。

表 4.9　采用部分组成波初相位相同模型模拟得到的畸形波特性参数

编号	位置/m	h_s /m	H_s /m	t_s /s	T_s /s	H_j /m	α_1	α_2	α_3	α_4
1	14.0	0.09	0.091	1.7	1.702	0.194	2.122	2.017	2.334	0.658
2	9.0	0.07	0.070	1.3	1.275	0.141	2.014	3.039	3.911	0.707
3	15.0	0.07	0.071	1.1	1.068	0.147	2.070	4.180	3.493	0.694
4	5.0	0.09	0.090	1.3	1.326	0.187	2.080	2.053	2.093	0.705

上述试验结果表明，采用部分组成波初相位相同模型，可以在实验室物理生成畸形波，且生成的畸形波波高独立突出，波峰尖瘦，波谷相对较小，有强烈的非对称性；统计分析实测的结果表明，无论是在畸形波的生成前还是生成后，畸形波所在波列的有效波高 H_s 和谱峰周期 T_s 依然都和目标谱基本一致，符合天然波浪的基本特征。

但采用该模型，不能控制畸形波的生成时间和地点。

4.4　基于双波列叠加模型物理生成畸形波

4.4.1　双波列叠加模型造波的物理实现和测量方法

在双波列叠加模型中，将目标谱分成两部分：一部分给瞬态波列，一部分给基本波列。数值计算已经证明，该模型可以产生畸形波。本节将研究如何通过物理的方法在实验室水槽内物理生成可控制的畸形波，并验证数值模拟的结果。

在此，将整个造波程序的造波驱动信号用双波列叠加模型计算得到，其他的步骤和实验室模拟生成普通不规则波浪的过程是一致的。需要指出，实验室模拟生成普通不规则波浪的过程中，传递函数是通过造波信号迭代最终确定的；而采用双波列叠加模型，通过迭代将改变瞬态波列和基本波列的能量汇聚点，从而难以达到生成畸形波的目标。为此，试验时将适当调整造波传递函数。

数值模拟的结果证明双波列叠加模型可以初步地控制畸形波的生成地点，为了更好地记录和观测畸形波的生成和发展的过程，在预定的畸形波出现地点加密布置浪高仪。浪高仪具体布置示意图如 4.17 所示，试验现场照片见图 4.18。1#浪高仪距造波板 7m 处，1~7#浪高仪的间距是 1m；在预定的畸形波出现的地点，7~22#浪高仪间距加密为 0.2m，用于测定畸形波的产生发展和变形的过程；22~23#浪高仪的间距仍为 1m，记录畸形波生成后的波面的变化。

从开始造波的 60s 时采集，对于每组试验，采集数据的时间间隔为 0.02s，采集数据持续时间为 120s，采集数据次数为 6000 次。波要素数据采集工作由计算机完成，所有试验重复 3 遍。

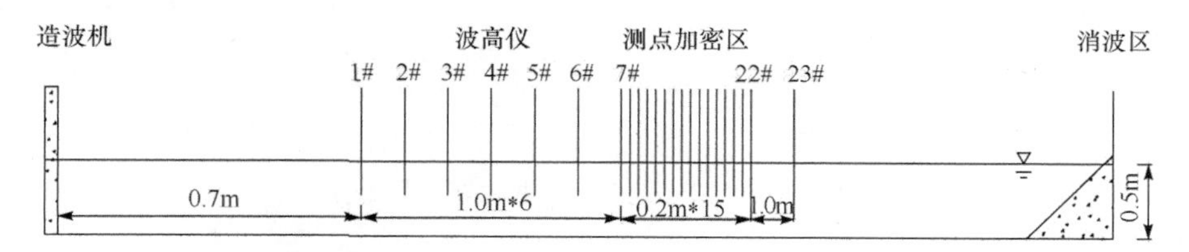

图 4.17　定点生成实现后集中浪高仪试验布置图

图 4.18　集中于 13~15m 处的浪高仪

4.4.2　试验结果及分析

采用双波列叠加模型，目标谱型采用改进 P-M 谱，有效波高 h_s=0.07m，对应的有效周期为 T_s=1.5s，试验中改变分配给瞬态波浪和基本波列的能量比例。

首先进行波浪要素目标谱验证试验。图 4.19 分别给出了距离造波板 7m、13m（1#、7#波高仪位置）处实测波浪频谱和目标谱对比示例，可见两者吻合良好。

（1）双波列叠加模型生成畸形波的过程

在预期畸形波出现的距离造波板 13.0~16.0m 处，波高仪是以 0.2m 的间距密集分布的，这些密布的波高仪可以很细致地记录波列中畸形波的发展变化过程。

瞬态波列所占的能量比例为 20%，取有效波高 H_s=0.07m、有效周期 T_s=1.5s，采用双波列叠加模型试验生成随机波列。

图 4.20 分别给出了距离造波板 13.0～14.4m 处 8 个波高仪记录的随机波列试验结果。

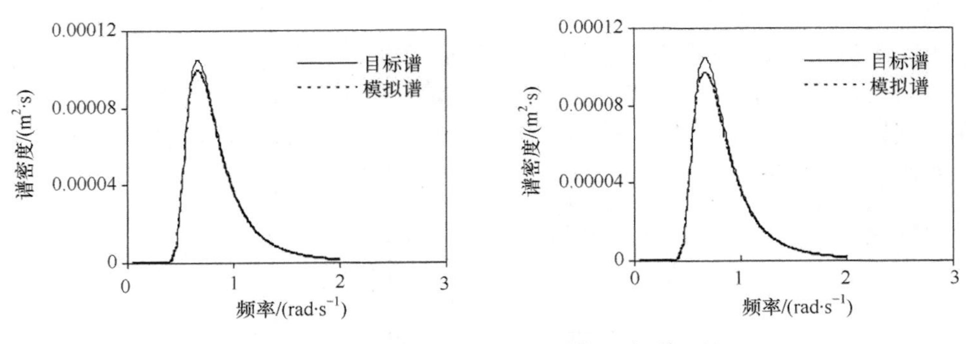

图 4.19　7m、13m 处波浪实测谱与目标谱比较

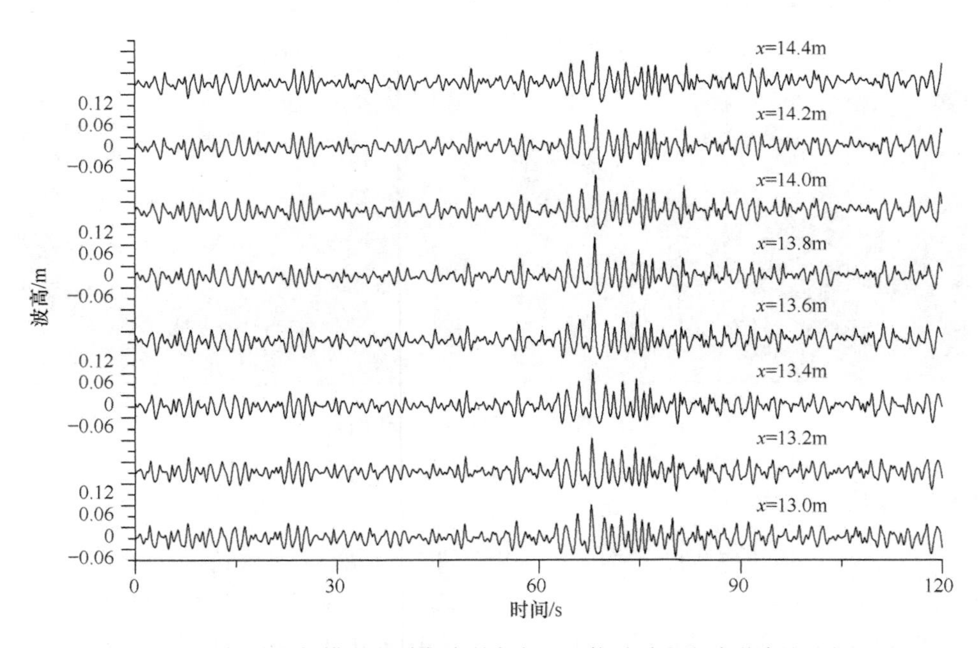

图 4.20　两波叠加模型在瞬态波列占有 20%能量时生成畸形波的过程

表 4.10 汇总了这 8 个波列的统计参数及各波列中最大波高的畸形波参数。在整个过程中各点记录波列有效波高 H_s 、有效周期 T_s 稳定，且和所采用的目标谱的有效波高 h_s 和有效周期 t_s 相差很小，符合不规则波浪模拟的要求。波列中的最大波浪可以满足畸形波定义的第一和第三个条件，但不能满足定义的第二个条件。

表 4.10 不同位置处最大波演化过程中的畸形波参数汇总

编号	位置/m	h_s /m	H_s /m	t_s /s	T_s /s	H_j /m	α_1	α_2	α_3	α_4
01	13.0	0.07	0.072	1.5	1.490	0.134	1.862	1.253	1.516	0.670
02	13.2	0.07	0.071	1.5	1.477	0.136	1.907	1.269	1.587	0.678
03	13.4	0.07	0.072	1.5	1.471	0.145	2.025	1.494	1.747	0.675
04	13.6	0.07	0.075	1.5	1.469	0.157	2.100	1.718	1.767	0.677
05	13.8	0.07	0.071	1.5	1.473	0.157	2.214	2.070	1.935	0.681
06	14.0	0.07	0.070	1.5	1.467	0.147	2.110	1.649	1.895	0.674
07	14.2	0.07	0.070	1.5	1.479	0.148	2.133	1.527	2.003	0.609
08	14.4	0.07	0.070	1.5	1.480	0.139	1.984	1.420	1.956	0.600

图 4.20 可见，波列中的最大波高演化发展过程体现了波能汇聚过程：从能量开始汇聚的 13.0m 处大波开始出现(H_j=0.134m)；然后逐渐增大，到预定汇聚地点附近的 13.8m 处达到最大值(H_j=0.157m)；此后开始变小，到 14.4m 处最大波高降低为 0.139m。

上述试验结果表明，采用双波列叠加模型生成畸形波，可以粗略地控制较大波浪的生成地点、生成时间。

(2)双波列叠加模型生成畸形波的基本特征

图 4.21 分别给出了同一目标谱(有效波高 H_s=0.07m、有效周期 T_s=1.5s)、20%能量瞬态波列、给定基本波列在 4 组不同随机初相位时，生成的 4 组随机波列及波列中的较大波浪时间过程示例。

表 4.11 汇总了这 4 个波列的特征参数，数据显示，模拟生成波列的有效波高和有效周期很稳定，波列中最大波高值较大，最大的一组可达 0.211m，为有效波高的 2.913 倍，这是前面两种方法生成的畸形波中不曾出现的。

表 4.11 不同随机初相、双波列叠加模型生成畸形波的特征参数结果汇总

预定位置/m	实际位置/m	h_s /m	H_s /m	t_s /s	T_s /s	H_j /m	α_1	α_2	α_3	α_4
14.0	13.8	0.07	0.071	1.5	1.473	0.157	2.214	2.070	1.935	0.681
14.0	13.6	0.07	0.072	1.5	1.464	0.211	2.913	1.746	1.303	0.633
14.0	13.4	0.07	0.070	1.5	1.450	0.171	2.440	1.599	1.252	0.565
14.0	13.8	0.07	0.070	1.5	1.473	0.179	2.569	2.168	1.435	0.647

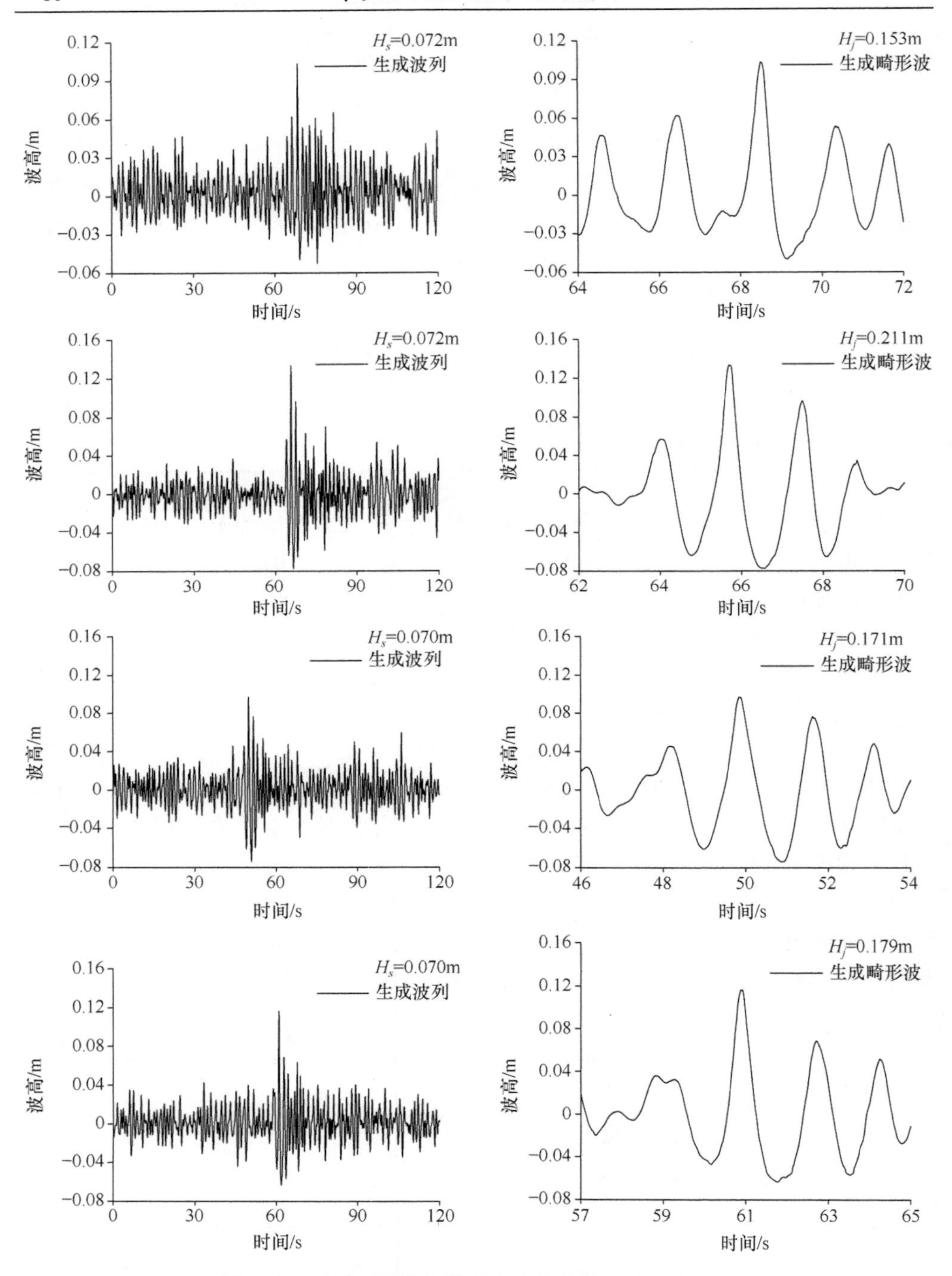

图 4.21　运用两波叠加模型生成的波列及畸形波图形

上述试验结果和Kriebel(2000)试验的结果基本一致：当分配15~20%的能量给瞬态波列时，即可在固定的地点生成较大波浪，而且对生成的整个波列的有效波高影响较小。该大波容易满足畸形波定义的第一个条件。这与在坡度地形上生成畸形波的方法及部分组成波初相位相同模型生成畸形波的方法比较，是一个巨大的进步。但大多波高较大的波浪不能满足畸形波定义的第二和第三个条件。

此外，双波列叠加模型生成畸形波的另一缺点在于能量汇聚的效果不理想，生成时间和地点还不十分准确。试验的4组波浪预定畸形波的出现时间是60s时，从图4.21中可以看出，2、4两组的生成时间在60s左右，基本准确；但1、3两组的差距较大。

4.5　小　结

平地地形上随机波浪传播演化过程中，也会有畸形波的发生，但畸形波出现的概率极低。随机波浪在一定坡度地形上的演化过程中，畸形波出现的概率远大于平地地形上随机波浪传播演化过程中畸形波出现的概率，但在一定坡度地形上演化生成畸形波的方法不能控制畸形波生成的时间和地点，生成效率也不高。运用部分组成波初相位相同模型，生成畸形波效率高于在一定坡度地形上演化生成畸形波的效率，但同样不能控制畸形波生成的时间和地点。采用双波列叠加模型，可以在一定空间和时间范围内生成非完全意义上的畸形波，但不能精确地控制畸形波生成的时间和地点，仍需改进。

参考文献

[1] Kharif C, Pelinovsky E, Slunyaev A. Rogue Waves in the Ocean[M]. Springer Berlin Heidelberg, 2009.

[2] Pleskachevsky A L, Lehner S, Rosenthal W. Storm observations by remote sensing and influences of gustiness on ocean waves and on generation of rogue waves[J]. Ocean Dynamics, 2012, 62(9):1335-1351.

[3] Mori N, Liu P C, Yasuda T. Analysis of freak wave measurements in the Sea of Japan[J]. Ocean Engineering, 2002, 29(11):1399-1414.

[4] Chien H, Kao C C, Chuang L Z H. On the characteristics of observed coastal freak waves[J]. Coastal Engineering Journal, 2002, 44(04): 301-319.

[5] Lechuga A. Were freak waves involved in the sinking of the Tanker "Prestige"[J]. Natural Hazards & Earth System Sciences, 2006, 6(6):973-978.

[6] Slunyaev A, Didenkulova I, Pelinovsky E. Rogue waves in 2006-2010[J]. Natural Hazards & Earth System Sciences, 2011, 11(11):2913-2924.

第 5 章　畸形波的可控制物理生成

在实验室模拟生成畸形波可以得到和 Kriebel[1]基本一致的结果：初步控制较大波浪的生成时间和生成的地点，但是物理生成的较大波浪还是不能很好地满足畸形波定义的全部条件。本章基于双波列叠加模型和三波列叠加模型，改进试验方法，提高瞬态波浪汇聚的效果，在实验室实现畸形波的可控制物理生成。并对双波列叠加模型与三波列叠加模型生成畸形波的效率和效果进行了试验比较。

5.1　物理生成畸形波的一个新试验方法

5.1.1　现试验方法存在的问题

利用双波列叠加模型物理生成畸形波，试验的模拟效果不理想，波峰和波高的比值小于 0.6，不能严格满足畸形波定义的全部条件。Kriebel 称之为“extreme waves”。分析现有方法，主要问题在于以下几点。

⑴常规不规则波造波程序并不完全适合畸形波的生成。常规不规则波的模拟，要求波列统计参数和波谱的相似，通过数次造波迭代以满足之。但对于物理生成畸形波来说，如果一味地追求波谱相似，在迭代的过程中，畸形波的能量汇聚将有所损失。

⑵波浪水槽中传递系数的影响。传递函数反映了浪高与造波板运动之间的关系。基于线性理论给出的波浪传递系数尚未准确描述该关系。

⑶各组成波的初相位选择具有随机性。但组成波的初相位对叠加的结果影响很大，实际模拟中需要对生成组成波的随机数进行优选。

5.1.2　物理生成畸形波的一个新试验方法

考虑上述因素，物理模拟生成畸形波采用下述新方法。

⑴采用自定义造波信号序列生成波浪，改变迭代方法。首先用畸形波生成的数值模型计算造波信号序列，然后在试验时分析实测有效波高，与目标有效波高进行对比，由该比例关系修正造波信号序列，以此代替常规波浪模拟的迭代过程。

⑵根据试验结果实时修正造波传递系数。根据目标谱和实测波浪谱以及实测

波列统计参数的差异调整造波传递函数,对水槽中产生畸形波的过程进一步修正。

(3)利用数值模拟预先优选组成波的初相位。波浪叠加模型中组成波的初相位对叠加的结果影响很大，实际模拟中组成波的初相位是由输入的随机数决定的，试验前利用数值模拟对生成组成波的随机数进行优选，选择模拟效果较好的随机数。

5.1.3　生成畸形波新方法的试验验证

双波列叠加模型生成畸形波试验在大连理工大学港口及近海工程国家重点实验室海洋环境水槽中进行，试验模型布置及数据采集方法和第 4 章中验证畸形波生成试验相同，如图 4.17 所示。

采用双波列叠加模型，为避免畸形波破碎，有效波高取为 $H_s = 0.03\text{m}$。设定畸形波在 60s 时、14m 处出现。

图 5.1 分别给出了基本波浪和瞬态波浪所占波谱能量的比例 p_1 和 p_2 在 100% 到 0%范围内变化时，物理生成畸形波的结果示例。

表 5.1 给出了不同能量给瞬态波列占有不同的能量比例时模拟生成的波列统计参数及畸形波参数比较(其中的 $\bar{H}_s$ 为去掉波列中三个最大波高的有效波高，因为包括畸形波在内的三个较大波高干扰了波列波高的统计)，可以看出：

表 5.1　瞬态波列占有不同能量比例时新方法(基于双波列叠加模型)生成畸形波参数比较

瞬态波列能量比例	h_s/m	H_s/m	$\bar{H}_s$/m	H_j/m	α_1	α_2	α_3	α_4
100%	0.03	0.029	0.010	0.196	6.759	2.215	3.102	0.687
90%	0.03	0.030	0.013	0.185	6.167	2.109	3.115	0.703
80%	0.03	0.030	0.015	0.176	5.867	2.233	4.058	0.691
70%	0.03	0.031	0.018	0.180	5.806	2.734	4.333	0.689
60%	0.03	0.030	0.020	0.156	5.268	2.297	4.523	0.670
50%	0.03	0.030	0.021	0.142	4.667	2.338	4.145	0.655
40%	0.03	0.032	0.023	0.129	4.000	2.543	3.992	0.650
30%	0.03	0.030	0.024	0.100	3.384	2.585	3.415	0.653
20%	0.03	0.030	0.026	0.082	2.731	2.871	4.571	0.649
10%	0.03	0.030	0.028	0.052	1.744	2.034	2.438	0.629
0%	0.03	0.030	0.029	0.047	1.553	1.817	1.456	0.521

(1) 瞬态波浪所占波谱能量比例超过20%时，即可生成完全意义上的畸形波，随着汇聚能量的增多，生成波列中的畸形波越来越突出，波高越来越大，而周围波浪则趋向于变小，当全部能量汇聚生成瞬态波列时，畸形波周围近乎于平静；

(2) 生成畸形波的时间和位置与预期的时间和位置基本一致；

(3) 瞬态波浪所占波谱能量的比例超过 30%时，生成的随机波列的有效波高已经大大偏离目标谱的有效波高。

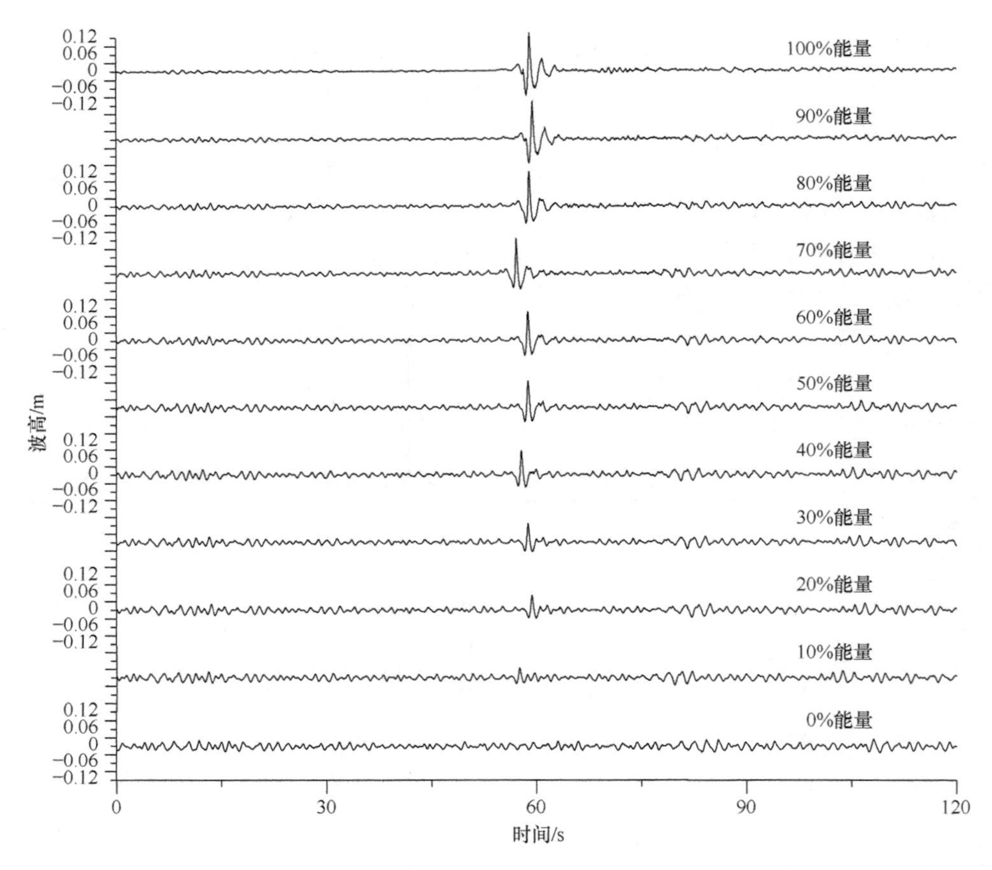

图 5.1 瞬态波列所占能量比例改变时新试验方法(基于双波列叠加模型)生成波列及畸形波

试验结果与数值模拟结果比较，当 p_2 =20%时，试验和数值模拟的波列中都出现了符合畸形波定义的大波，且出现大波对应的畸形波三个特征参数也基本一致。参见表 5.2。

表 5.2　模拟生成畸形波的试验结果与数值模拟结果比较

瞬态波列能量比例	方法	h_s /m	H_s /m	$\bar{H}_s$ /m	H_j /m	α_1	α_2	α_3	α_4
20%	物理生成	0.03	0.030	0.026	0.082	2.731	2.871	4.571	0.649
	数值模拟	0.03	0.029	0.026	0.084	2.864	3.162	4.837	0.656

上述结果表明，基本波浪和瞬态波浪所占波谱能量的比例对于生成畸形波会产生较大的影响。当瞬态波浪所占波谱能量的比例超过 20%时，生成的随机波列的有效波高将大大偏离目标谱的有效波高；而当瞬态波浪所占波谱能量的比例小于10%时，生成的随机波列中不能生成完全意义上的畸形波。为此，对于双波列叠加模型生成畸形波时，应将瞬态波浪所占波谱能量的比例控制在 10%～20%之间。

5.1.4　基于双波列模型采用新方法生成畸形波的特征及存在问题

表 5.3 汇总了 p_2=15%、20%条件下，基于双波列叠加模型，采用新试验方法模拟生成的波列的统计参数和畸形波参数。图 5.2 和图 5.3 分别给出了 p_2=15%、20%条件下，基于双波列叠加模型，采用新试验方法模拟生成的波列及较大波浪试验记录。

图 5.2 可见，当 p_2=15%时，试验模拟生成的波列中在指定位置出现了畸形波。该畸形波演化很快：在位置 x=13.8m 处，波谷较小；但传播至 x=14.0m 处，波峰基本维持不变，波谷增大显著；传播至 x=14.2m 处，波峰依然基本维持不变，波谷进一步增大。

图 5.3 可见，当 p_2=20%时，畸形波的生成和演化过程与 p_2=15%时基本类似。但畸形波的特征更为显著。

表 5.3　新试验方法(基于双波列叠加模型模)拟生成畸形波参数汇总

瞬态波列能量比例	编号	位置/m	h_s /m	H_s /m	$\bar{H}_s$ /m	H_j /m	α_1	α_2	α_3	α_4
15%	01	13.600	0.03	0.030	0.026	0.062	2.082	2.146	2.990	0.610
	02	13.800	0.03	0.030	0.026	0.069	2.312	2.570	4.029	0.630
	03	14.000	0.03	0.030	0.026	0.072	2.397	2.767	4.041	0.621
20%	01	13.600	0.03	0.030	0.026	0.071	2.405	2.017	4.546	0.605
	02	13.800	0.03	0.030	0.026	0.079	2.665	2.516	5.245	0.637
	03	14.000	0.03	0.030	0.026	0.082	2.731	2.871	4.571	0.649
	04	14.200	0.03	0.029	0.026	0.084	2.864	3.162	4.837	0.588

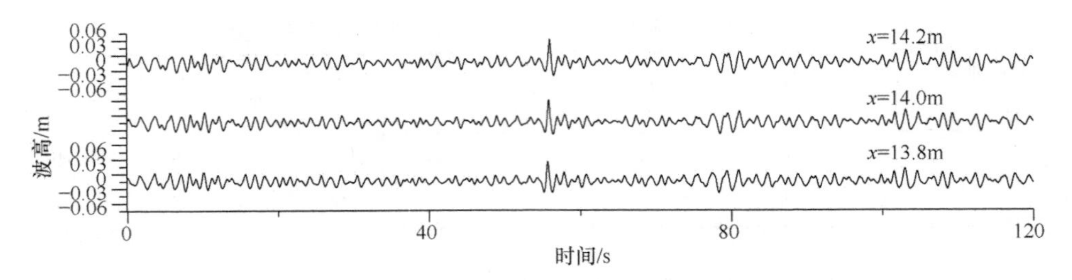

图 5.2　新的试验方法(基于双波列叠加模型) p_2=15%时生成的波列及较大波浪

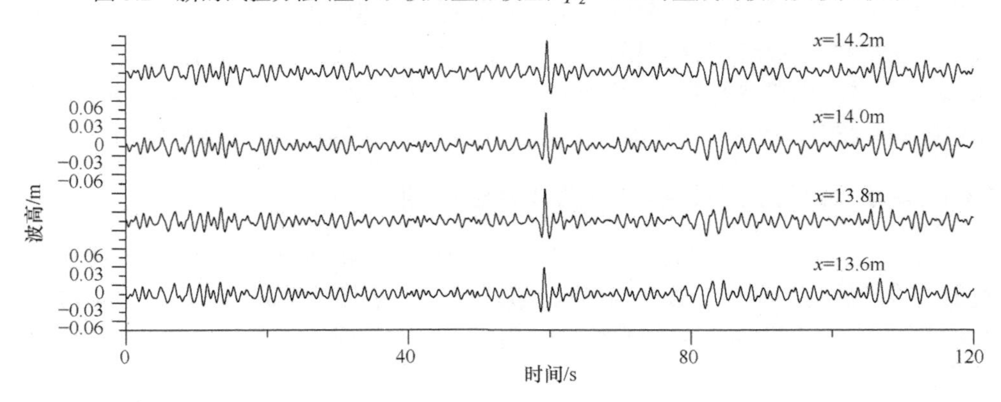

图 5.3　基于双波列叠加模型采用新的试验方法 p_2=20%时生成的包含较大波浪的波列

实际海洋状况下的记录到的畸形波，曾出现过最大波高是波列有效波高(5.65m)的 3.19 倍和 3.9 倍的实例(图 5.4)[2, 3]。而试验结果表明，基于双波列叠加模型，采用新试验方法模拟生成畸形波参数要达上述两个实际记录的量值，分配给瞬态波列的能量需要达到 40%，此时存在的问题如前所述，模拟得到的波列有效波高将远小于目标谱的有效波高。

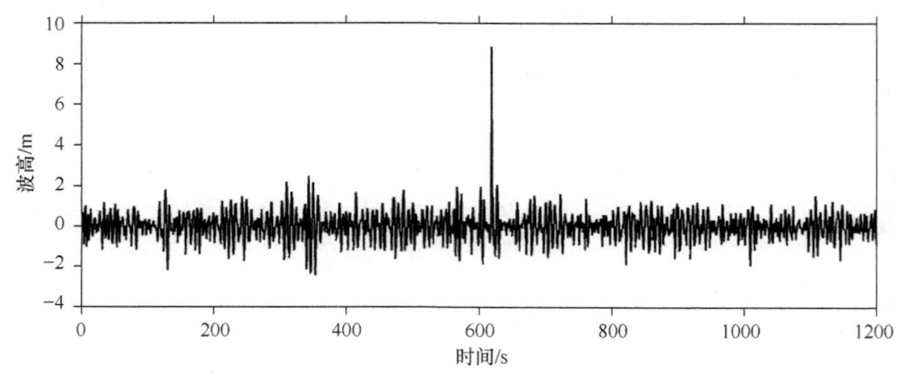

图 5.4　黑海实测包含畸形波的波浪时间序列

5.2　基于三波列叠加模型采用新方法物理生成畸形波

5.2.1　最佳能量分配比例

保持其他参数不变,运用三波列叠加模型,调整基本波列和瞬态波列所占波谱能量的比例在 100%到 0%范围内变化。同时指定三波列叠加模型中的两个瞬态波列各占瞬态能量的 50%。在此应用新的试验方法,并考察在什么能量分配范围内,既可以生成可以满足采用定义全部条件的畸形波，又不会对整个生成波列的有效波高影响太大，满足不规则波浪模拟的要求。

表 5.4 中列出了 12 种能量分配方式时，采用新的试验方法(基于三波列叠加模型)物理生成的畸形波的参数对比。表中可见，当无瞬态波列(0%的能量汇聚)时，波列中无畸形波生成，为常规波列。

图 5.5 给出了当瞬态波列占有不同的能量比例时，采用新的试验方法(基于三波列叠加模型)生成的波列和其中的畸形波。图中可见，采用新的试验方法物理生成的较大波浪较突出，生成较大波浪效果最好的点也都在预定的 14.0m 处左右，生成时间也和预定的 60.0s 基本一致。

当 8%的能量分配给瞬态波列时，三波列叠加模型模拟的畸形波波高是有效波高的 2.451 倍，已经达到畸形波标准。

当 10%的能量汇聚时，物理生成畸形波的三个参数为 α_1=2.631，$\alpha_2=2.487$，$\alpha_3=4.384$，$\alpha_4=0.654$，符合畸形波定义的全部条件。

随着瞬态波列所占能量比例的逐步增加，波列中生成的畸形波越来越突出，波高越来越大，而周围波浪则趋向于变小，当 100%能量分配给瞬态波列(即为瞬态波浪)时，畸形波周围近乎于平静。

表 5.4　瞬态波列占有不同能量比例时新方法(基于三波列叠加模型)生成畸形波参数比较

瞬态波列能量比例	h_s/m	H_s/m	$\bar{H}_s$/m	H_j/m	α_1	α_2	α_3	α_4
100%	0.03	0.028	0.016	0.239	8.511	2.238	2.472	0.694
90%	0.03	0.033	0.017	0.238	7.212	2.674	4.327	0.710
80%	0.03	0.032	0.019	0.221	6.829	2.910	2.996	0.686
70%	0.03	0.033	0.021	0.215	6.587	3.112	3.226	0.688
60%	0.03	0.032	0.022	0.197	6.164	3.019	4.917	0.680
50%	0.03	0.032	0.025	0.174	5.452	2.705	3.924	0.681
40%	0.03	0.033	0.025	0.157	4.776	2.283	4.161	0.696
30%	0.03	0.031	0.026	0.151	4.808	2.977	4.694	0.676

续表

瞬态波列能量比例	h_s/m	H_s/m	$\bar{H}_s$/m	H_j/m	α_1	α_2	α_3	α_4
20%	0.03	0.030	0.027	0.120	4.000	2.657	3.604	0.667
15%	0.03	0.032	0.027	0.107	3.367	2.888	8.198	0.655
12%	0.03	0.031	0.027	0.091	2.909	2.883	4.920	0.653
10%	0.03	0.031	0.028	0.081	2.631	2.487	4.384	0.654
8%	0.03	0.031	0.028	0.076	2.451	2.581	3.353	0.653
0%	0.03	0.030	0.029	0.047	1.553	1.817	1.456	0.521

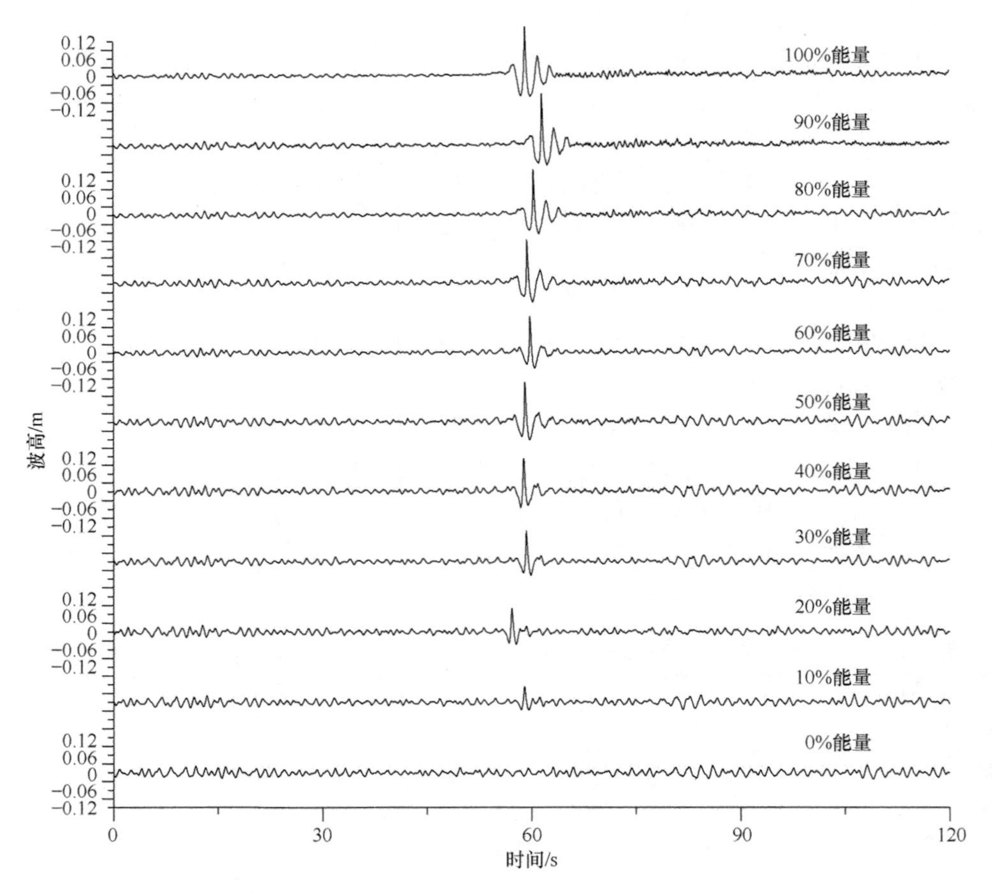

图 5.5　瞬态波列所占能量比例改变时新试验方法(基于三波列叠加模型)生成波列及畸形波

理论上瞬态波列所占能量比例越大，物理生成的较大波浪波高越大，非线性越强，但实际的模拟中还要考虑整个模拟的效果，尤其是模拟生成的整个波列的有效波高。

为了进一步探讨最佳能量分配比例，表 5.5 中汇总了应用新的试验方法(基于三波列叠加模型)，在瞬态波列占有能量在 4%～30% 6 种不同比例时，物理生成畸形波的特征参数。

表 5.5　瞬态波列所占不同能量比例时新方法基于三波列叠加模型生成畸形波参数比较

瞬态波列能量比例	h_s /m	H_s /m	$\bar{H}_s$ /m	H_j /m	α_1	α_2	α_3	α_4
4%	0.03	0.030	0.029	0.059	1.977	2.010	1.931	0.552
5%	0.03	0.030	0.029	0.071	2.357	2.220	2.416	0.651
10%	0.03	0.031	0.028	0.081	2.631	2.487	4.384	0.654
20%	0.03	0.030	0.027	0.120	4.000	2.657	3.604	0.667
25%	0.03	0.030	0.026	0.136	4.533	2.504	4.867	0.671
30%	0.03	0.031	0.026	0.151	4.808	2.977	4.694	0.676

图 5.6 给出了瞬态波列占有能量在 20%、25%、30%三种比例下，生成的畸形波对比；

图 5.7 给出了瞬态波列占有能量在 4%、5%、10%三种比例下，生成的畸形波的对比。

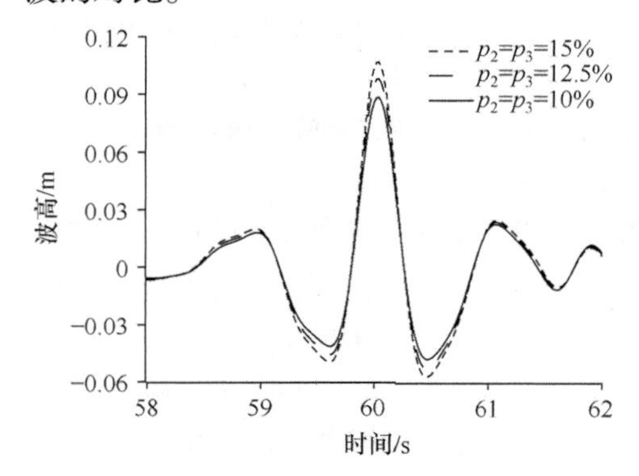

图 5.6　20%、25%、30%能量生成的畸形波对比

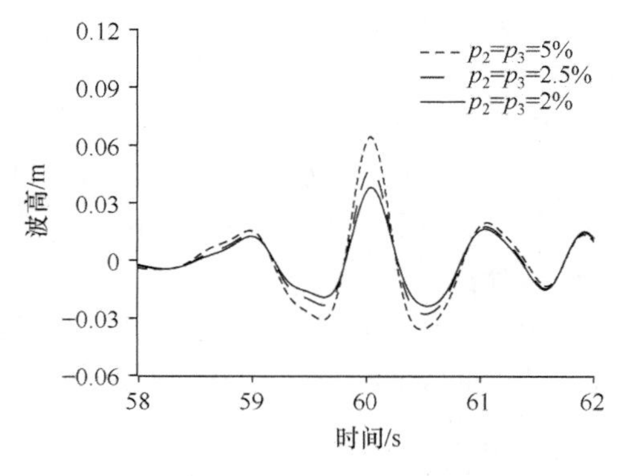

图 5.7　4%、5%、10%能量生成的畸形波对比

试验的结果表明：当瞬态波列所占能量比例最少为 5%时，物理生成波列中的畸形波可以满足畸形波定义的全部条件，当该比例少于 5%时，模拟生成的较大波浪不能满足定义的全部条件；

当瞬态波列所占能量比例为 25%时，物理生成的波列中有效波高基本满足不规则波浪模拟的要求；

当瞬态波列所占能量比例多于 25%时，物理生成的较大波浪可以满足定义的全部条件，但是模拟的整个波列的有效波高就不符合不规则波浪模拟的要求。

试验另需考虑的一个因素是畸形波波高和有效波高的比值，天然海浪曾记录的该比值最大值为 3.92，当 25%的能量汇聚时，物理生成的畸形波可以满足这一要求。

综上所述，瞬态波列所占能量比例的改变对生成畸形波的影响主要表现在对于能量汇聚效果、畸形波的持续时间及整个波列的波高统计参数的影响上。能量分配给瞬态波列的比例越大，能量汇聚效果就越强、畸形波的持续时间也越长，但该比例超过 25%时，平均波高与大波波高(如有效波高、$H_{1/10}$ 波高)的统计关系将偏离天然波列的统计关系；能量分配给瞬态波列的比例越小，能量汇聚效果就越弱、畸形波的持续时间也越短，但当该比例小于 5%时，模拟生成的较大波浪不能满足定义的全部条件。因此采用新方法(基于三波列叠加模型)物理生成畸形波时，瞬态波列占有能量的最佳比例范围为 5～25%。具体数值应根据实际情况进行相应的调节。

5.2.2 两个瞬态波列之间能量的分配方式对生成畸形波的影响

基于瞬态波列占有能量的不同比例对生成畸形波的影响的试验结果，保持瞬态波列所占能量比例为 20%不变，改变两个瞬态波列的分配方式，物理生成畸形波。

图 5.8 给出了两个瞬态波列的能量比例分别为 19%∶1%, 15%∶5%, 10%∶10%三种分配情况下生成的畸形波波形以及比较示例。

表 5.6 中汇总了 10 种不同的两个瞬态波列的能量比例条件下，模拟生成畸形波的特征参数试验结果。

由图 5.8 可见，两个瞬态波列的能量比例分别为 19%∶1%, 15%∶5%, 10%∶10%时，生成的畸形波波高分别是有效波高的 3.172、3.655、4.067 倍，畸形波波峰和波高之比 α_1 分别为 0.626、0.650、0.665。其中，两个瞬态波列的能量比例为 19%∶1%时，与双波列叠加模型、20%能量分配给瞬态波列的模拟效果很接近，生成的畸形波特征参数尚未完全满足畸形波定义的全部条件。

表 5.6 可见，两个瞬态波列的能量比例由 19%∶1%逐渐变化至 15%∶5%时，生成的畸形波特征参数即可完全满足畸形波定义的全部条件。当该比例变化至 10%∶10%(平均分配两个瞬态波列的能量)时，模拟生成的畸形波的波高最大，非线性也最强。

表 5.6　两个瞬态波列 10 种能量分配方式下生成畸形波的特征参数结果汇总

$p_2:p_3$	h_s/m	H_s/m	$\bar{H}_s$/m	H_j/m	α_1	α_2	α_3	α_4
19%∶1%	0.03	0.029	0.025	0.092	3.172	2.943	6.744	0.626
18%∶2%	0.03	0.029	0.025	0.098	3.379	3.018	6.934	0.636
17%∶3%	0.03	0.029	0.025	0.103	3.573	3.229	7.105	0.640
16%∶4%	0.03	0.029	0.025	0.104	3.586	3.314	7.909	0.646
15%∶5%	0.03	0.029	0.025	0.106	3.655	3.382	8.111	0.650
14%∶6%	0.03	0.029	0.025	0.113	3.825	3.424	8.528	0.656
13%∶7%	0.03	0.030	0.025	0.114	3.847	3.423	8.711	0.655
12%∶8%	0.03	0.030	0.025	0.115	3.883	3.347	8.890	0.656
11%∶9%	0.03	0.029	0.025	0.114	3.931	3.325	9.448	0.659
10%∶10%	0.03	0.030	0.026	0.122	4.067	2.818	3.768	0.665

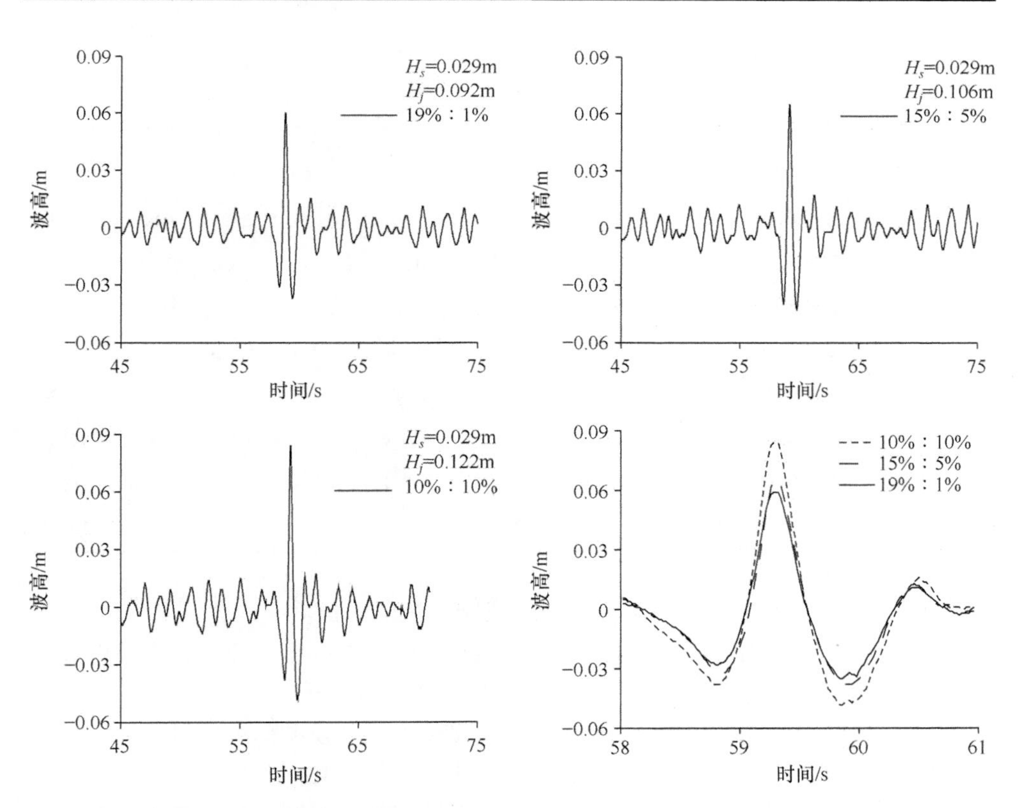

图 5.8　两个瞬态波列不同能量分配情况下物理生成畸形波的比较

显然，上述试验结果和数值模拟结果是相符合的。由此可以认为，采用新的试验方法(基于三波列叠加模型)物理生成畸形波，瞬态波列占有能量的最佳比例范围为 5%～25%；同时，两个瞬态波列的能量比例以平均分配为最佳。

5.2.3　双波列叠加模型和三波列叠加模型模拟效果的对比

采用新的试验方法，在保持目标谱及其他参数完全一致的条件下，将双波列叠加模型和三波列叠加模型物理生成的畸形波进行比较。

表 5.7 中列出了瞬态波列所占能量比例为 20%、15%、12%、10%、8%、5% 等 6 种情况时，两种模型物理生成的畸形波的参数对比。

表 5.7　瞬态波列所占能量比例相同时两种模型模拟生成的畸形波的统计参数比较

瞬态波列能量比例	模型	h_s/m	H_s/m	$\bar{H}_s$/m	H_j/m	α_1	α_2	α_3	α_4
20%	双波列叠加	0.03	0.030	0.026	0.082	2.731	2.871	4.571	0.649
	三波列叠加	0.03	0.030	0.027	0.120	4.000	2.657	3.604	0.667
15%	双波列叠加	0.03	0.030	0.026	0.069	2.312	2.570	4.029	0.630
	三波列叠加	0.03	0.032	0.027	0.107	3.367	2.888	8.198	0.655
12%	双波列叠加	0.03	0.030	0.026	0.057	1.920	2.311	2.728	0.627
	三波列叠加	0.03	0.031	0.027	0.091	2.909	2.883	4.920	0.653
10%	双波列叠加	0.03	0.030	0.026	0.052	1.744	2.034	2.438	0.629
	三波列叠加	0.03	0.031	0.028	0.081	2.631	2.487	4.384	0.654
8%	双波列叠加	0.03	0.030	0.026	0.050	1.454	1.875	2.129	0.630
	三波列叠加	0.03	0.031	0.028	0.076	2.451	2.581	3.353	0.653
5%	双波列叠加	0.03	0.030	0.026	0.049	1.300	1.705	1.829	0.563
	三波列叠加	0.03	0.030	0.029	0.071	2.357	2.220	2.416	0.651
0%	普通波列	0.03	0.030	0.029	0.047	1.553	1.817	1.456	0.521

图 5.9 给出了上述 6 种情况下物理生成畸形波的对比。

当瞬态波列所占能量比例为 20%时，用双波列叠加模型生成的最大波浪波高是有效波高的 2.731 倍，而三波列叠加模型中可以达到 4 倍；

当瞬态波列所占能量比例为 15%时，用双波列叠加模型模拟的最大波浪波高是有效波高的 2.312 倍，而三波列叠加模型中可以达到 3.367 倍；

当瞬态波列所占能量比例为 10%时，用双波列叠加模型模拟的最大波浪波高是有效波高的 1.744 倍，已经不能满足畸形波定义的第一个条件，而三波列叠加模型中可以达到 2.631 倍；

当瞬态波列所占能量比例为 8%时，用双波列叠加模型模拟的最大波高是有效波高的 1.454 倍，而用三波列叠加模型模拟的畸形波波高是有效波高的 2.451 倍；

当仅有 5%的能量分配给瞬态波列时，双波列叠加模型模拟的最大波浪波高为有效波高的 1.3 倍，而三波列叠加模型中仍可以达到 2.357 倍，该波浪依旧满足畸形波定义的条件。

模拟试验的结果表明当瞬态波列所占能量比例相同时，三波列叠加模型模拟生成的畸形波波高更大，非线性更强，很明显，该模型提高了单位能量汇聚的效果以及模拟的效率。

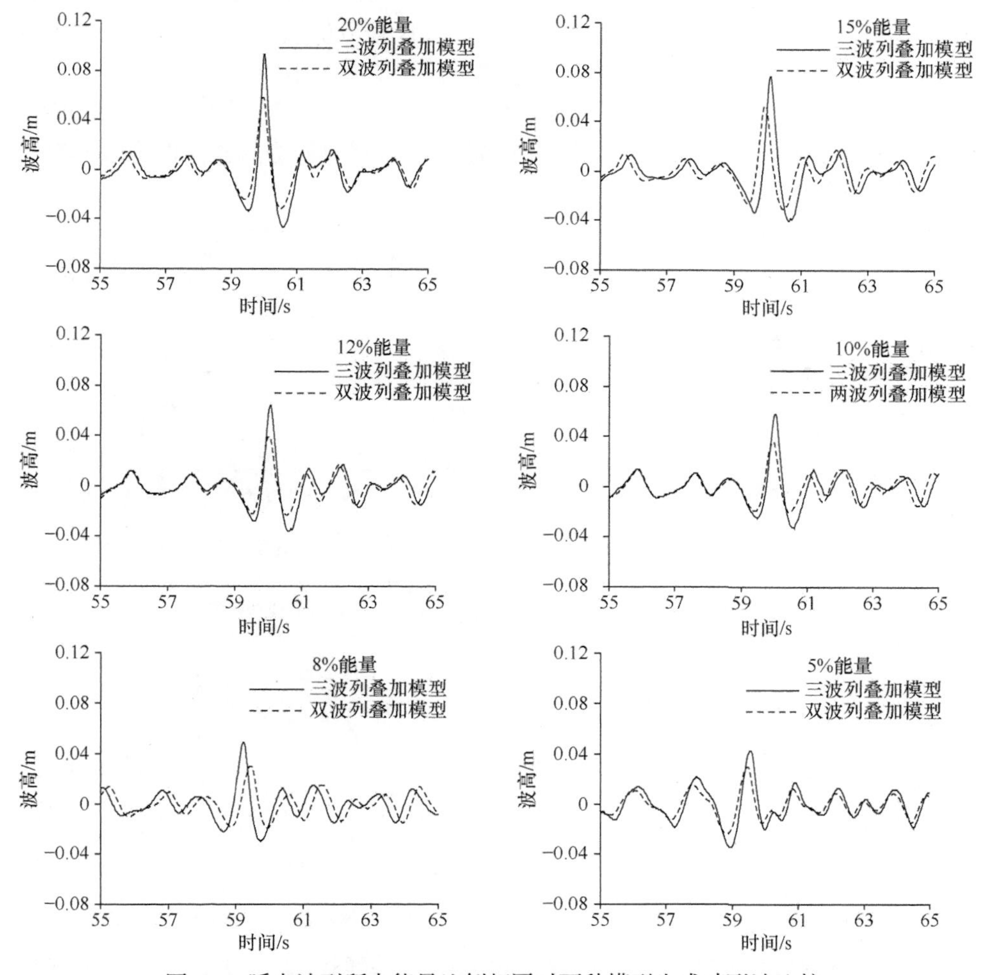

图 5.9　瞬态波列所占能量比例相同时两种模型生成畸形波比较

图 5.10 分别给出了瞬态波列占有不同能量比例时，采用两种模型物理生成波列的四个参数的比较。其中，图 5.10(a)为模拟生成波列的有效波高 H_s 比较；图 5.10(b)为 $\bar{H}_s$（去掉波列中三个最大波高后的有效波高）比较；图 5.10(c)为波列中的最大波高 H_j 之比较；图 5.10(d)为最大波高与有效波高之比 α_1 的比较。

图 5.10(a)可见，两种模型在瞬态波列占有不同的能量比例时，三波列叠加模型生成波列的 H_s 值略大，尤其是较多的能量汇聚时，双波列叠加模型生成波列的 H_s 值偏小。

图 5.10(b)可见，两种模型在瞬态波列占有不同的能量比例，$\bar{H}_s$ 的变化更明显：当瞬态波列所占能量比例较多时，双波列叠加模型模拟的 $\bar{H}_s$ 急剧变小，该比例为 20%时为 0.011，而三波列叠加模型为 0.013；该比例为 20%时为 0.011，而三波列叠加模型为 0.016；该比例为 100%时只有 0.011，而三波列叠加模型为 0.016。

图 5.10(c)和图 5.10(d)给出的试验结果对比表明，瞬态波列占有相同的能量比例时，三波列叠加模型模拟生成的畸形波波高比双波列叠加模型的大，波峰与波高之比也较大。

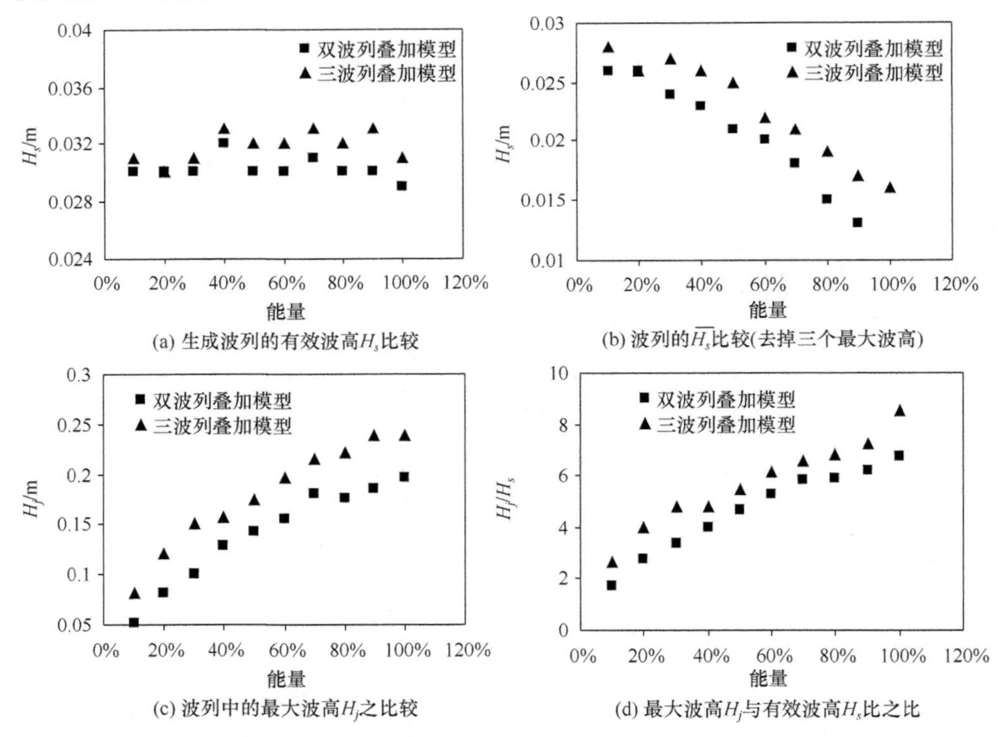

图 5.10　瞬态波列占有相同能量比例时两种模型生成包含畸形波波列的波高统计分析比较

综上所述，三波列叠加模型运用两个瞬态波列叠加，增强了单位能量的汇聚效果，在较少的能量分配给瞬态波浪的情况下，既可以模拟出非线性较强的畸形波，又对整个波列的有效波高影响较小；不仅增强了模拟的效率，也提高了模拟的效果。

5.3　可控制畸形波的生成

5.3.1　畸形波定点生成

采用三波列叠加模型，利用两个瞬态波列在相同的地点汇聚，增强汇聚的效果，并由此来决定畸形波生成的地点，以 20%的能量分配给瞬态波列为例，在其他的参数保持不变的情况下，进行畸形波定点生成模拟试验。

试验中浪高仪在距离造波板 13～16m 区域集中布置(间距为 0.2m，分布 7～22#共 16 台)(参见图 4.17)，因此预定畸形波在这个范围内生成。

(1)距离造波板 14m 位置定点生成畸形波

表 5.8 给出了预定在距离造波板 14m 处生成畸形波时，与该点相邻的 10 个浪高仪(8～17#，距离造波板 13.2～15m 区域)记录的畸形波参数汇总。

图 5.11 给出了记录的畸形波生成过程，可以清楚地看到，畸形波波峰迅速发展，到 13.8m、14.0m 处，波峰前后波谷基本对称，而后波峰降低。

表 5.8　预定距离造波板 14m 位置生成畸形波的统计参数汇总

预定地点/m	位置/m	h_s /m	H_s /m	H_j /m	α_1	α_2	α_3	α_4
14.0	13.2	0.05	0.052	0.152	2.925	1.881	2.144	0.711
	13.4	0.05	0.052	0.175	3.360	2.778	3.074	0.733
	13.6	0.05	0.051	0.184	3.589	3.274	3.192	0.720
	13.8	0.05	0.053	0.180	3.592	2.186	3.105	0.781
	14.0	0.05	0.051	0.185	3.620	3.373	3.459	0.695
	14.2	0.05	0.052	0.177	3.407	3.445	3.269	0.668
	14.4	0.05	0.050	0.179	3.578	3.736	3.405	0.633
	14.6	0.05	0.049	0.176	3.571	4.018	3.032	0.580
	14.8	0.05	0.052	0.165	3.045	3.621	2.654	0.541
	15.0	0.05	0.053	0.157	2.954	2.348	2.556	0.510

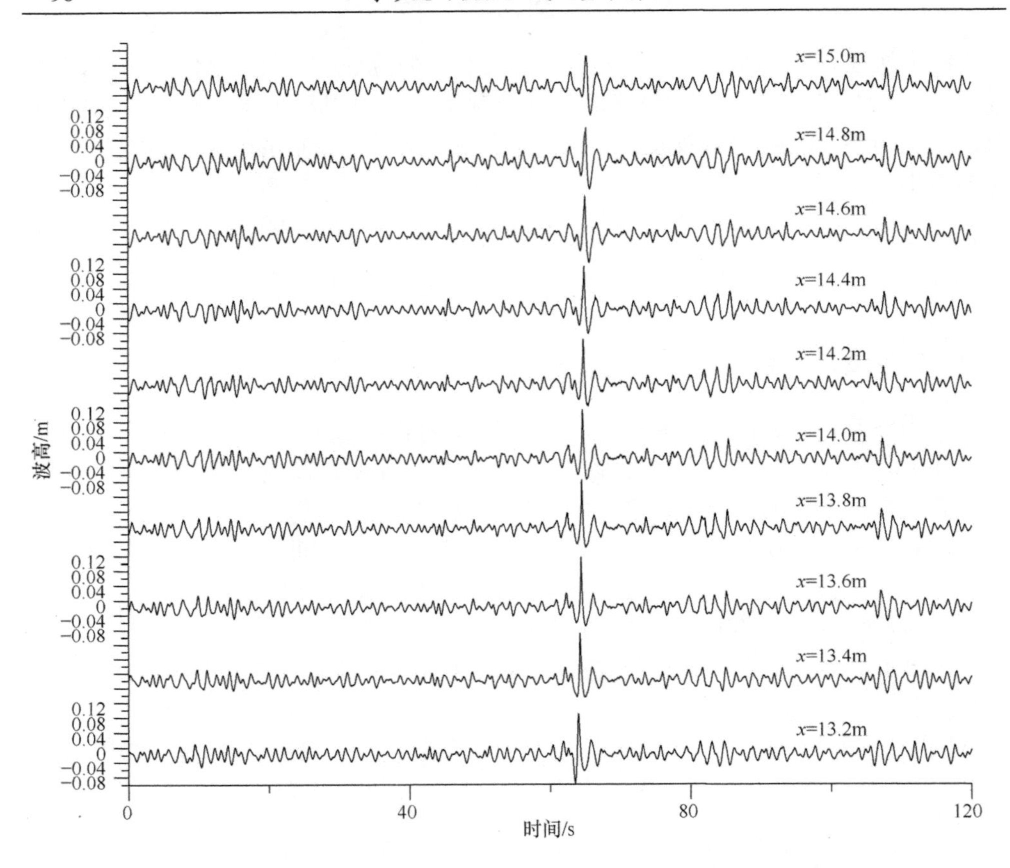

图 5.11　在距离造波板 14m 位置生成的畸形波及其传播演化的过程

上述图表中可见，物理生成波列的有效波高 H_s 比较稳定，和设定的有效波高吻合良好；畸形波的波高 H_j 则是从 13.2m 处的 0.152m 逐步增大，到预定畸形波出现的 14.0m 处达到最大的 0.185m，相当于有效波高的 3.602 倍；畸形波的波峰和波高之比 α_4 在畸形波出现最大波高之前的 13.8m 位置最大，该处 α_4=0.781，之后逐步减小；畸形波传播至 15.0m 位置其波高仍有 0.157m，但该位置 α_4=0.510，意味着该处波峰和波谷基本对称，已演化为常规大波。

(2)距离造波板 14.6m 位置定点生成畸形波

表 5.9 给出了预定在距离造波板 14.6m 处生成畸形波时，与该点相邻的 10 个浪高仪记录的生成畸形波参数汇总，图 5.12 给出了记录的畸形波生成过程，畸形波波高在 14.8m 处达到最大为 0.214m，总体而言，14.6m 处和 14.8m 处是效果最好的两个点。

表 5.9 预定距离造波板 14.6m 处生成畸形波的统计参数汇总

预定地点/m	位置/m	h_s /m	H_s /m	H_j /m	α_1	α_2	α_3	α_4
14.6	13.8	0.05	0.048	0.157	3.245	1.328	2.863	0.707
	14.0	0.05	0.051	0.157	3.072	1.393	2.975	0.705
	14.2	0.05	0.052	0.158	3.051	1.603	3.288	0.689
	14.4	0.05	0.052	0.171	3.301	2.021	3.642	0.671
	14.6	0.05	0.052	0.196	3.758	2.750	3.831	0.687
	14.8	0.05	0.051	0.214	4.192	3.235	4.924	0.679
	15.0	0.05	0.051	0.203	3.956	3.445	4.433	0.660
	15.2	0.05	0.052	0.194	3.751	4.028	3.863	0.649
	15.4	0.05	0.051	0.181	3.553	4.047	3.223	0.642
	15.6	0.05	0.050	0.182	3.627	3.423	3.288	0.624

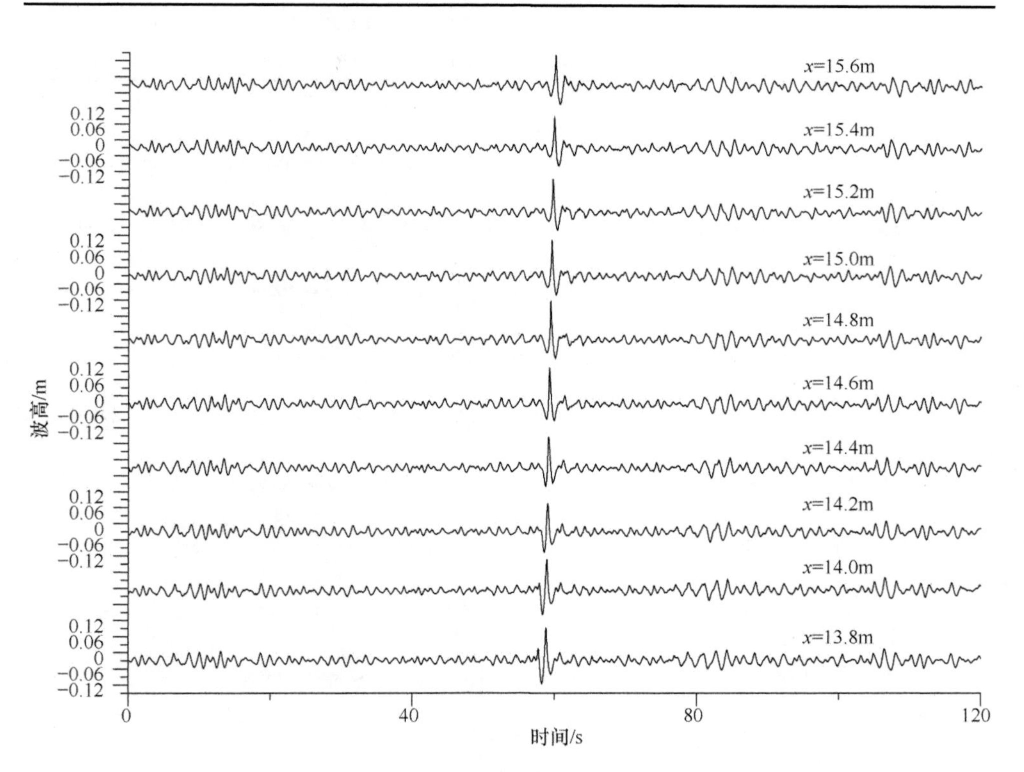

图 5.12 预定距离造波板 14.6m 处生成的畸形波及其传播演化的过程

(3)距离造波板 15.0m 位置定点生成畸形波

表 5.10 给出了预定在距离造波板 15.0m 处生成畸形波时，与该点相邻的 10

个浪高仪记录的畸形波参数汇总，图 5.13 给出了畸形波生成的过程，其出现在预定的地点。

表 5.10　预定距离造波板 15m 处生成畸形波的统计参数汇总

预定地点/m	编号	位置/m	h_s/m	H_s/m	H_j/m	α_1	α_2	α_3	α_4
15.0	01	14.0	0.05	0.050	0.154	3.097	3.335	1.018	0.360
	02	14.2	0.05	0.049	0.181	3.728	1.469	3.761	0.640
	03	14.4	0.05	0.050	0.202	4.019	1.843	3.744	0.662
	04	14.6	0.05	0.050	0.197	3.943	2.115	3.419	0.691
	05	14.8	0.05	0.051	0.197	3.875	1.891	3.456	0.686
	06	15.0	0.05	0.050	0.205	4.069	2.590	3.341	0.674
	07	15.2	0.05	0.051	0.198	3.865	2.567	2.776	0.672
	08	15.4	0.05	0.051	0.201	3.959	2.851	2.759	0.648
	09	15.6	0.05	0.049	0.159	3.233	2.181	2.355	0.574
	10	15.8	0.05	0.051	0.186	3.676	2.697	2.312	0.586

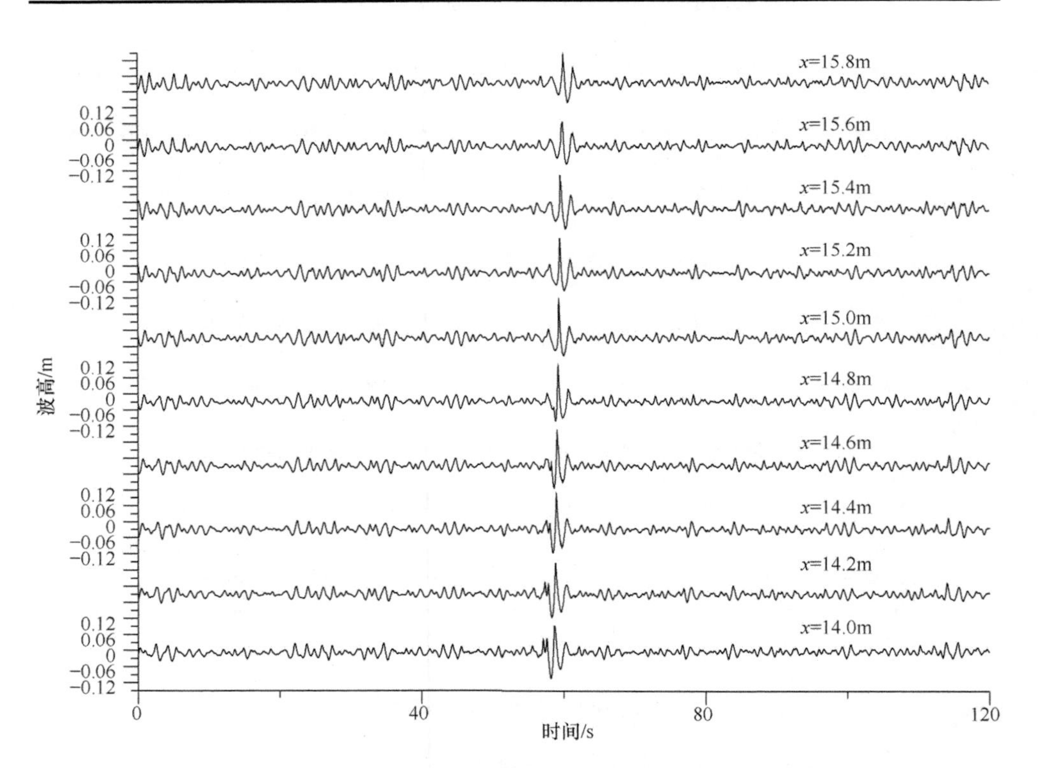

图 5.13　在 15m 处生成的畸形波及其传播演化的过程

上述三组定点生成畸形波试验结果表明，采用三波列叠加模型，利用两个瞬态波列在相同的地点汇聚并由此来决定畸形波生成的地点，可以非常准确地定点生成畸形波，畸形波生成位置的绝对误差不超过 0.2m(约为 1/14 平均波长)。

5.3.2　畸形波的定点、定时生成

在成功控制畸形波定点生成的基础上，保持畸形波的生成地点以及其他谱参数不变，采用三波列叠加模型，利用两个瞬态波列在相同的时间汇聚并由此来决定畸形波生成的时间，进行畸形波定点生成模拟试验。

试验时设定畸形波在 14.0m 生成。试验采用不同周期、有效波高的多组工况组合。

(1)距离造波板 14m 位置、定时 5s 生成畸形波

图 5.14 给出了距离造波板 13.2～15m 范围内的 10 个浪高仪记录的生成畸形波过程。图中可见，畸形波在距离造波板 14m 位置出现的时间和预定的 5s 时是完全吻合的，说明了在生成地点固定的前提下，三波列叠加模型可以很好地控制畸形波的生成时间。

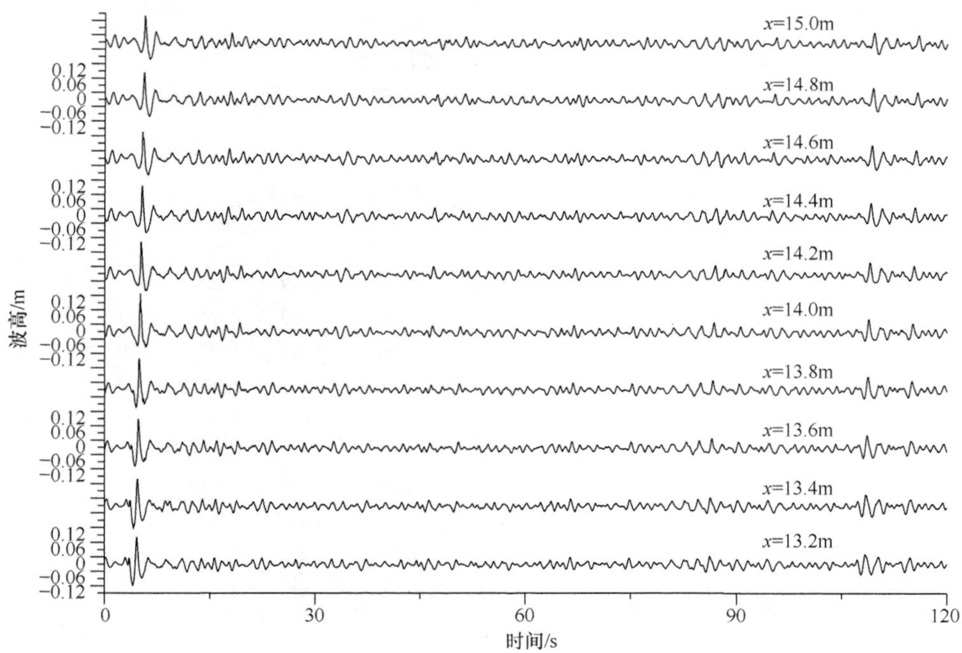

图 5.14　预定畸形波在 5s 时生成及其发展的过程

表 5.11 给出了畸形波预定在 14m 处 5s 时生成时，10 个相邻浪高仪记录波参

数汇总。从表中的统计来看，模拟波列的有效波高比较稳定，和设定的有效波高吻合良好。

表 5.11　距造波板 14m 处 5s 时生成畸形波时的统计参数汇总

预定时间/s	编号	位置/m	h_s/m	H_s/m	H_j/m	α_1	α_2	α_3	α_4
5.0	01	13.2	0.05	0.052	0.159	3.096	1.306	3.271	0.725
	02	13.4	0.05	0.050	0.169	3.368	1.757	3.676	0.739
	03	13.6	0.05	0.051	0.180	3.537	2.150	3.515	0.743
	04	13.8	0.05	0.051	0.184	3.608	2.361	3.013	0.725
	05	14.0	0.05	0.052	0.187	3.596	2.596	2.721	0.703
	06	14.2	0.05	0.050	0.191	3.825	2.663	2.963	0.690
	07	14.4	0.05	0.050	0.166	3.297	2.244	2.724	0.612
	08	14.6	0.05	0.050	0.174	3.462	2.087	3.163	0.606
	09	14.8	0.05	0.053	0.175	3.334	2.034	3.208	0.622
	10	15.0	0.05	0.051	0.173	3.375	2.240	3.462	0.609

(2)距离造波板 14m 位置、定时 50s 生成畸形波

表 5.12 给出了畸形波预定在 14m 处 50s 时生成时，10 个相邻浪高仪记录波参数汇总。从表中的统计来看，模拟波列的有效波高比较稳定，和设定的有效波高吻合良好。

表 5.12　距造波板 14m 处 50s 时生成畸形波时的统计参数汇总

预定时间/s	编号	位置/m	h_s/m	H_s/m	H_j/m	α_1	α_2	α_3	α_4
50.0	01	13.2	0.05	0.052	0.187	3.599	1.868	3.649	0.732
	02	13.4	0.05	0.052	0.181	3.503	2.142	3.216	0.721
	03	13.6	0.05	0.052	0.184	3.530	1.753	3.423	0.714
	04	13.8	0.05	0.051	0.200	3.906	2.687	3.477	0.718
	05	14.0	0.05	0.051	0.197	3.880	2.630	2.897	0.705
	06	14.2	0.05	0.051	0.201	3.937	2.824	2.907	0.715
	07	14.4	0.05	0.051	0.199	3.908	2.558	3.573	0.683
	08	14.6	0.05	0.049	0.196	4.017	2.779	3.347	0.655
	09	14.8	0.05	0.049	0.193	3.926	2.744	3.239	0.668
	10	15.0	0.05	0.048	0.176	3.645	2.420	3.308	0.596

图 5.15 给出了距离造波板 13.2～15m 范围内的 10 个浪高仪记录的生成畸形波过程。图中可见，畸形波在距离造波板 14m 位置出现的时间和预定的 50s 时是完全吻合的。

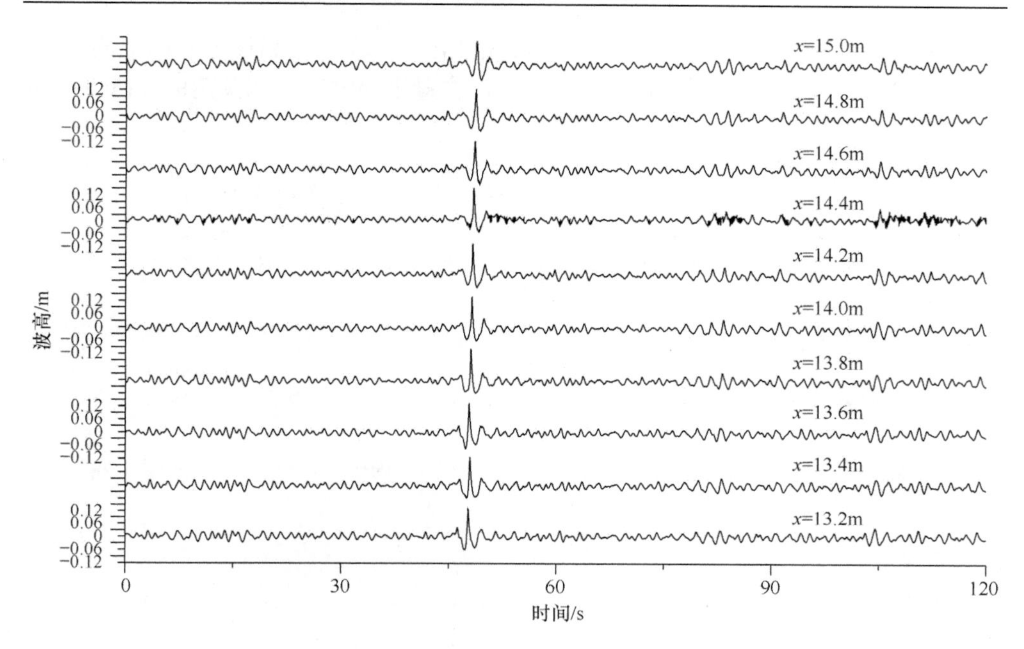

图 5.15　预定畸形波在 50s 时生成及其发展的过程

(3)距离造波板 14m 位置、定时 115s 生成畸形波

表 5.13 给出了畸形波预定在 14m 处 115s 时生成时，10 个相邻浪高仪记录波参数汇总。从表中的统计来看，模拟波列的有效波高比较稳定，和设定的有效波高吻合良好。

表 5.13　距造波板 14m 处 115s 时生成畸形波时的统计参数汇总

预定时间/s	编号	位置/m	h_s/m	H_s/m	H_j/m	α_1	α_2	α_3	α_4
115.0	01	13.2	0.05	0.050	0.158	3.136	2.036	2.805	0.690
	02	13.4	0.05	0.051	0.176	3.444	2.143	2.594	0.676
	03	13.6	0.05	0.051	0.168	3.311	1.881	2.673	0.671
	04	13.8	0.05	0.049	0.162	3.335	2.167	2.473	0.664
	05	14.0	0.05	0.051	0.188	3.701	2.677	2.651	0.659
	06	14.2	0.05	0.051	0.189	3.668	2.032	2.816	0.652
	07	14.4	0.05	0.049	0.184	3.750	2.738	2.509	0.648
	08	14.6	0.05	0.050	0.197	3.903	2.711	2.390	0.635
	09	14.8	0.05	0.050	0.204	4.056	2.702	2.680	0.649
	10	15.0	0.05	0.049	0.198	4.013	2.572	2.507	0.608

图 5.16 给出了距离造波板 13.2～15m 范围内的 10 个浪高仪记录的生成畸形波过程。图中可见畸形波在距离造波板 14m 位置出现的时间和预定的 115s 时是完全吻合的。

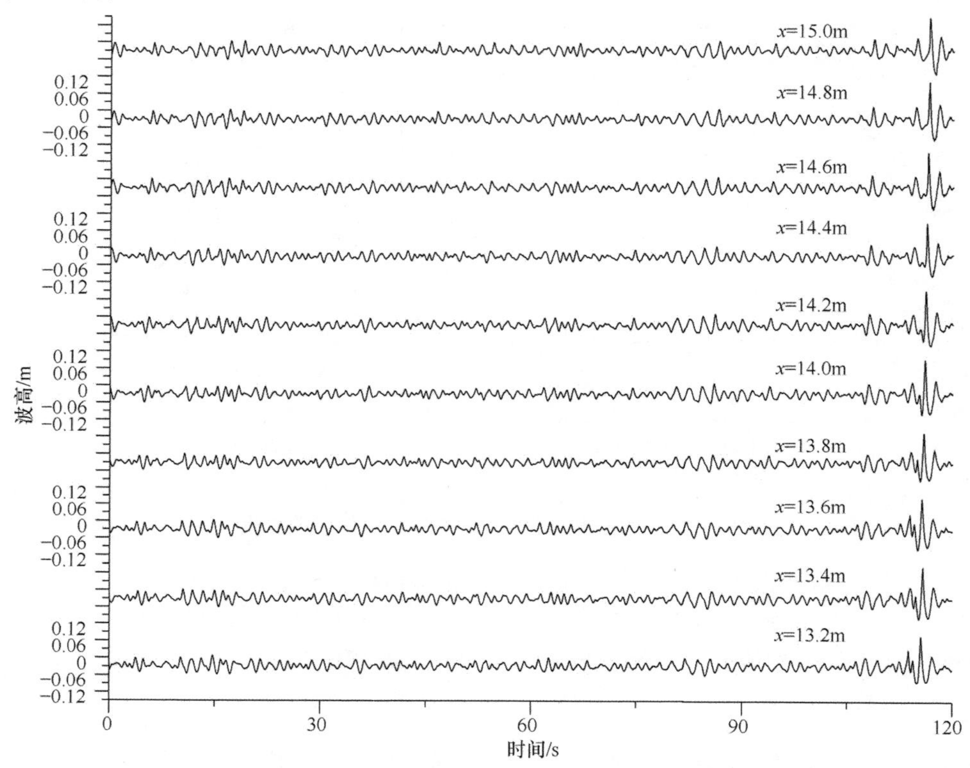

图 5.16　预定畸形波在 115s 时生成及其发展的过程

上述三组定点、定时生成畸形波试验结果表明，采用三波列叠加模型，利用两个瞬态波列在相同的地点、指定的时刻汇聚并由此来决定畸形波生成的地点和时间，可以非常准确地定点、定时生成畸形波。

5.3.3　畸形波的定点、定时、定量生成方法

在成功地控制畸形波定点、定时生成的基础上，保持畸形波的生成地点、时间不变，采用三波列叠加模型，改变模拟目标谱的有效波高，进行畸形波定量生成模拟试验。通过此类试验，可以探讨畸形波的定点、定时、定量生成的可能性；考察畸形波的波高与有效波高之间的关系是否稳定；检验畸形波生成的可重复性和稳定性。

试验时预定畸形波在距离造波板 14.0m 处、60s 时生成。试验采用的有效波

高从 0.030m 到 0.055m 共 6 组。

图 5.17 给出了 6 组有效波高下生成的随机波列以及所包含畸形波示例。表 5.14 给出了 6 组对应的畸形波的特征参数。

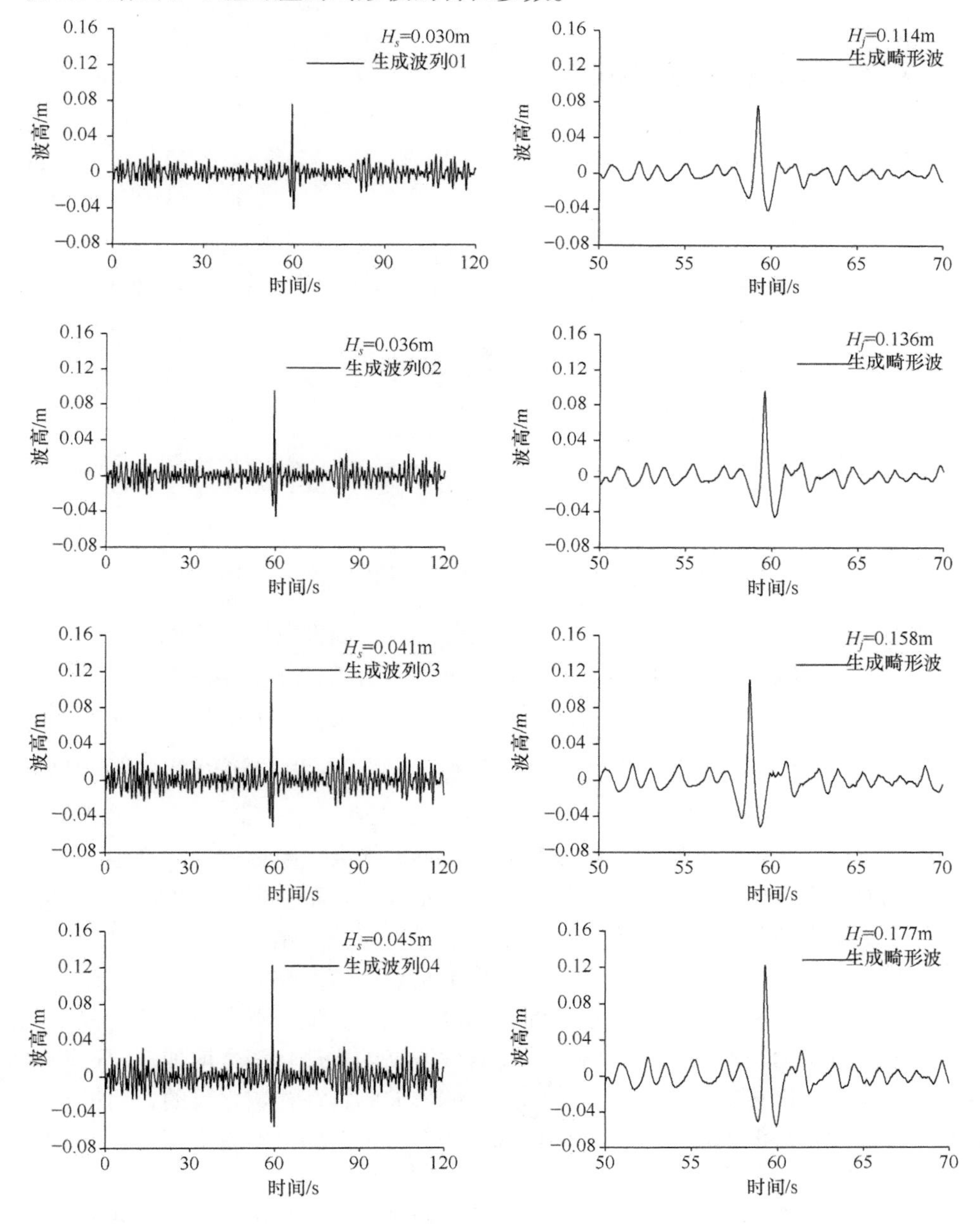

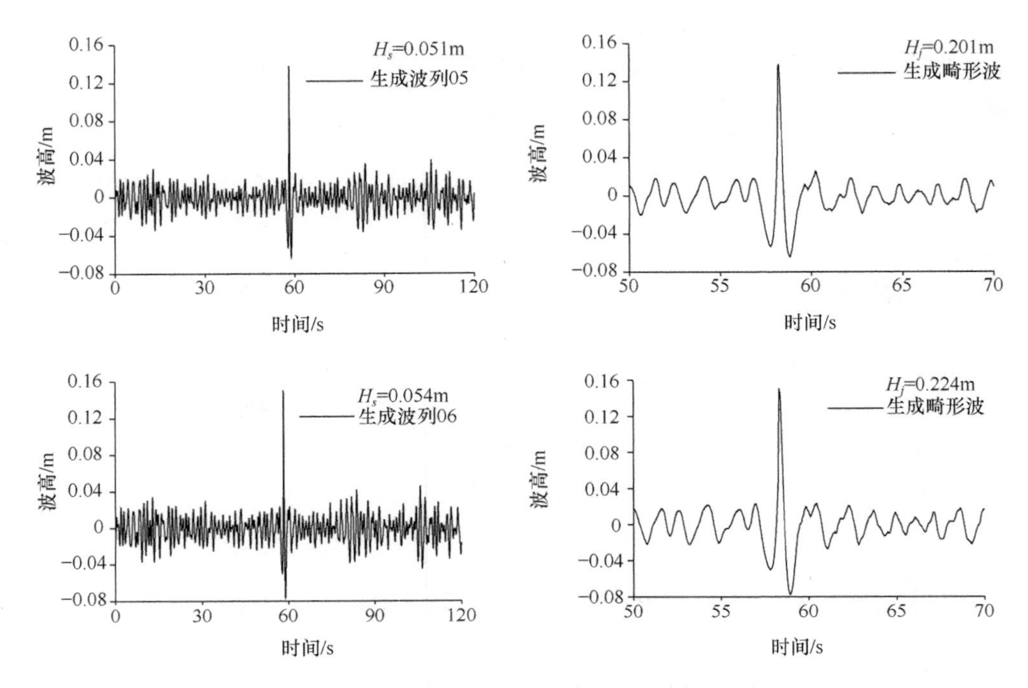

图 5.17　不同有效波高下实测的随机波列和波列中的畸形波试验结果示例

表 5.14 可见，6 组模拟波列的有效波高 H_s 均比较稳定，和设定的有效波高吻合良好。有效波高为 0.030m 时生成的畸形波的四个参数为 $\alpha_1=3.800$，$\alpha_2=3.102$，$\alpha_3=4.056$，$\alpha_4=0.667$。有效波高为 0.045m 时生成的畸形波的四个参数为 $\alpha_1=3.933$，$\alpha_2=2.950$，$\alpha_3=4.214$，$\alpha_4=0.689$。有效波高为 0.055m 时生成的畸形波的四个参数为 $\alpha_1=3.709$，$\alpha_2=3.129$，$\alpha_3=5.068$，$\alpha_4=0.674$。

上述试验结果显示，随着生成波列有效波高的增大，畸形波的波高也在逐步增大，同时畸形波的特征参数基本稳定，改变不大。这不仅说明了采用三波列叠加模型生成畸形波的可重复性很好，而且预示着可以控制畸形波的生成大小。具体方法是：模拟生成目标畸形波时，首先根据指定的畸形波波高，估计其整个波列的有效波高，然后在合适的能量分配范围内，调整分配给瞬态波列的能量，当较多的能量分配给瞬态波列时，畸形波与有效波高的比值将随之增加。同过调整分配给瞬态波列能量比例，还可以达到调整畸形波的特征参数之目的。通过有效波高和分配给瞬态波列能量比例两个参数的联合调试，即可实现模拟目标畸形波的目的。

至此，采用新的实验方法基于三波列叠加模型，首先利用两个瞬态波列在相同的地点、指定的时刻汇聚并由此来决定畸形波生成的地点和时间；然后通过有效波高和分配给瞬态波列能量比例两个参数的联合调试，实现模拟指定的畸形波波高及其特征参数；最终实现畸形波的定点、定时、定量模拟。

表 5.14　不同有效波高下模拟畸形波的特征参数结果汇总

波列编号	h_s /m	H_s /m	H_j /m	α_1	α_2	α_3	α_4
01	0.030	0.030	0.114	3.800	3.012	4.056	0.667
02	0.035	0.036	0.136	3.778	3.278	4.189	0.673
03	0.040	0.041	0.158	3.853	3.361	4.476	0.680
04	0.045	0.045	0.177	3.933	2.950	4.214	0.689
05	0.050	0.051	0.201	3.941	3.140	5.154	0.687
06	0.055	0.054	0.224	3.709	3.129	5.068	0.674

5.4　天然畸形波的物理模拟

5.4.1　天然实测“新年波”的模拟

(1)“新年波”的特征参数

在为数不多的实测畸形波中，最有名的是 1995 年 1 月 1 日 15 时 20 分，在北海 Draupner 石油平台记录的波高达 25.6m 的“新年波”，它摧毁了北海挪威海域的 Draupner 石油平台。时长 1200s 的观测记录(见图 3.19)显示，该波列的有效波高为 11.92m，畸形波波峰高度为 18.4m，畸形波周期为 12s，根据线性色散关系计算得出畸形波波长为 220m。“新年波”的非线性很强，其波陡 ka(k 为波数，a 为波幅)为 0.37，波幅与水深之比 a/h=0.263[4]。

(2)模拟生成“新年波”

根据重力相似准则，按照 1∶100 的几何比例尺换算，模型有效波高 h_s = 0.1192m。

采用三波列叠加模型物理模拟实测的“新年波”。模拟时波谱选用 P-M 谱，组成波个数 M=240，采样时距 $\Delta t = 0.02\text{s}$，瞬态波列所占能量比例为 15%，平均分配给两个瞬态波列。预定畸形波 25.6s 时在距离造波板 14m 处生成。

图 5.18 给出了 23 个浪高仪记录的畸形波生成过程，浪高仪在畸形波预定出现的区域密集分布，尤其是 13.0～16.0m 处间距为 0.2m 的多台浪高仪很好地记录了畸形波的发展过程。

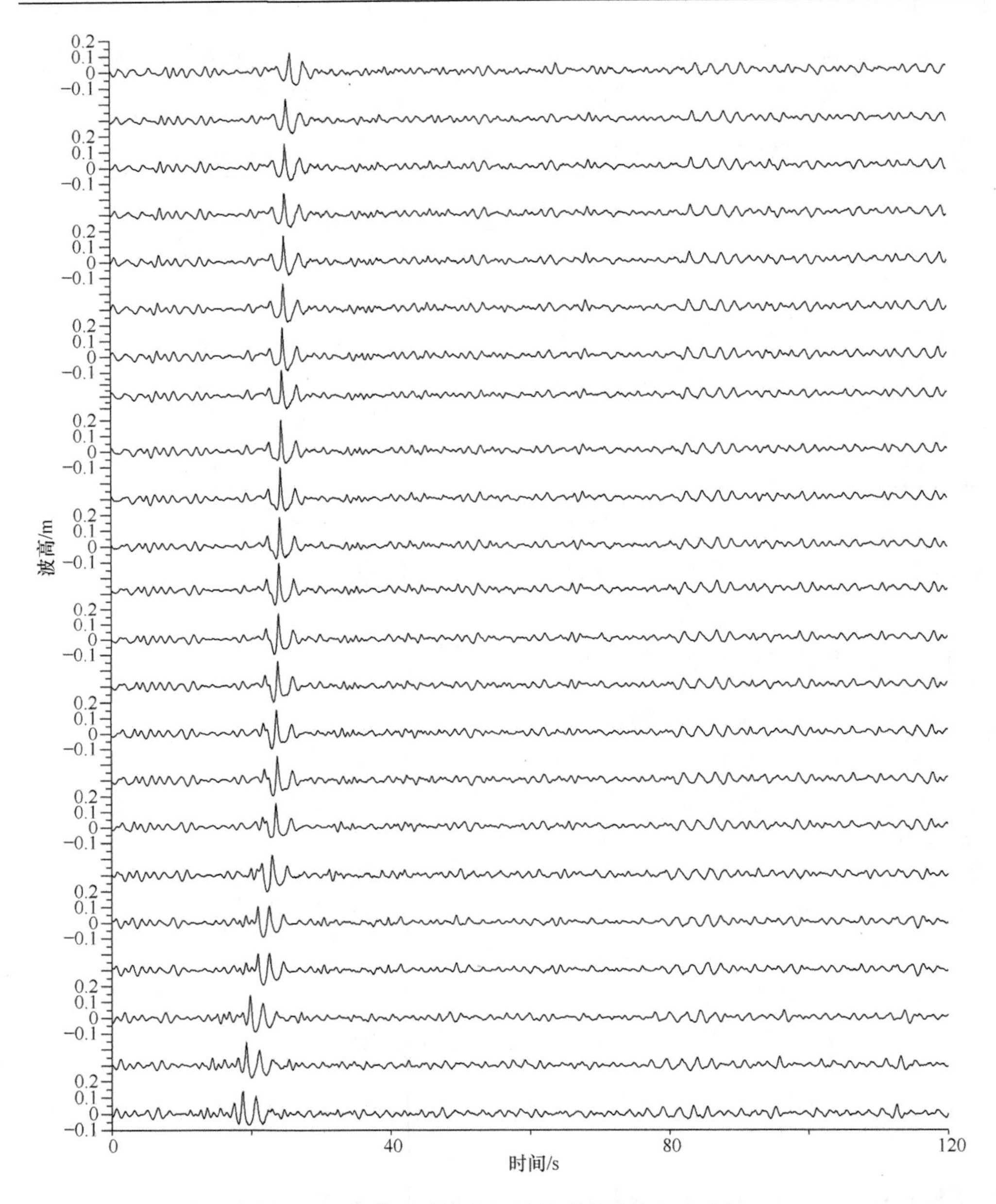

图 5.18　各位置浪高仪记录的畸形波的生成过程

表 5.15 汇总了 23 个浪高仪记录所有波列的统计参数。其中，14.2m 处生成畸形波的四个特征参数为 α_1=2.269，$\alpha_2=2.055$，$\alpha_3=2.779$，$\alpha_4=0.710$。而实测“新年波”的相应参数为 α_1=2.150，$\alpha_2=2.133$，$\alpha_3=3.404$，$\alpha_4=0.719$，

也说明了这一点。综合比较可见 14.2m 处的畸形波形态最符合“新年波”。

表 5.15　模拟生成“新年波”过程的特征参数汇总

编号	实测位置/m	h_s /m	H_s /m	H_j /m	α_1	α_2	α_3	α_4
01	7.0	0.119	0.102	0.207	2.029	1.652	1.245	0.677
02	8.0	0.119	0.104	0.222	2.135	2.399	1.408	0.629
03	9.0	0.119	0.103	0.229	2.223	2.962	1.523	0.603
04	10.0	0.119	0.101	0.228	2.257	4.970	1.333	0.569
05	11.0	0.119	0.098	0.194	1.980	8.963	1.178	0.525
06	12.0	0.119	0.102	0.186	1.824	1.073	2.489	0.667
07	13.0	0.119	0.101	0.192	1.901	1.636	2.566	0.746
08	13.2	0.119	0.098	0.201	2.051	1.640	2.350	0.705
09	13.4	0.119	0.100	0.208	2.080	1.675	2.405	0.725
10	13.6	0.119	0.099	0.215	2.172	1.708	2.529	0.726
11	13.8	0.119	0.100	0.227	2.270	2.180	2.609	0.724
12	14.0	0.119	0.101	0.234	2.317	2.189	2.690	0.788
13	14.2	0.119	0.104	0.236	2.269	2.055	2.779	0.710
14	14.4	0.119	0.099	0.271	2.737	2.125	2.713	0.720
15	14.6	0.119	0.100	0.274	2.740	2.460	2.615	0.713
16	14.8	0.119	0.100	0.262	2.620	2.600	2.421	0.671
17	15.0	0.119	0.101	0.269	2.663	2.621	2.819	0.668
18	15.2	0.119	0.101	0.238	2.356	2.329	2.655	0.658
19	15.4	0.119	0.103	0.247	2.398	2.390	2.713	0.665
20	15.6	0.119	0.100	0.216	2.160	2.105	2.133	0.629
21	15.8	0.119	0.102	0.233	2.284	2.289	2.392	0.653
22	16.0	0.119	0.101	0.227	2.248	2.295	2.745	0.619
23	17.0	0.119	0.101	0.200	1.980	2.235	1.892	0.601

图 5.19 给出了该点记录的波列。图 5.20 给出了生成畸形波与实测“新年波”的波形对比，图形的纵坐标是波高与波列有效波高之比，横坐标为时间与波列有效周期之比，可以看出，模拟生成的效果十分理想，经过无因次化处理后两个畸形波的波形吻合很好。

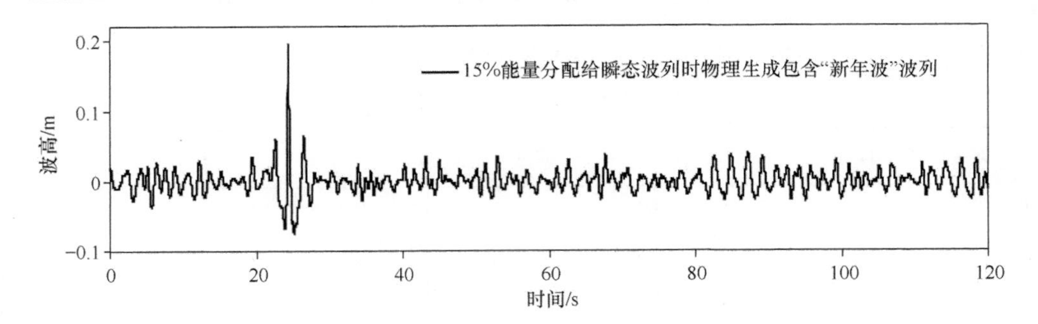

图 5.19　14.2m 处实测的生成“新年波”波面记录

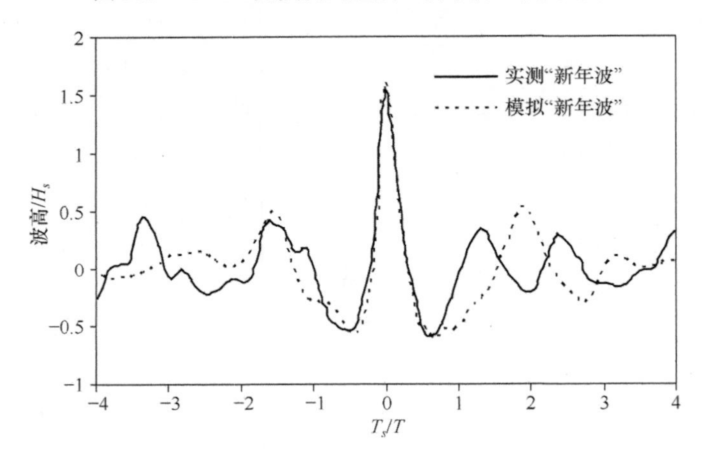

图 5.20　物理模拟“新年波”及其与实测“新年波”的比较

5.4.2　天然实测“北海畸形波”的模拟

下面物理模拟生成 2002 年在北海实测得到的畸形波（见图 3.25），记录波列的有效波高为 5.65m，畸形波波高为 18.04m，是有效波高的 3.19 倍；畸形波波峰高度为 13.90m，周期为 9.8s。

根据重力相似准则，按照 1∶100 的几何比尺换算，模型有效波高 h_s =0.056m。

采用三波列叠加模型物理模拟实测的“北海畸形波”。模拟时波谱选用 P-M 谱，组成波个数 M=240，采样时距 $\Delta t = 0.02\text{s}$，瞬态波列所占能量比例为 20%，平均分配给两个瞬态波列。预定畸形波 73.5s 时（记录北海实测畸形波在波列中出现的时间为 735s）在距离造波板 14m 处生成。

表 5.16 汇总了所有记录生成波列的统计参数，统计结果表明，各记录波列的有效波高 H_s 稳定，和预定的目标谱的有效波高 h_s 基本吻合，其中距离造波板 14.0m 处记录的生成波列中的畸形波和天然实测畸形波的特征参数很接近。

表 5.16　模拟生成北海实测畸形波过程的特征参数汇总

编号	实测位置/m	h_s/m	H_s m	H_j/m	α_1	α_2	α_3	α_4
01	7.0	0.056	0.057	0.133	2.314	1.587	1.283	0.567
02	8.0	0.056	0.057	0.136	2.386	1.703	1.304	0.573
03	9.0	0.056	0.059	0.162	2.757	2.208	1.534	0.600
04	10.0	0.056	0.057	0.158	2.799	2.649	1.405	0.526
05	11.0	0.056	0.056	0.157	2.822	2.317	1.260	0.497
06	12.0	0.056	0.056	0.143	2.548	1.724	1.114	0.452
07	13.0	0.056	0.053	0.154	2.883	1.450	2.542	0.712
08	13.2	0.056	0.054	0.158	2.926	1.773	2.550	0.692
09	13.4	0.056	0.055	0.159	2.893	1.294	2.488	0.691
10	13.6	0.056	0.056	0.162	2.894	1.711	2.743	0.685
11	13.8	0.056	0.055	0.160	2.909	2.267	2.930	0.697
12	14.0	0.056	0.054	0.173	3.204	2.682	3.155	0.728
13	14.2	0.056	0.053	0.167	3.151	3.141	3.033	0.683
14	14.4	0.056	0.054	0.168	3.111	3.406	2.777	0.696
15	14.6	0.056	0.055	0.165	3.000	3.590	2.651	0.686
16	14.8	0.056	0.054	0.149	2.760	3.467	2.338	0.659
17	15.0	0.056	0.054	0.163	3.019	3.650	2.731	0.613
18	15.2	0.056	0.055	0.161	2.978	3.566	2.894	0.625
19	15.4	0.056	0.054	0.154	2.852	3.100	2.548	0.587
20	15.6	0.056	0.054	0.147	2.722	3.241	2.488	0.593
21	15.8	0.056	0.055	0.146	2.655	3.250	2.239	0.538
22	16.0	0.056	0.052	0.159	3.041	3.101	2.036	0.454
23	17.0	0.056	0.055	0.129	2.346	2.227	1.162	0.381

表 5.17 给出了两者畸形波的特征参数比较。可以看出，模拟与实测的畸形波的波形吻合较好。

表 5.17　模拟与实测北海畸形波的特征参数对比

—	实测位置/m	h_s/m	H_s/m	H_j/m	α_1	α_2	α_3	α_4
模拟	14.0	5.60	5.40	17.30	3.204	2.682	3.155	0.728
天然	—	5.65	5.65	18.04	3.193	2.385	2.010	0.771

注：表中模拟的有因次量值已经换算为原型值

图 5.21 给出了 23 个浪高仪记录的畸形波生成过程。

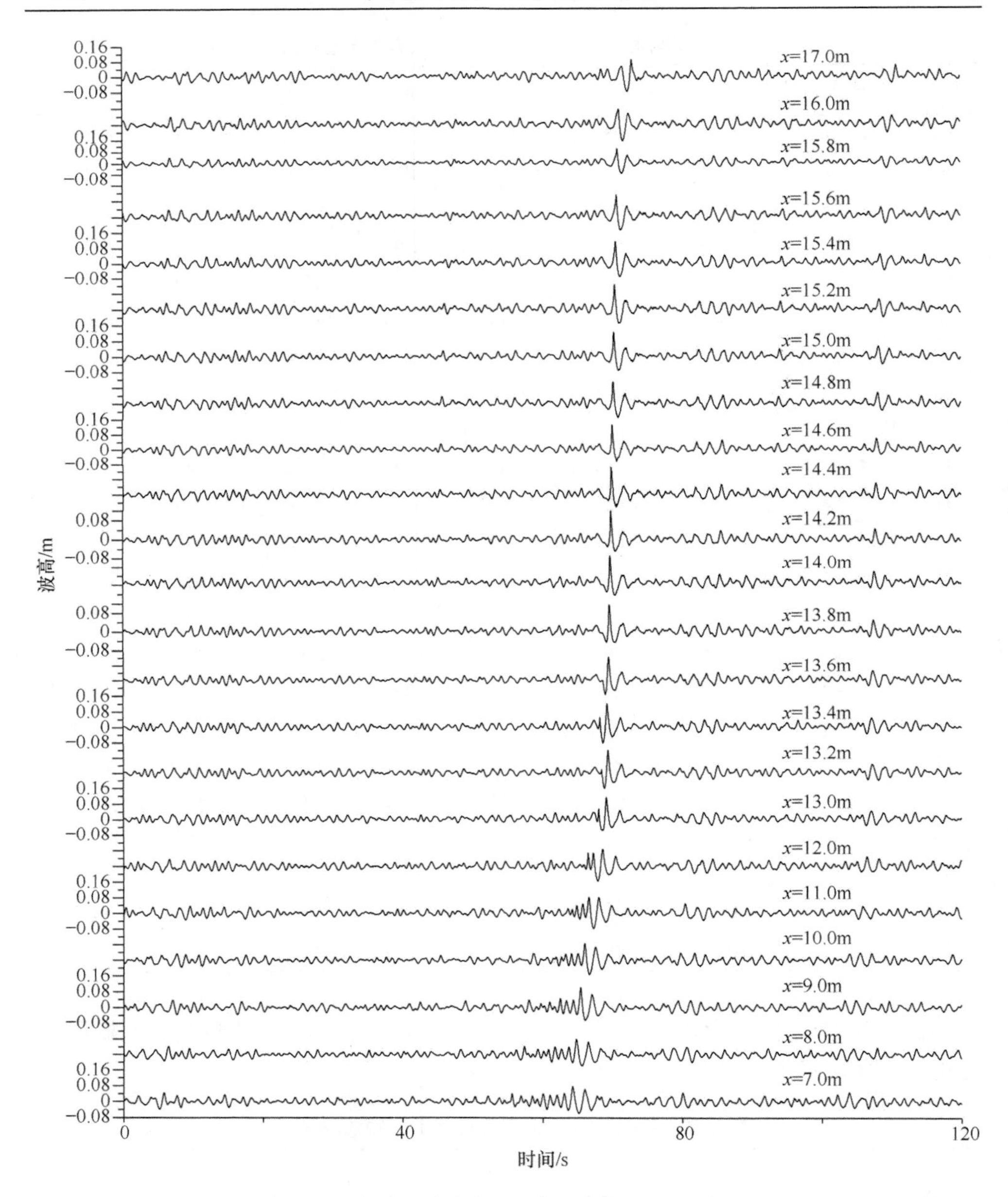

图 5.21　各位置浪高仪记录的畸形波的生成过程

图 5.22 给出了距离造波板 14.0m 处记录的生成波列。

图 5.23 给出了 14.0m 处记录的生成畸形波与北海实测畸形波的波形对比。

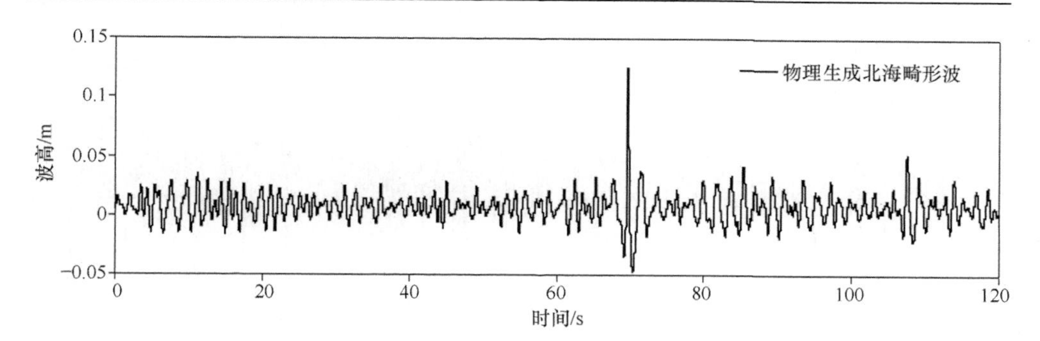

图 5.22 14.0m 处记录的物理模拟生成北海实测畸形波的波面记录

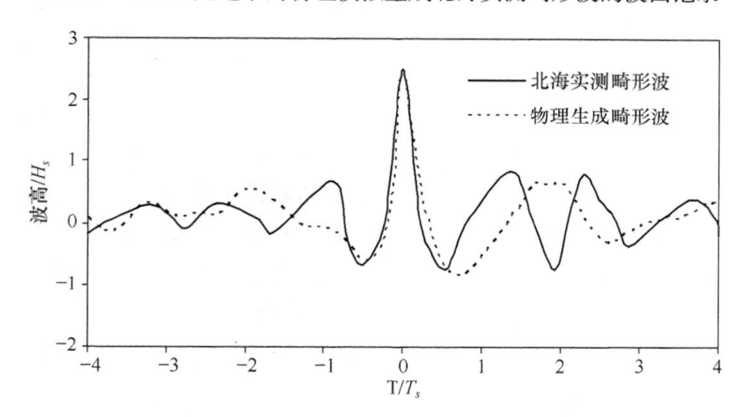

图 5.23 生成畸形波与北海实测畸形波的波形对比

5.4.3 海洋中的“深洞”模拟

Osborne 提出，在畸形波发生前和发生后，较大的波峰高度对应的是较大的波谷深度，这个波谷就像是海洋中的“深洞”[5]。Paul 更是在 2004 年对北海畸形波的实测记录进行了分析，给出如图 5.24 所示的北海实测波列中最大波谷的时间序列，时长 1200s 的波列有效波高是 3.79m，而该波浪的波谷深度达到了 5.38m，是有效波高的 1.42 倍。尽管受观测地点和观测位置的限制，Paul 给出的包含该较大波谷的波列中没有能够记录下异常大波谷之前可能产生的畸形波。但畸形波演化后能否形成异常大的波谷呢?

另据 Physorg 网站 2006 年 9 月 13 日报道，1995 年 4 月暴风雨肆虐的一天，“伊丽莎白女王 2”号邮轮正航行在北大西洋的海面上，一个高达 95ft 的巨浪在黑暗中威胁着这艘七万吨的航船，经过了几番努力，“伊丽莎白女王 2”号邮轮终于冲过这个巨浪，却突然陷进了“大海的一个洞里”，几乎被卷入深深的海底，最后很幸运，航船和乘客都存活了下来。此事实是否意味着畸形波演化后会发展成“大海的深洞”？

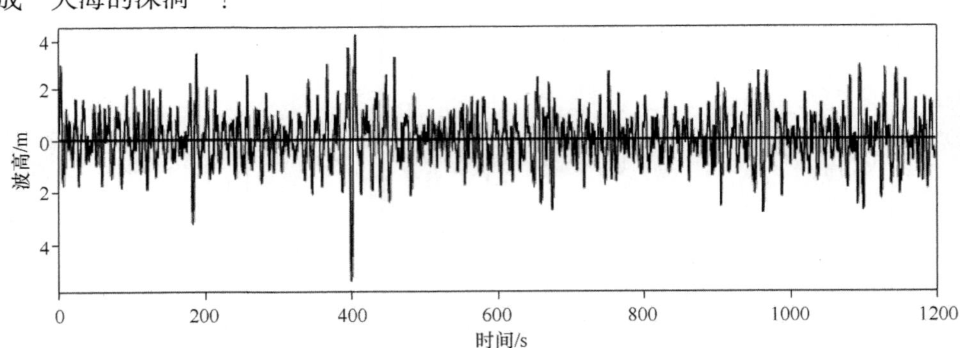

图 5.24　北海记录的包含“大海的深洞”波浪时间序列

在此将通过模型试验探讨畸形波演化后能否形成异常大波谷的问题。

采用三波列叠加模型生成畸形波。设定畸形波在 14.0m 处出现。通过分布在 13m 范围内的 23 个浪高仪(参见图 4.17)记录的畸形波生成、演化的整个过程。

试验时，模拟靶谱仍采用 P-M 谱，根据重力相似准则，按照 1∶100 的几何比尺换算，模型有效波高 h_s=0.038m。组成波个数 M=240，采样时距 $\Delta t = 0.02\text{s}$，瞬态波列所占能量比例为 20%，平均分配给两个瞬态波列。

表 5.18 汇总了所有记录生成波列的统计参数，统计的结果表明各记录波列的有效波高 H_s 稳定，和预定的目标谱的有效波高 h_s 基本吻合。图 5.25 给出了 23 个浪高仪记录的畸形波生成、演化过程。

表 5.18　模拟生成实测“海中的深洞”过程的特征参数汇总

编号	实测位置/m	h_s/m	H_s/m	H_j/m	α_1	α_2	α_3	α_4
01	7.0	0.038	0.039	0.083	2.157	1.310	1.302	0.587
02	8.0	0.038	0.038	0.103	2.722	2.004	1.546	0.630
03	9.0	0.038	0.038	0.109	2.835	1.977	1.485	0.526
04	10.0	0.038	0.038	0.112	2.980	2.980	1.547	0.553
05	11.0	0.038	0.038	0.107	2.835	3.699	1.270	0.464
06	12.0	0.038	0.039	0.094	2.397	3.157	1.011	0.355
07	13.0	0.038	0.039	0.102	2.410	2.338	2.916	0.363
08	13.2	0.038	0.038	0.104	2.570	2.111	2.577	0.698
09	13.4	0.038	0.037	0.116	3.098	1.704	2.644	0.720
10	13.6	0.038	0.036	0.134	3.705	3.095	3.177	0.695

续表

编号	实测位置/m	h_s/m	H_s/m	H_j/m	α_1	α_2	α_3	α_4
11	13.8	0.038	0.037	0.146	3.953	3.220	3.561	0.681
12	14.0	0.038	0.038	0.150	3.873	3.721	3.682	0.702
13	14.2	0.038	0.039	0.161	4.174	4.523	5.104	0.767
14	14.4	0.038	0.038	0.147	3.885	3.530	3.787	0.673
15	14.6	0.038	0.037	0.133	3.582	3.188	3.282	0.613
16	14.8	0.038	0.037	0.133	3.624	3.145	3.440	0.601
17	15.0	0.038	0.038	0.139	3.632	2.926	3.209	0.592
18	15.2	0.038	0.040	0.130	3.291	2.913	3.151	0.562
19	15.4	0.038	0.038	0.118	3.079	2.814	2.483	0.536
20	15.6	0.038	0.036	0.102	2.837	2.796	2.347	0.478
21	15.8	0.038	0.038	0.111	2.937	2.994	2.323	0.418
22	16.0	0.038	0.038	0.107	2.682	3.057	2.098	0.427
23	17.0	0.038	0.040	0.089	2.247	2.762	1.218	0.383

上述图表中可见，模拟波列中，畸形波在 13.2m 处开始形成；在 13.8m 处效果最好，波峰前后波谷基本对称，其波高达到了 0.146m，是有效波高的 3.953 倍；之后波高还有所增加，到 14.2m 处畸形波波高达到最大，其对应的三个畸形波参数为 $\alpha_1=4.174$，$\alpha_2=4.523$，$\alpha_3=5.104$，$\alpha_4=0.767$；此后畸形波波高逐步减小，至 14.6m 位置畸形波特征参数已经不符合其定义。

但需要特别关注的是，在畸形波出现、发展直至消失这一波谷的演变过程中，在畸形波效果最好的 13.8m 处，波峰前后的波谷基本对称；随着波峰的减小，波谷开始逐步增大；至已经不符合畸形波定义的 17m 位置，波谷达到记录的最大值，该处有效波高是 0.038m，波列中的波谷的深度为 0.0549m，波谷/有效波高=1.444，该异常大波谷最符合实测的“海中的深洞”（参见图 5.25 的实测记录）。上述事实表明，“海中的深洞”可以由畸形波的演化而成。试验结果显示，畸形波生成前未发生异常大波谷，“海中的深洞”是在畸形波逐渐消失的过程中出现的。

图 5.27 给出了生成较大波谷与实测较大波谷的对比，图形的纵坐标是波面高度（时间过程）与波列有效波高之比，横坐标为时间与波列有效周期之比，经过无因次化处理后两个波谷形状吻合很好，可以看出模拟生成的效果十分理想。至此，试验证明，畸形波演化后能形成异常大的波谷，即海洋中的“深洞”。

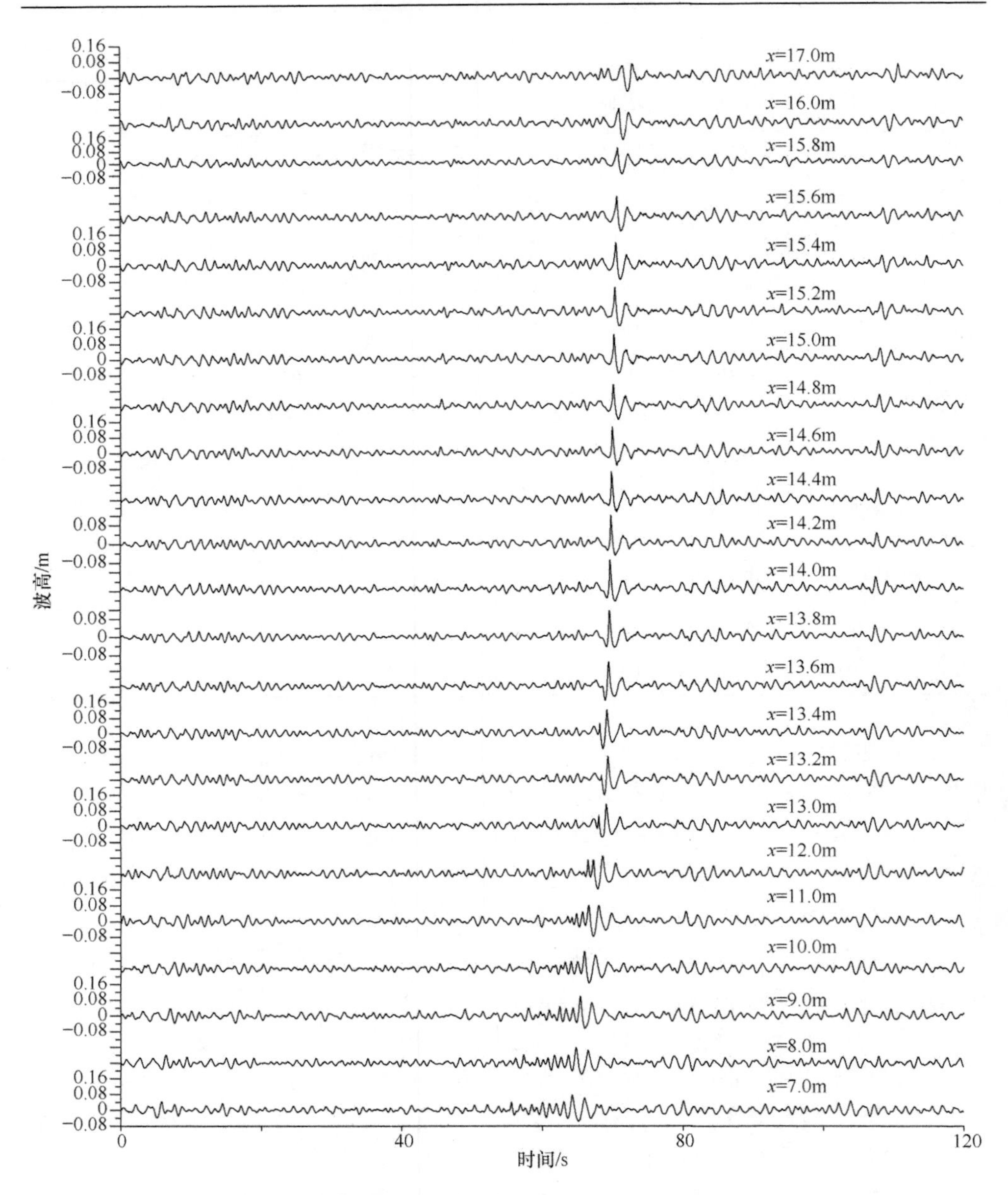

图 5.25　各位置浪高仪记录的畸形波演化成“海中的深洞”过程

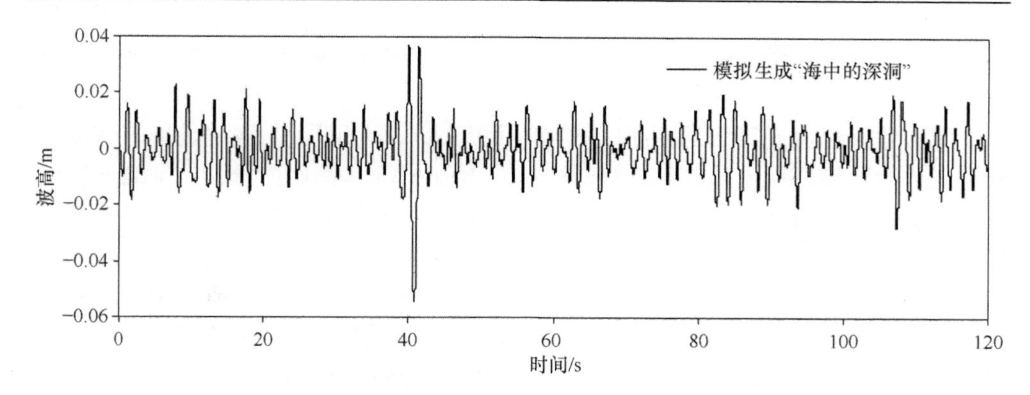

图 5.26　出现异常大波谷的试验波面记录示例(17m 位置处)

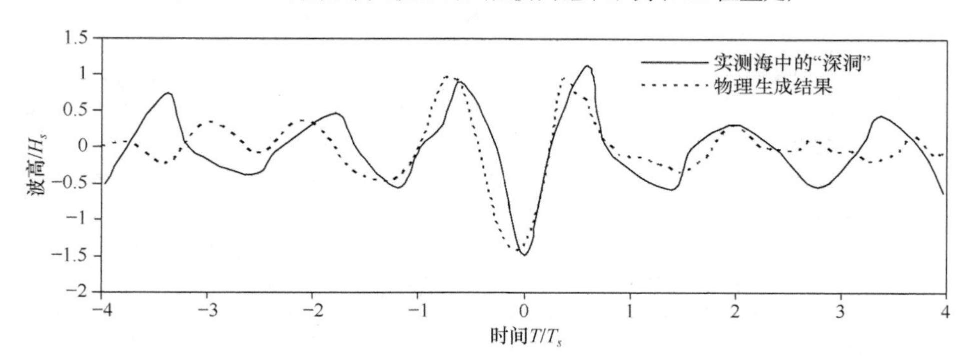

图 5.27　天然与试验模拟得到的异常大波谷附近相对波面高度比较

5.5　小　　结

采用新的实验方法，基于双波列叠加模型自定义生成波列，可在水槽中生成畸形波。但双波列叠加模型的不足之处在于，模拟效率不高，且需要分配较多的能量给瞬态波列，从而对模拟的整个波列的有效波高有较大影响，这不满足不规则波浪模拟的要求。采用新的实验方法，基于三波列叠加模型自定义生成波列，可在水槽内生成畸形波。试验证明，在与双波列叠加模型相同的能量分配给瞬态波列的情况下，三波列叠加模型可以得到畸形程度更高的畸形波，且不影响整个模拟波列的统计特征，满足不规则波浪模拟的要求。采用新的实验方法，基于三波列叠加模型，可以很好地控制畸形波的定点、定时、定量生成，调整分配给瞬态波浪的能量和有效波高的大小可以控制畸形波的形态和波高，这样可以实现在长度有限的实验室水槽中高效地生成所需的畸形波。采用新的实验方法，基于三波列叠加模型，成功地模拟了广为引用的实测“新年波”和非线性很强的北海实测畸形波，生成效果良好。以上表明三波列叠加模型可以有效地模拟实际海况下的畸形波。

成功地模拟生成实测的“海中的深洞”，这不仅证明了三波列叠加模型可以模拟这种独特的海洋现象，同时也证明了 Osbern 关于“海中的深洞”是畸形波发生前和发生后的波谷的判断。畸形波多在未知和不可预测的条件下发生，实测资料十分缺乏，且所有的资料都是海上或海岸某一固定点监测到的波面时间序列，没有完整的畸形波发展过程的空间记录，这已经成为畸形波实际研究中的障碍。本试验模拟生成了具有和实测畸形波完全类似的畸形波和异常大波谷（“海中的深洞”），从而为广泛深入地开展畸形波研究奠定了坚实的基础。

参 考 文 献

[1] Kriebel D L, Alsina M V. Simulation of extreme waves in a background random sea[C]//The Tenth International Offshore and Polar Engineering Conference. International Society of Offshore and Polar Engineers, 2000.

[2] Stansell P. Distributions of extreme wave crest and trough heights measured in theNorth sea[J]. Ocean Engineering. 2004, 32:1015-1036.

[3] Slunyaev A, Kharif C, Pelinovsky E, et al. Nonlinear wave focusing on water of finite depth[J]. Physica D Nonlinear Phenomena, 2002, 173(1-2):77-96.

[4] Haver S. A possible freak wave event measured at the Draupner Jacket, January 1 1995[J].Actes de colloques - IFREMER, 2004.

[5] Osborne A R. Onorato M and Serio M. The nonlinear dynamics of rogue waves and holes in deep-watergravity wave trains[J]. Physics Letter A. 2000, 275: 386-393.

第 6 章　畸形波的基本特性及影响因素研究

畸形波多在未知和不可预测的条件下发生，实测资料十分缺乏，且所有的资料都是海上或海岸某一固定点监测到的波面时间序列，没有完整的畸形波发展过程的空间记录，这已经成为畸形波实际研究中的障碍。本章基于可控制畸形波生成技术，通过试验记录畸形波的生成、发展演化过程，深入探讨畸形波的周期、可持续时间、非线性特征及随多种因素的变化规律。

6.1　畸形波及其波列基本特征的描述参数

畸形波的实测资料甚少,人们对它的认识还不深入。在试验实测畸形波生成、发展演化时间过程的基础上，借鉴常规波浪的研究成果，选择最常用的三个参数来描述含有畸形波的波列基本特征，进而检验实验室生成的含有畸形波的波列是否符合天然波列的基本特征；同时选择若干参数来描述畸形波的基本特征，目的是用恰当的参数来准确描述、鉴别畸形波[1~6]。

6.1.1　描述含有畸形波的波列的特征参数

常规波浪为正态随机过程，受非线性的影响，其波面过程分布与高斯分布有某些偏差，其偏离的程度可以用偏度(skewness) $\sqrt{\beta_1}$ 和峰度(kurtosis) β_2 来度量：

$$\sqrt{\beta_1}=\frac{1}{\eta_{\mathrm{rms}}^3}\frac{1}{N}\sum_{n=1}^{N}(\eta_n-\overline{\eta})^3$$

$$\beta_2=\frac{1}{\eta_{\mathrm{rms}}^4}\frac{1}{N}\sum_{n=1}^{N}(\eta_n-\overline{\eta})^3 \tag{6.1}$$

式中，N 是波面高程的测点数，η_{rms} 是各测点波面高程的均方根值，η_n 是第 n 个测点的波面高程，$\overline{\eta}$ 是各测点波面高程的均值。

对于高斯分布，$\sqrt{\beta_1}$ 为 0，β_2=3.0，实际海况下的波浪剖面通常是不对称的，在垂直的方向波峰高而尖，波谷平而浅，波峰的高度大于波谷深度。在水平方向，破碎波和接近破碎的波浪，其前坡陡于后坡，表现在偏度上就是偏度为正值，偏度可以作为这种不对称性的综合度量。合田的研究表明波面高程的偏度是和非线性参数相关的。

峰度表示的是波面高度频率分布曲线峰的尖锐程度，若比高斯分布的峰高则 $\beta_2>3.0$，否则 $\beta_2<3.0$。许多的波浪记录显示 β_2 略大于 3.0。

畸形波被认为是一种具有强非线性的波浪，采用偏度和峰度这两个参数可以来度量包含畸形波的波列的非线性强度。

描述随机波列基本特性的另外的一个参数是由合田提出的波浪倾斜度 β_3，它的定义为波面高程时间导数的偏度：

$$\beta_3 = \frac{1}{N-1}\sum_{n=1}^{N-1} (\dot{\eta}_n + \bar{\dot{\eta}})^3 \Bigg/ \left[\frac{1}{N-1}\sum_{n=1}^{N-1} (\dot{\eta}_n + \bar{\dot{\eta}})\right]^{3/2} \tag{6.2}$$

$\beta_3 > 0$ 意味着平均意义上波剖面的前坡陡于后坡，波剖面向前倾斜。发展阶段和平衡阶段的风浪及进入浅水区向岸行进的波浪，通常 $\beta_3 > 0$。涌浪给出负的值。

6.1.2　描述畸形波波形的特征参数

畸形波是一种特殊的波浪，有关畸形波的文献大都提到畸形波是一种强非线性的波浪，天然实测的畸形波表现了这一特点，其波剖面有很大的不对称性，试验结果也显示生成的畸形波波前锋较陡而波后相对平缓，和接近破碎的波剖面相类似。除了现有的能量化畸形波定义的 $\alpha_1 = H_j / H_s$，$\alpha_2 = H_j / H_{j-1}$，$\alpha_3 = H_j / H_{j+1}$，$\alpha_4 = \eta_j / H_j$ 四个参数外，为了更好地对畸形波的波形特征进行量化，对整个畸形波生成过程的局部波形特征进行深入分析，引入 1981 年 Kjeldsen 等提出的描述波浪的基本特征参数来描述畸形波(参见图 6.1)：

水平不对称参数 μ_1、μ_2、μ_3：

$$\left.\begin{aligned} \mu_1 &= \eta_j / H_j \\ \mu_2 &= H_{j-1} / H_{j+1} \\ \mu_3 &= (H_{j-1} - \eta_{j-1}) / (H_{j+1} - \eta_{j+1}) \end{aligned}\right\} \tag{6.3}$$

其中，η_j 是相应的畸形波的波峰高度，H_j 畸形波的波高、H_{j-1} 和 H_{j+1} 是畸形波前后两波波浪的波高。

垂直不对称性参数 λ_1、λ_2：

$$\left.\begin{aligned} \lambda_1 &= T_2 / T_1 \\ \lambda_2 &= T_4 / T_3 \end{aligned}\right\} \tag{6.4}$$

其中，T_1 是波峰前半周期；T_2 是波峰后半周期；T_3 是波峰周期；T_4 是波谷周期。

波陡参数：包括波前陡 ε_{f} 、波后陡 ε_{b} 、整波陡 ε ，它们的定义为

$$\left.\begin{aligned}\varepsilon_{\mathrm{f}} &= \frac{2\pi\eta_{\max}}{gT_1T}\\ \varepsilon_{\mathrm{b}} &= \frac{2\pi\eta_{\max}}{gT_2T}\\ \varepsilon &= \frac{2\pi\eta_{\max}}{gT^2}\end{aligned}\right\} \tag{6.5}$$

其中，T 为上跨零法定义的畸形波周期。

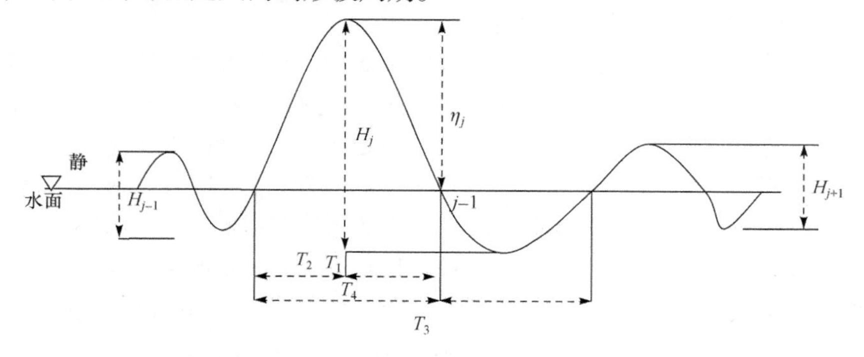

图 6.1　畸形波的波剖面参数定义

6.2　畸形波的生成、演化、消亡过程中特征参数的变化

在模拟得到了与天然实测的畸形波及“海中的深洞”特征参数基本相同波面记录的基础上，实测得到了畸形波生成和发展、演化的整个过程。采用上述参数，定量考察畸形波生成和发展、演化的整个过程的基本特征及含有畸形波的波列的基本特征，给出畸形波的生成、演化、消亡过程中特征参数的变化规律。

6.2.1　畸形波的生成、演化过程中波列统计参数和非线性参数的变化

在水槽中固定的浪高仪布置方式(参见图 4.17)。在浪高仪布置不变的情况下，改变畸形波的生成地点，以得到更多的畸形波生成发展变化的信息。

采用三波列叠加模型，以 20%的能量平均分配给两个瞬态波列生成包含畸形波的波列。目标谱采用 P-M 谱，有效波高为 $H_s = 0.04\mathrm{m}$ ，组成波个数 M=240。畸形波的生成位置分别指定为距离造波板 16.0m、14.0m、12.0m 处，对应地分别考察畸形波生成前、中、后的发展演化过程。

(1)畸形波生成前的发展变化

设定畸形波在距离造波板 16.0m 处生成，该处前有 21 台浪高仪记录畸形波发生前至发生稍后的发展变化的过程。

图 6.2 给出了不同位置处波列实测过程示例。

表 6.1 汇总了畸形波生成过程中各波列的统计参数(包括有效波高 H_s 、1/10 大波波高 $H_{1/10}$ 、平均波高 $\bar{H}$ 、最大波高 H_j)和非线性参数(包括偏度 $\sqrt{\beta_1}$ 、峰度 β_2 、波浪倾斜度 β_3)的变化情况。

图 6.3 给出了各参数随水槽中记录位置的变化图。

图 6.2 可见畸形波生成前的发展变化过程。

在第一个浪高仪的 7.0m 处，直至浪高仪集中的 13.0m 处，生成的波列中有一个明显的波群存在，但畸形波独立突出的特点还不具备，随着该波群的进一步向前传播，能量在汇聚，波群中波浪的数量减少，在 14.0m 处左右记录的波列中有较大的波谷出现，随着波谷减小，畸形波的波峰开始增大，到 15.2m 处已经有畸形波的雏形，但整个的波高还是不大，随着波浪的进一步传播，波峰迅速上升，到 15.6m、15.8m 处形成波峰两边的波谷基本对称的形态，该两点的畸形波的四个参数分别是 α_1=4.0 , $\alpha_2=3.085$, $\alpha_3=3.162$, $\alpha_4=0.681$; 和 α_1=4.191 , $\alpha_2=3.123$, $\alpha_3=3.543$, $\alpha_4=0.682$ 。到 16.0m 处畸形波的波高达到最大值，为 0.178m，畸形波的波谷开始变大，畸形波的四个参数分别是 α_1=4.140 , $\alpha_2=3.641$, $\alpha_3=3.082$, $\alpha_4=0.697$ 。17.0m 处记录的波列中，波谷的深度和波峰的高度已经基本一致，即畸形波已经演化为非畸形波。

图 6.3 可见畸形波生成过程中波列的统计参数和非线性参数的变化情况。

在畸形波生成过程中，各波列的统计参数(有效波高 H_s 、1/10 大波波高 $H_{1/10}$ 、平均波高 $\bar{H}$)都是很稳定的，即使是最大波高 H_j ，演化为畸形波时也没有太大的变化。

各波列的非线性参数(偏度 $\sqrt{\beta_1}$ 、峰度 β_2 、波浪倾斜度 β_3 三个参数)的变化比较明显：

在畸形波生成前的区域(13.0m 处之前的区域)，三个非线性参数基本保持稳定：偏度和波浪倾斜度接近于 0，而峰度值在 3 附近，说明畸形波生成前的波列符合天然海洋波浪的基本特征；

在畸形波生成附近区域，三个非线性参数的陡然波动后迅速增大，$\sqrt{\beta_1}$ 在该区域的变化范围为−0.526～1.158，表明大波波峰在剧烈摆动，由波峰前半周期大于波峰后半周期变为波峰后半周期大于前半周期； β_2 在该区域的变化范围为 3.41～5.17，表明大波波峰由平缓变得陡峭； β_3 在该区域的变化范围为−0.241～

3.067，表明大波波峰由后坡陡于前坡发展为前坡陡于后坡，波剖面向前倾斜。上述结果说明，畸形波发生时，虽然整个波列的统计参数变化不大，但波列的非线性参数变化是显著的。

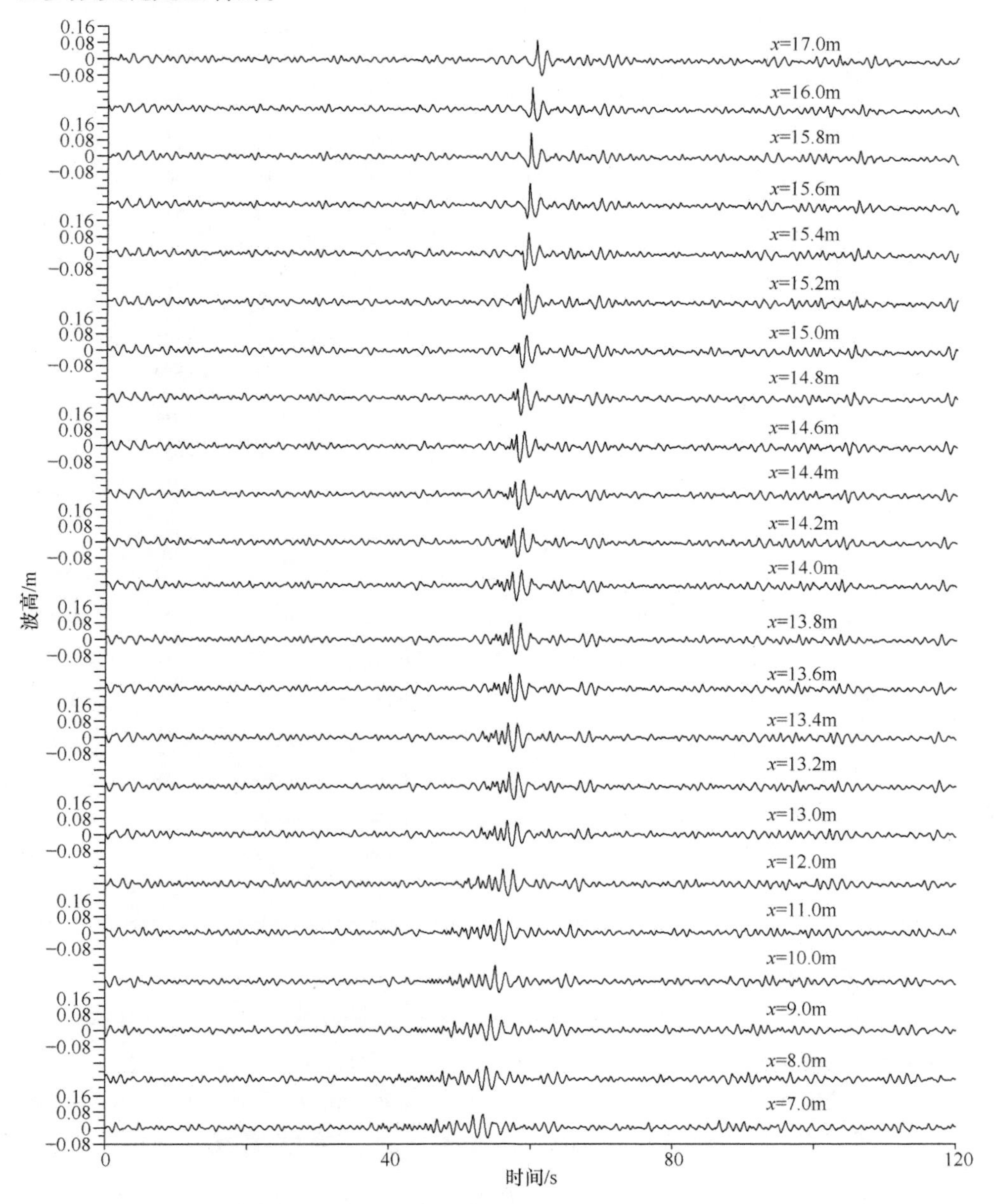

图 6.2　不同位置处波列实测过程示例(指定畸形波在 16m 处生成)

表 6.1　畸形波生成过程中各波列的统计参数和非线性参数汇总(指定在 16m 处生成畸形波)

编号	位置/m	H_s /m	$H_{1/10}$ /m	$\bar{H}$ /m	H_j /m	$\sqrt{\beta_1}$	β_2	β_3
01	7.0	0.042	0.061	0.024	0.116	0.195	2.697	–0.075
02	8.0	0.040	0.06	0.023	0.112	0.080	2.353	0.142
03	9.0	0.041	0.06	0.022	0.107	0.416	2.970	0.006
04	10.0	0.039	0.058	0.022	0.131	0.234	2.849	–0.333
05	11.0	0.038	0.058	0.023	0.127	0.091	2.809	–0.016
06	12.0	0.040	0.062	0.025	0.13	0.359	2.727	–0.081
07	13.0	0.042	0.06	0.024	0.132	0.185	2.836	0.014
08	13.2	0.041	0.061	0.023	0.135	0.050	3.159	0.021
09	13.4	0.040	0.061	0.023	0.139	0.023	3.197	0.039
10	13.6	0.038	0.065	0.025	0.131	0.023	3.582	0.165
11	13.8	0.039	0.063	0.023	0.141	0.067	4.078	–0.141
12	14.0	0.040	0.061	0.022	0.137	0.058	4.085	–0.233
13	14.2	0.040	0.062	0.025	0.132	0.004	3.410	–0.164
14	14.4	0.042	0.062	0.024	0.134	–0.051	3.724	–0.241
15	14.6	0.041	0.061	0.024	0.133	–0.188	3.764	–0.201
16	14.8	0.040	0.061	0.023	0.132	–0.526	4.243	–0.148
17	15.0	0.041	0.061	0.025	0.135	–0.427	3.956	0.183
18	15.2	0.042	0.062	0.024	0.146	–0.005	4.312	0.393
19	15.4	0.041	0.06	0.023	0.162	0.222	4.470	0.602
20	15.6	0.041	0.062	0.025	0.164	0.672	4.588	1.283
21	15.8	0.042	0.062	0.024	0.176	1.158	4.863	2.943
22	16.0	0.043	0.061	0.025	0.178	0.663	5.170	3.067
23	17.0	0.043	0.058	0.023	0.169	0.100	4.225	–0.499

(2)畸形波生成过程中的发展变化

设定畸形波在 14.0m 处生成。此时，畸形波生成的地点正好是浪高仪集中分布的区域，由此可重点考察畸形波生成过程中的波列各个特征参数变化情况。

图 6.4 给出了畸形波生成过程中 23 台浪高仪实测波列示例；表 6.2 汇总了各波列的统计参数(有效波高 H_s 、1/10 大波波高 $H_{1/10}$ 、平均波高 $\bar{H}$ 、最大波高 H_j)和非线性参数(偏度 $\sqrt{\beta_1}$ 、峰度 β_2 、波浪倾斜度 β_3)的实验结果；图 6.5 给出了各参数随水槽中记录位置的变化过程示例。

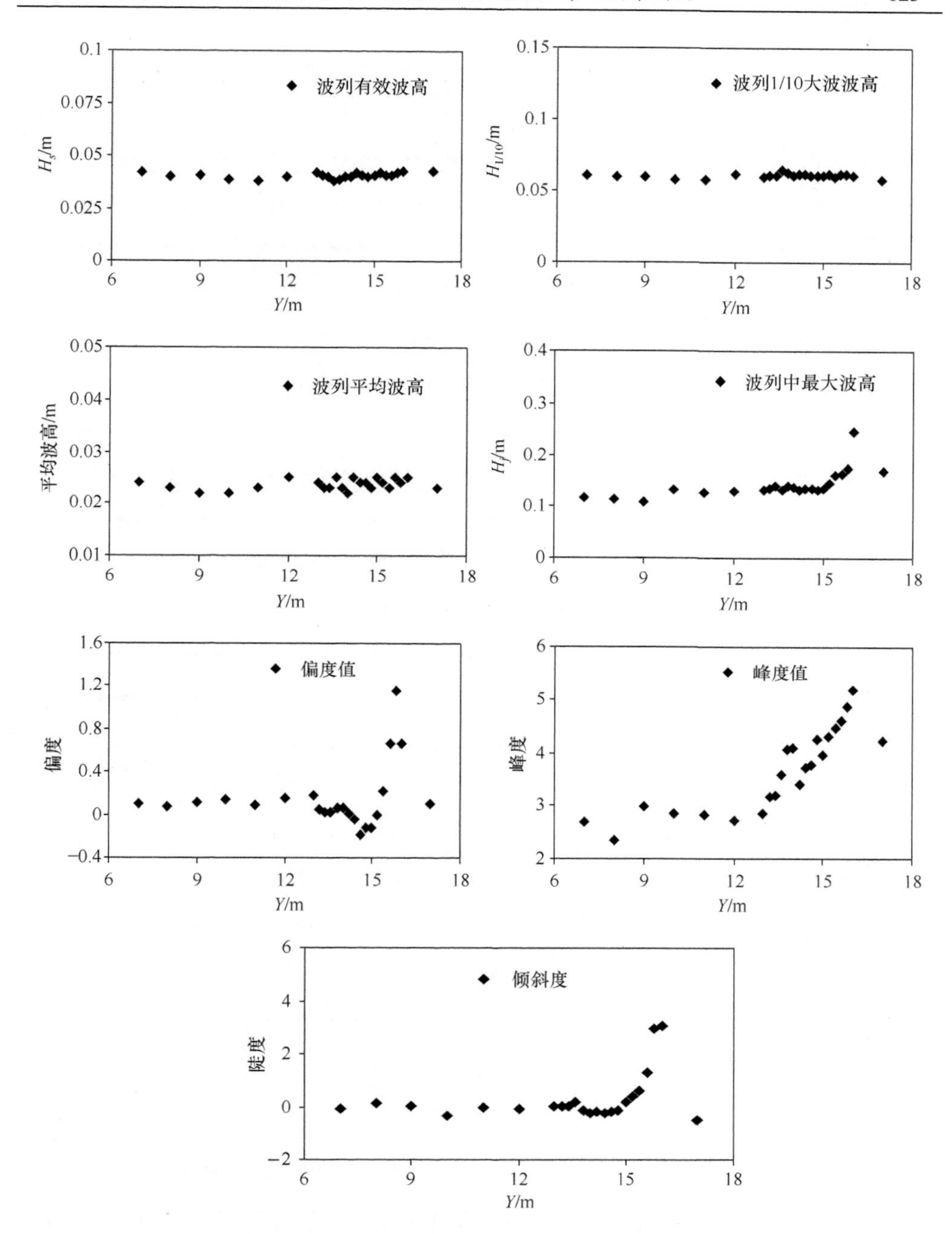

图 6.3　畸形波的生成中波列中各特征参数的变化

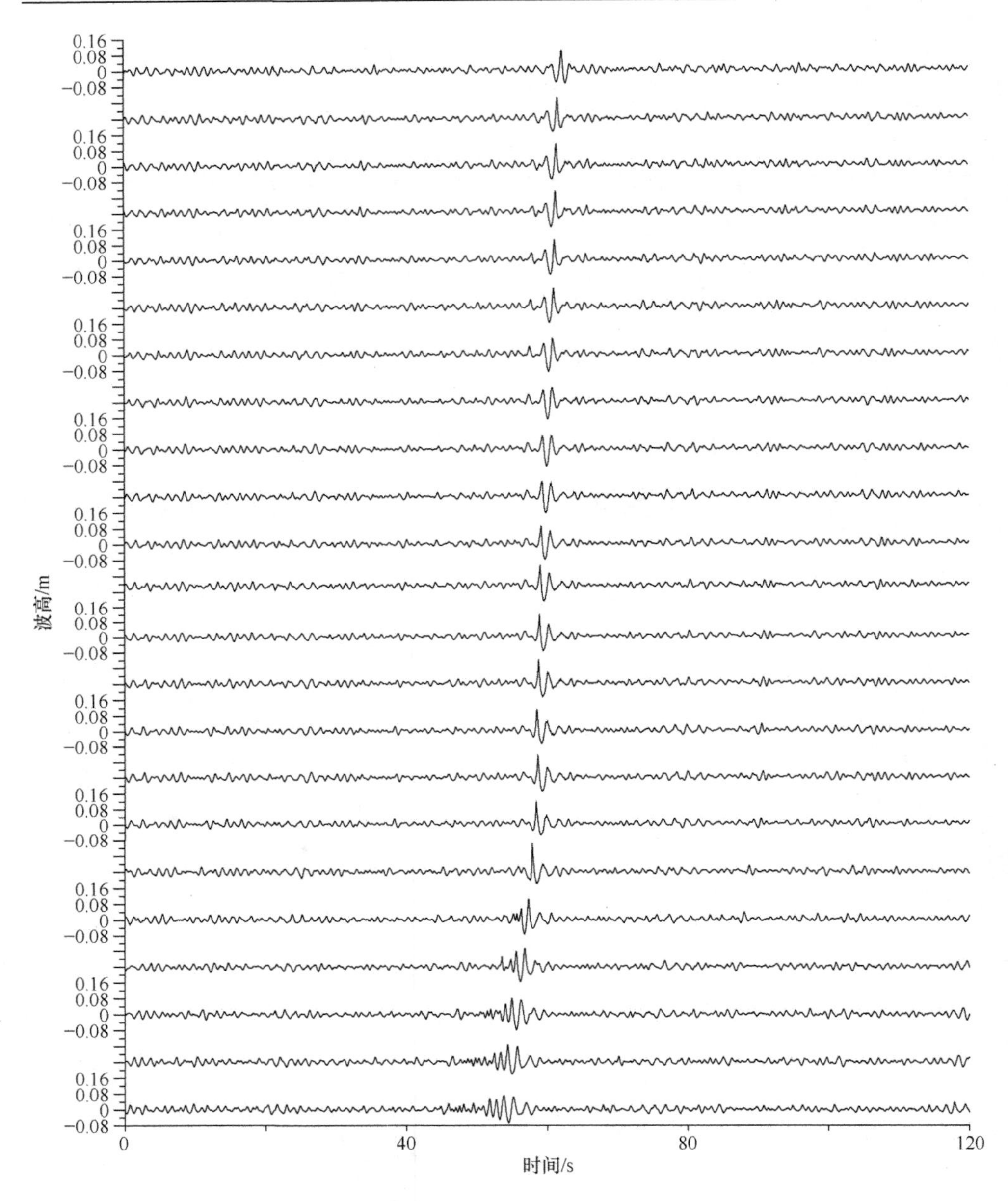

图 6.4　畸形波生成过程中的发展变化情况示例(预定畸形波在 14m 处生成)

图 6.4 可见畸形波生成过程中的发展变化情况：在 7.0m 处直至 12.0m 处范围，生成的波列中还没有独立突出的波浪，只是一个明显的波群存在，但随着该波群的进一步向前传播，能量在汇聚，波群中波浪的数量减少，在 13.0m 处记录的波

列中已经有畸形波的雏形，但波列中的最大波高还是不大，随着波浪的进一步传播，波峰迅速上升，到 13.2m 处(虽然传播距离仅有 0.2m)最大波波高有很明显的增大，直至 13.8m 处形成波峰两边的波谷基本对称的典型畸形波，此后畸形波的波谷开始变大，一定条件下可能逐渐演化为异常大波谷。

表 6.2 14m 处畸形波生成过程的波列统计参数

波列编号	所处位置/m	H_s /m	$H_{1/10}$ /m	$\bar{H}$ /m	H_j /m	$\sqrt{\beta_1}$	β_2	β_3
01	7.0	0.038	0.060	0.025	0.121	0.215	3.734	–0.041
02	8.0	0.042	0.061	0.025	0.125	0.283	3.341	0.125
03	9.0	0.041	0.062	0.026	0.134	0.143	3.338	–0.069
04	10.0	0.041	0.059	0.024	0.132	0.039	3.42	0.092
05	11.0	0.041	0.060	0.025	0.132	0.194	3.425	–0.052
06	12.0	0.040	0.061	0.026	0.134	0.017	3.479	–0.092
07	13.0	0.042	0.062	0.026	0.141	0.379	3.861	1.031
08	13.2	0.041	0.063	0.026	0.157	0.496	4.177	1.735
09	13.4	0.042	0.061	0.026	0.162	0.320	4.233	1.242
10	13.6	0.042	0.061	0.026	0.175	0.794	4.816	3.010
11	13.8	0.041	0.061	0.025	0.180	0.746	4.773	3.114
12	14.0	0.043	0.062	0.026	0.184	0.840	4.835	1.718
13	14.2	0.041	0.061	0.025	0.185	0.773	4.528	0.904
14	14.4	0.042	0.061	0.026	0.177	0.608	4.263	0.408
15	14.6	0.040	0.059	0.026	0.179	0.415	3.991	0.001
16	14.8	0.039	0.057	0.024	0.176	0.175	4.085	–0.073
17	15.0	0.042	0.061	0.026	0.163	0.044	3.666	–0.638
18	15.2	0.043	0.059	0.026	0.157	0.082	3.635	–0.442
19	15.4	0.041	0.060	0.026	0.166	0.025	3.769	–0.033
20	15.6	0.041	0.058	0.025	0.161	–0.032	3.727	–0.146
21	15.8	0.041	0.058	0.025	0.161	–0.032	3.727	–0.146
22	16.0	0.039	0.058	0.025	0.220	–0.281	3.694	–0.254
23	17.0	0.042	0.058	0.024	0.126	–0.167	3.618	0.430

图 6.5 可见畸形波生成过程中的波列各个特征参数变化情况：畸形波生成过程中，各波列的统计参数(有效波高 H_s、1/10 大波波高 $H_{1/10}$、平均波高 $\bar{H}$)都基本稳定，H_s 在 0.04m 上下略浮动，$H_{1/10}$ 的值在 0.06m 左右，$\bar{H}$ 约为 0.025m，即使是畸形波出现点以及附近也没有太大的变化，这说明畸形波的发生对整个波列

的统计参数影响很小。

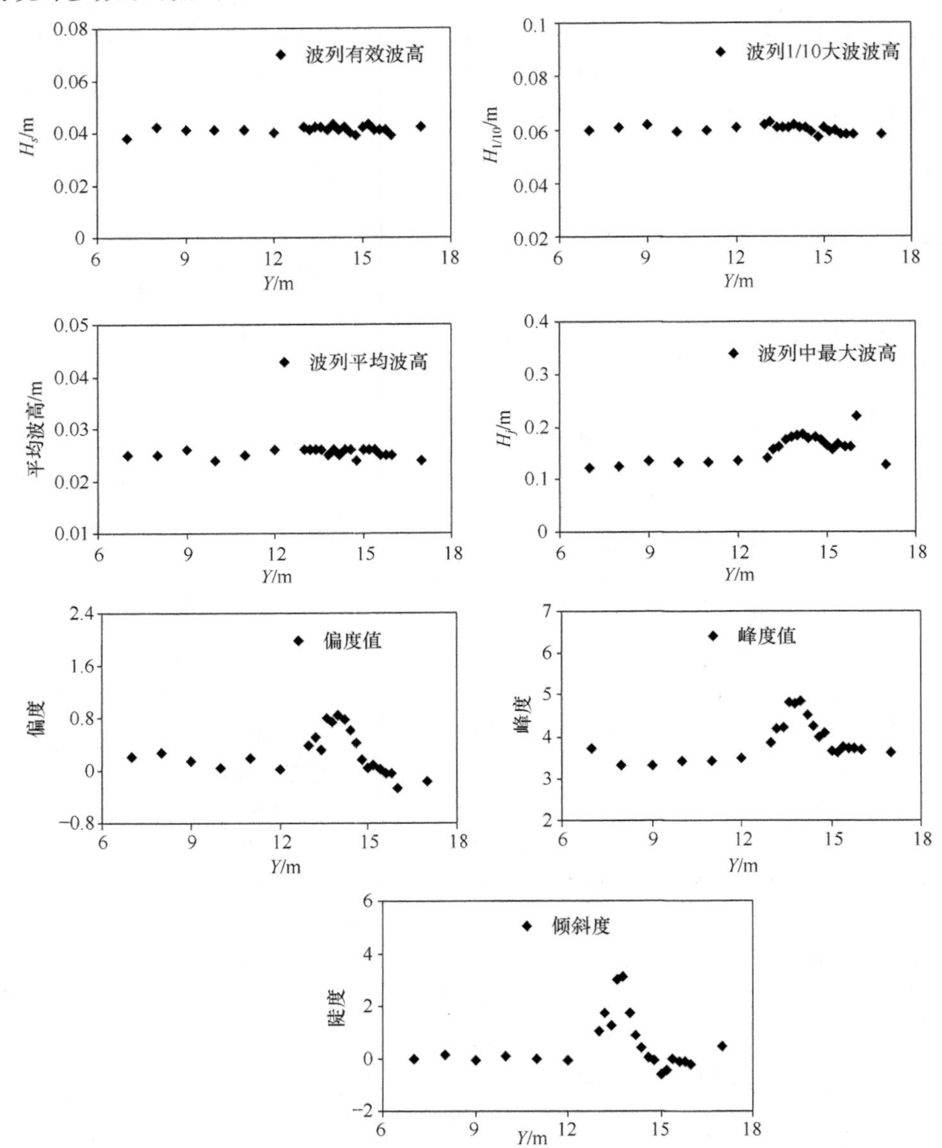

图 6.5　畸形波的生成中波列中各特征参数的变化

最大波高 H_j 在畸形波生成过程中有一定的波动，在畸形波生成点附近 H_j 在 0.175～0.185m 范围内变化。有资料认为[99]畸形波破坏性最大的时刻不是其波高最大的时刻。原因应该在于，在畸形波波峰前后波谷对称时刻，畸形波有较大的向前冲击力，对结构物的破坏可能最为严重，在波高最大时刻应该是“强弩之末”，对结构物的冲击力变小，这些结果还有待试验检验。毫无疑问的是，畸形波的超大波高和波峰，无论哪个时刻对目标的破坏力都是惊人的。

畸形波生成过程中，各波列的非线性参数（偏度 $\sqrt{\beta_1}$ 、峰度 β_2 、波浪倾斜度）在畸形波生成之前的区域（7～12.0m 处范围）基本保持稳定，偏度和波浪倾斜度接近于 0，而峰度值在 3 附近，这符合天然常规海洋波浪的基本特征，表明畸形波具有突发性。在畸形波生成的初期，无论是波列的波高统计参数还是非线性参数都和普通的海洋状态是类似的，很难鉴别出来。随着波浪传播过程中的能量不断聚集至生成畸形波时，三个参数将迅速增大。在畸形波生成附近区域（13.4～14.4m 处范围）$\sqrt{\beta_1}$ 由 0.32 增大至 0.84，β_2 由 3.86 增大至 4.83；β_3 由 1.24 增大至 3.11。上述结果说明，畸形波发生时，虽然整个波列的统计参数变化不大，但波列的非线性参数变化是显著的。

(3) 畸形波生成后的发展变化

在模拟生成“海中的深洞”试验中，证明了畸形波生成后的演化过程中，其波谷将会逐步增大（波峰逐渐减小），有可能会发生异常大波谷。为了进一步探讨畸形波生成后的发展变化规律，设定畸形波在 12m 处生成，由于指定的畸形波生成的地点在浪高仪集中分布的区域之前，因而试验可以详细记录畸形波生成后的全程发展变化情况。

图 6.6 给出了所有浪高仪实测得到的生成畸形波及其发展演化过程的波面示例。

表 6.3 汇总了各波列的统计参数（有效波高 H_s 、1/10 大波波高 $H_{1/10}$ 、平均波高 $\bar{H}$ 、最大波高 H_j ）和非线性参数（偏度 $\sqrt{\beta_1}$ 、峰度 β_2 、波浪倾斜度 β_3 ）的试验结果。

图 6.7 给出了各参数随波列在水槽中传播过程中的变化情况。

图 6.6 可见，畸形波生成的地点在指定的 12m 处出现，波列中的最大波高 H_j 可维持基本稳定值至 14m 处（即约 3/4 倍平均波长）。在此过程中，畸形波波峰略有减小，波谷逐渐增大。此后，波列中的最大波高 H_j 迅速衰减，传播至 15.0m 处，畸形波的特征基本消失，波峰变小，波谷变深，到 15.2m 处波列中最大波高的值最小（只有 0.127m）、波谷最大，变成“海中的深洞”形态。

出现大波谷后，随着进一步的传播，波谷变小，能量开始向后面一个波峰传递，随着波峰的上升，可以看到，在 17.0m 处又二次形成畸形波，两次形成畸形波的间距约为 2 倍平均波长。二次形成的畸形波实测波高为 0.163m，虽然比一次形成的畸形波波高小（约小 15%），但也达到了有效波高的 4 倍。

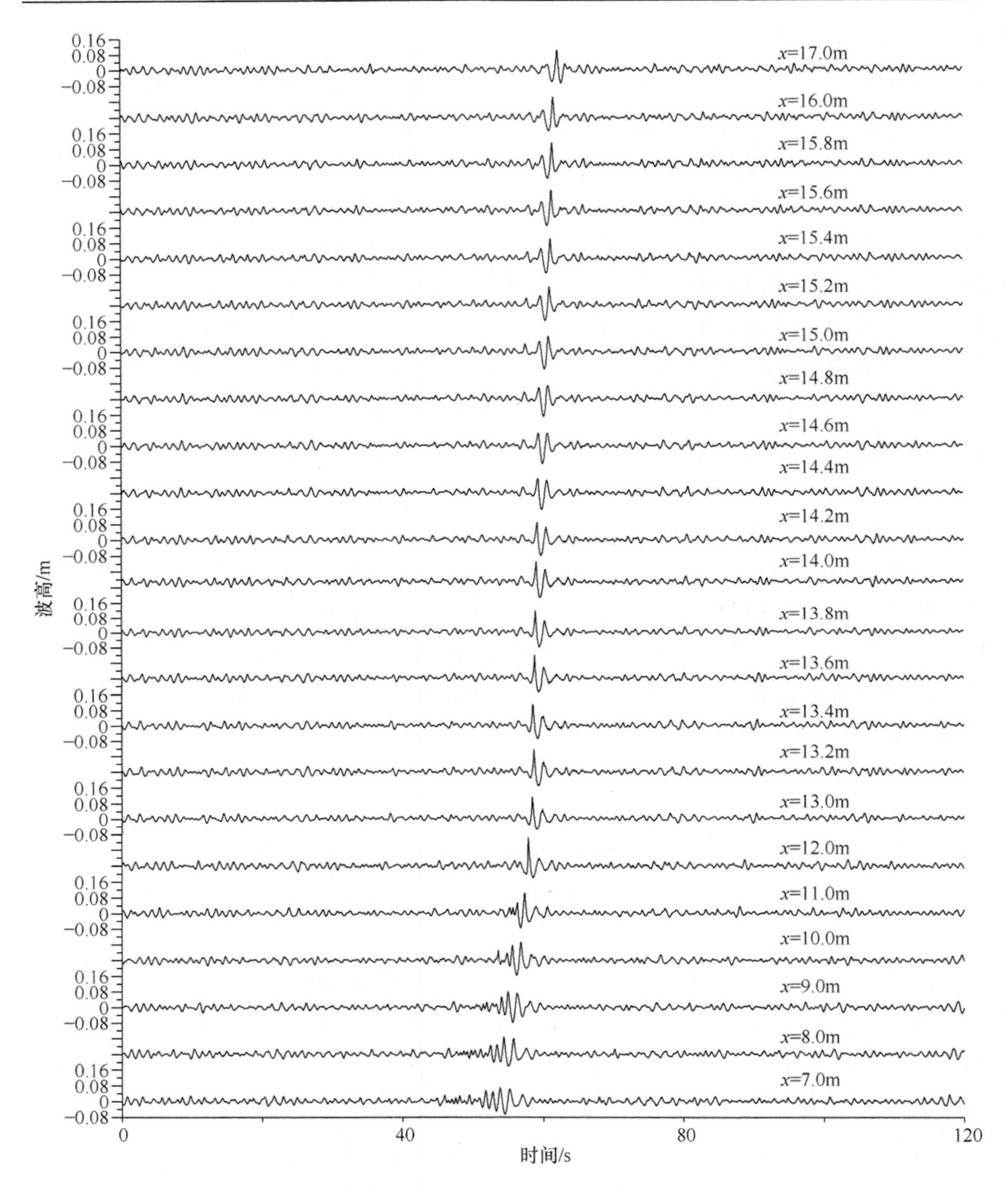

图 6.6　各位置浪高仪记录的 12m 处生成畸形波的过程

上述试验结果表明，畸形波生成后的发展变化经历了复杂的能量传递过程，在波面变化上表现为波峰变小→波谷变深→大波谷出现→畸形波消失→二次形成畸形波的过程。此过程历经的时间很短(约 2 个平均波周期)。

从表 6.3 中可以看出，在畸形波生成前、生成、生成后、二次形成畸形波的整个过程中，各波列的统计参数基本保持稳定。H_s 都在 0.04m 上下略有浮动，$H_{1/10}$ 的值在 0.06m 左右，$\bar{H}$ 约为 0.025m。

表 6.3　12m 处畸形波生成过程的波列统计参数

波列编号	所处位置/m	H_s /m	$H_{1/10}$ /m	$\bar{H}$ /m	H_j /m	$\sqrt{\beta_1}$	β_2	β_3
01	7.0	0.042	0.064	0.026	0.134	0.292	3.426	−0.008
02	8.0	0.041	0.062	0.027	0.148	0.251	3.364	0.023
03	9.0	0.039	0.063	0.027	0.157	0.01	3.094	0.140
04	10.0	0.042	0.064	0.025	0.151	0.106	3.572	0.009
05	11.0	0.040	0.064	0.025	0.147	0.183	3.764	−0.429
06	12.0	0.042	0.063	0.025	0.198	0.855	4.635	6.267
07	13.0	0.041	0.061	0.026	0.209	0.567	3.931	1.246
08	13.2	0.040	0.063	0.025	0.196	0.285	3.641	0.056
09	13.4	0.041	0.058	0.024	0.177	0.235	3.622	0.293
10	13.6	0.042	0.063	0.026	0.186	0.176	3.712	−0.283
11	13.8	0.041	0.062	0.026	0.191	0.216	3.501	−0.626
12	14.0	0.040	0.060	0.025	0.189	−0.09	3.662	−0.938
13	14.2	0.041	0.058	0.026	0.167	−0.187	3.488	−0.874
14	14.4	0.041	0.060	0.025	0.156	−0.235	3.357	−0.833
15	14.6	0.040	0.058	0.024	0.155	−0.145	3.251	−0.268
16	14.8	0.040	0.058	0.023	0.146	−0.088	3.061	0.293
17	15.0	0.042	0.061	0.026	0.142	−0.063	3.183	0.481
18	15.2	0.042	0.061	0.027	0.127	−0.266	2.981	0.461
19	15.4	0.040	0.061	0.025	0.128	0.108	3.888	0.473
20	15.6	0.042	0.061	0.026	0.138	0.215	3.605	0.209
21	15.8	0.041	0.060	0.024	0.145	0.378	3.491	0.041
22	16.0	0.039	0.063	0.026	0.163	0.163	3.181	0.106
23	17.0	0.041	0.060	0.025	0.167	0.060	3.088	−0.190

在上述过程中，各波列的非线性参数偏度 $\sqrt{\beta_1}$ 、峰度 β_2 、波浪倾斜度 β_3 的变化也有一定的规律：在生成点之前的区域保持稳定，在畸形波的生成区域附近变大；二次形成畸形波附近区域，波列的非线性参数与畸形波生成前的量值比无显著差别，与一次形成畸形波附近区域的波列对应的非线性参数比显著偏小。表

明二次形成的畸形波非线性程度明显减弱。波列的非线性参数是否可以来判别波列中出现的畸形波是首次生成还是二次生成是一个有趣的课题。

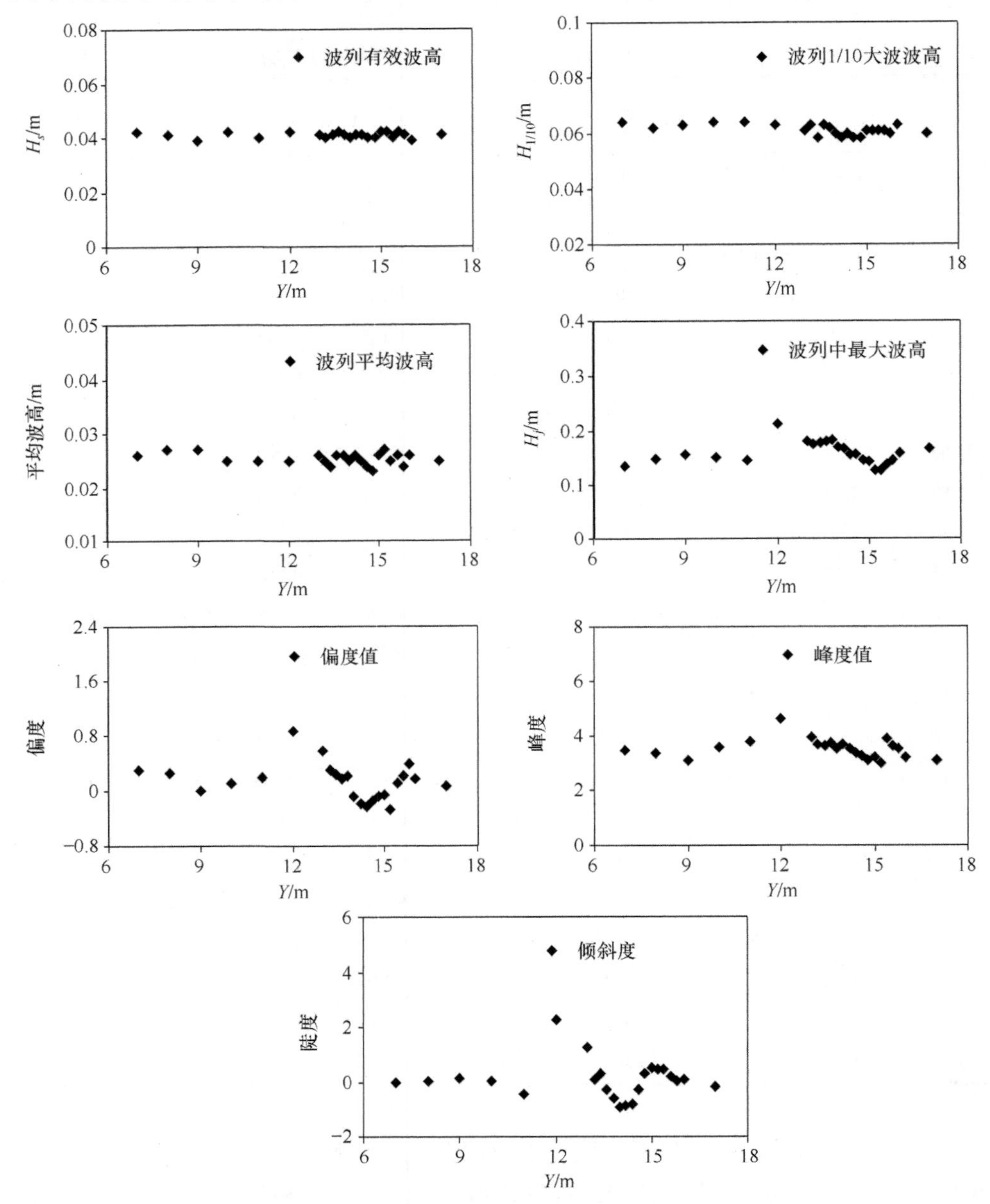

图 6.7 畸形波的生成过程中波列统计参数和非线性参数随记录位置的变化

6.2.2　畸形波的生成、演化过程中特征参数的变化

在此关注的是畸形波的生成、演化过程中畸形波的特征参数的变化规律。应用波前陡 ε_f 、波后陡 ε_b 、整波陡 ε ；水平不对称参数 μ_1 、 μ_2 、 μ_3 ；垂直不对称参数 λ_1 、 λ_2 等参数来研究畸形波的详细特征。

表 6.4(a)～6.4(c)汇总了给出 3 组畸形波在生成、演化过程中最大波浪的特征参数。图 6.8(a)～6.8(c)给出了畸形波在该过程中各参数沿传播方向的变化。

表 6.4(a)　畸形波特性参数汇总(16m 处生成)

编号	位置/m	ε_f	ε_b	ε	μ_1	μ_2	μ_3	λ_1	λ_2
01	7.0	0.075	0.096	0.051	0.567	2.247	0.993	0.778	1.176
02	8.0	0.100	0.067	0.051	0.556	1.190	1.114	1.525	1.223
03	9.0	0.116	0.118	0.062	0.618	0.645	1.065	0.986	1.576
04	10.0	0.095	0.166	0.061	0.582	0.790	0.721	0.569	1.535
05	11.0	0.077	0.110	0.057	0.517	0.670	0.668	0.705	1.289
06	12.0	0.115	0.122	0.057	0.547	0.454	0.598	0.940	1.593
07	13.0	0.125	0.176	0.07	0.556	0.505	0.503	1.051	1.354
08	13.2	0.113	0.175	0.071	0.514	0.389	0.433	0.992	1.760
09	13.4	0.131	0.129	0.061	0.509	0.465	0.437	1.017	1.526
10	13.6	0.138	0.142	0.059	0.502	0.412	0.387	0.973	1.693
11	13.8	0.127	0.192	0.069	0.506	0.389	0.341	0.660	1.710
12	14.0	0.137	0.112	0.066	0.657	0.527	0.060	0.239	0.454
13	14.2	0.156	0.160	0.076	0.472	0.405	0.236	0.972	1.766
14	14.4	0.156	0.183	0.082	0.466	0.478	0.203	0.856	1.792
15	14.6	0.129	0.201	0.082	0.436	0.465	0.181	0.641	1.722
16	14.8	0.120	0.106	0.073	0.574	1.321	1.433	1.131	1.416
17	15.0	0.116	0.132	0.073	0.574	1.249	1.444	0.881	1.545
18	15.2	0.209	0.117	0.081	0.633	1.200	1.476	1.783	1.536
19	15.4	0.236	0.147	0.087	0.658	1.027	1.395	1.600	1.568
20	15.6	0.297	0.184	0.088	0.675	0.940	1.120	1.609	1.749
21	15.8	0.394	0.207	0.087	0.687	0.802	0.821	1.525	2.023
22	16.0	0.442	0.291	0.103	0.649	0.580	0.046	1.906	2.067
23	17.0	0.137	0.126	0.054	0.579	0.413	0.389	0.684	1.498

表 6.4(b)　畸形波特性参数汇总(14m 处生成)

编号	位置/m	ε_f	ε_b	ε	μ_1	μ_2	μ_3	λ_1	λ_2
01	7.000	0.087	0.096	0.063	0.614	0.568	0.823	0.970	1.547
02	8.000	0.096	0.067	0.064	0.565	0.466	0.623	1.111	1.498
03	9.000	0.097	0.118	0.068	0.536	0.673	0.413	0.832	1.563
04	10.000	0.113	0.166	0.068	0.497	0.626	0.395	1.251	1.494
05	11.000	0.115	0.110	0.069	0.481	0.631	0.279	0.957	1.587
06	12.000	0.127	0.122	0.071	0.419	0.456	0.201	0.717	1.641
07	13.000	0.270	0.176	0.079	0.717	0.372	0.307	1.408	1.779
08	13.200	0.347	0.175	0.090	0.715	0.554	0.635	1.940	2.243
09	13.400	0.215	0.129	0.098	0.710	0.092	0.954	1.692	2.019
10	13.600	0.346	0.142	0.088	0.733	0.498	1.089	2.002	2.349
11	13.800	0.261	0.192	0.090	0.720	0.389	1.127	1.286	2.300
12	14.000	0.183	0.232	0.108	0.781	1.152	1.263	0.870	1.462
13	14.200	0.190	0.176	0.090	0.695	0.319	1.108	1.014	1.989
14	14.400	0.157	0.183	0.086	0.668	0.271	0.927	0.844	1.700
15	14.600	0.146	0.181	0.088	0.633	0.128	0.869	0.698	1.642
16	14.800	0.117	0.176	0.082	0.580	0.058	0.580	0.551	1.652
17	15.000	0.092	0.132	0.068	0.535	1.248	0.530	0.662	1.557
18	15.200	0.123	0.117	0.024	0.510	1.077	0.384	0.910	1.553
19	15.400	0.143	0.147	0.026	0.525	1.011	0.319	0.989	1.403
20	15.600	0.105	0.144	0.028	0.535	0.865	0.263	0.619	1.475
21	15.800	0.088	0.137	0.026	0.527	0.789	0.252	0.585	1.411
22	16.000	0.088	0.131	0.032	0.458	0.611	0.239	0.454	1.263
23	17.000	0.033	0.126	0.096	0.382	0.409	0.334	0.530	1.116

表 6.4(c)　畸形波特性参数汇总(12m 处生成)

编号	位置/m	ε_f	ε_b	ε	μ_1	μ_2	μ_3	λ_1	λ_2
01	7.000	0.100	0.099	0.062	0.511	0.786	0.747	1.014	1.233
02	8.000	0.154	0.144	0.078	0.584	0.593	0.643	1.074	1.497
03	9.000	0.162	0.147	0.081	0.498	0.719	0.505	1.103	1.444
04	10.000	0.176	0.186	0.083	0.490	0.374	0.392	0.945	1.706
05	11.000	0.166	0.163	0.076	0.696	1.533	1.015	1.022	1.775
06	12.000	0.440	0.277	0.105	0.697	0.528	0.724	2.381	2.097
07	13.000	0.345	0.255	0.081	0.669	0.205	0.605	1.353	1.502
08	13.200	0.246	0.248	0.076	0.605	0.002	0.456	0.990	1.749

续表

编号	位置/m	ε_f	ε_b	ε	μ_1	μ_2	μ_3	λ_1	λ_2
09	13.400	0.202	0.193	0.076	0.610	0.097	0.497	1.044	1.628
10	13.600	0.183	0.257	0.071	0.628	0.016	0.382	0.712	1.660
11	13.800	0.158	0.269	0.069	0.592	0.013	0.314	0.586	1.621
12	14.000	0.117	0.201	0.051	0.588	0.112	0.291	0. 629	1.402
13	14.200	0.105	0.234	0.045	0.522	0.378	0.224	0.450	1.441
14	14.400	0.078	0.174	0.042	0.451	0.431	0.190	0.450	1.326
15	14.600	0.067	0.133	0.041	0.404	0.443	0.159	0.505	1.217
16	14.800	0.054	0.098	0.039	0.373	0.501	0.154	0.554	1.152
17	15.000	0.053	0.089	0.038	0.369	0.488	0.166	0.592	1.178
18	15.200	0.042	0.071	0.037	0.356	0.365	0.219	0.594	1.144
19	15.400	0.204	0.157	0.066	0.671	2.920	2.593	1.295	1.638
20	15.600	0.191	0.186	0.069	0.673	2.336	2.349	1.028	1.650
21	15.800	0.188	0.204	0.068	0.674	2.467	1.937	0.919	1.840
22	16.000	0.265	0.207	0.079	0.662	2.432	1.385	0.982	1.973
23	17.000	0.177	0.195	0.063	0.659	0.901	0.908	0.908	1.339

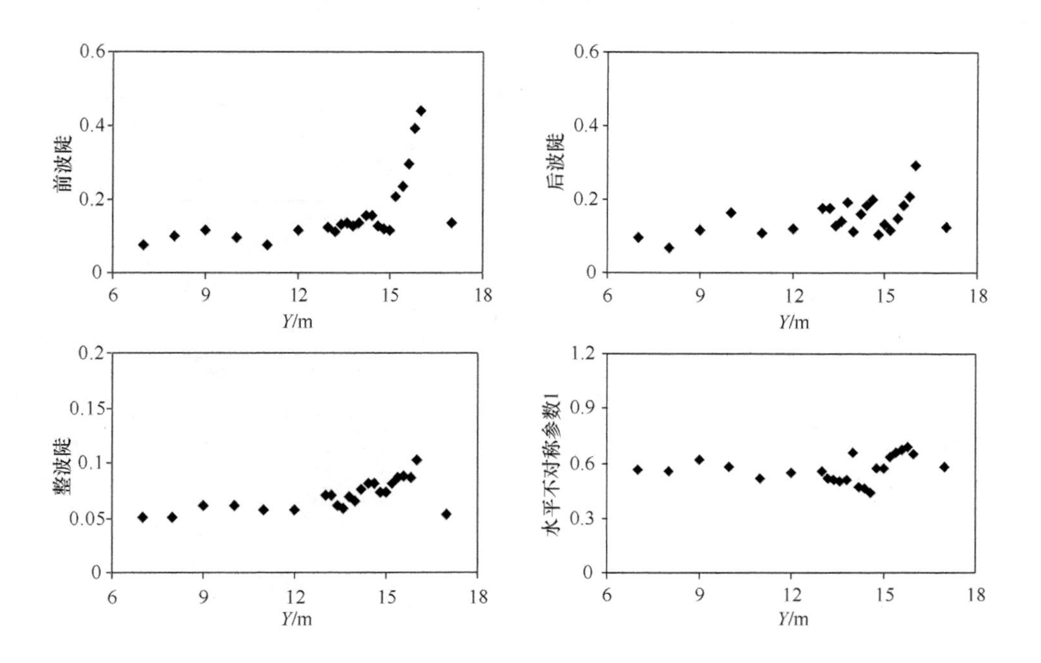

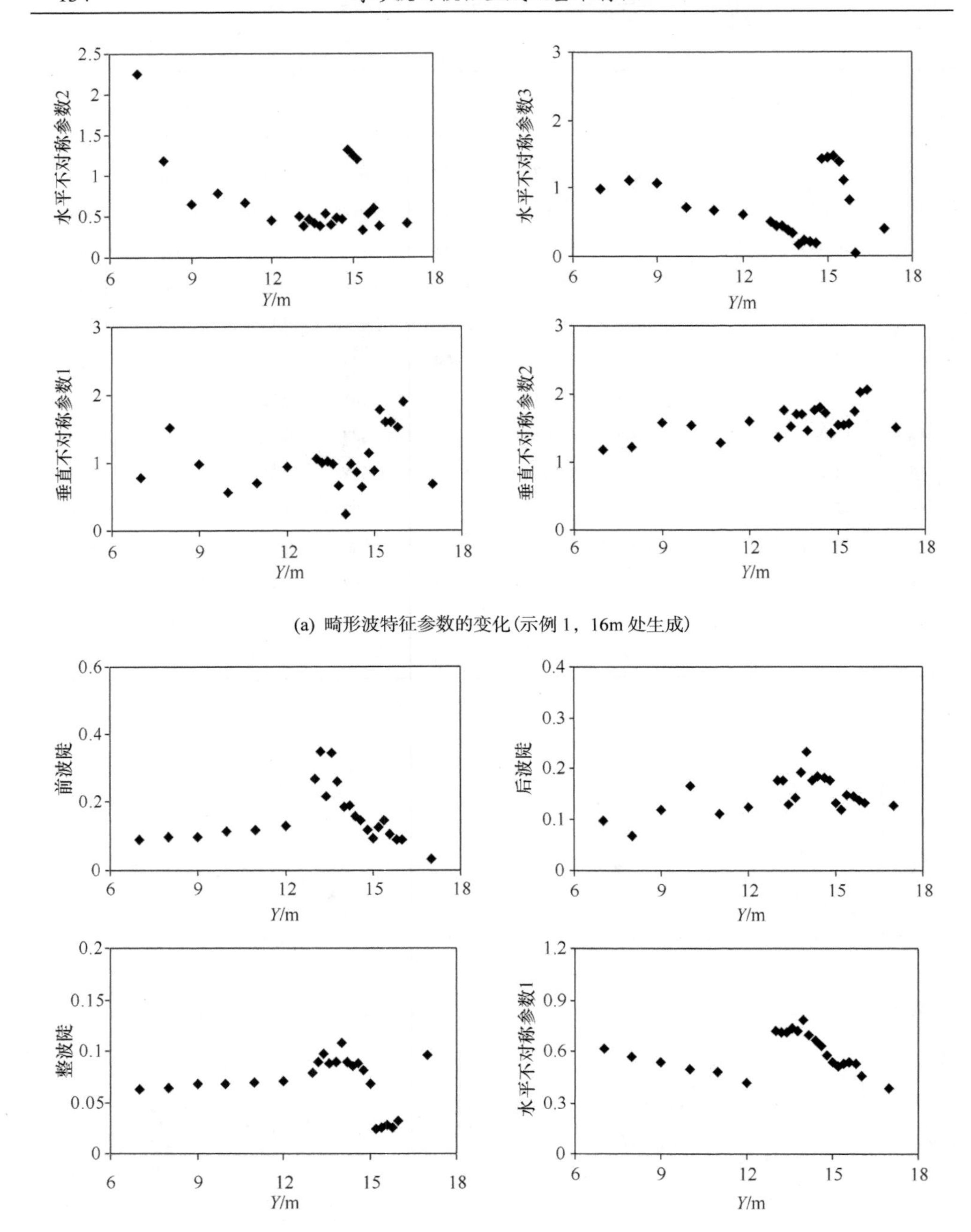

(a) 畸形波特征参数的变化(示例 1，16m 处生成)

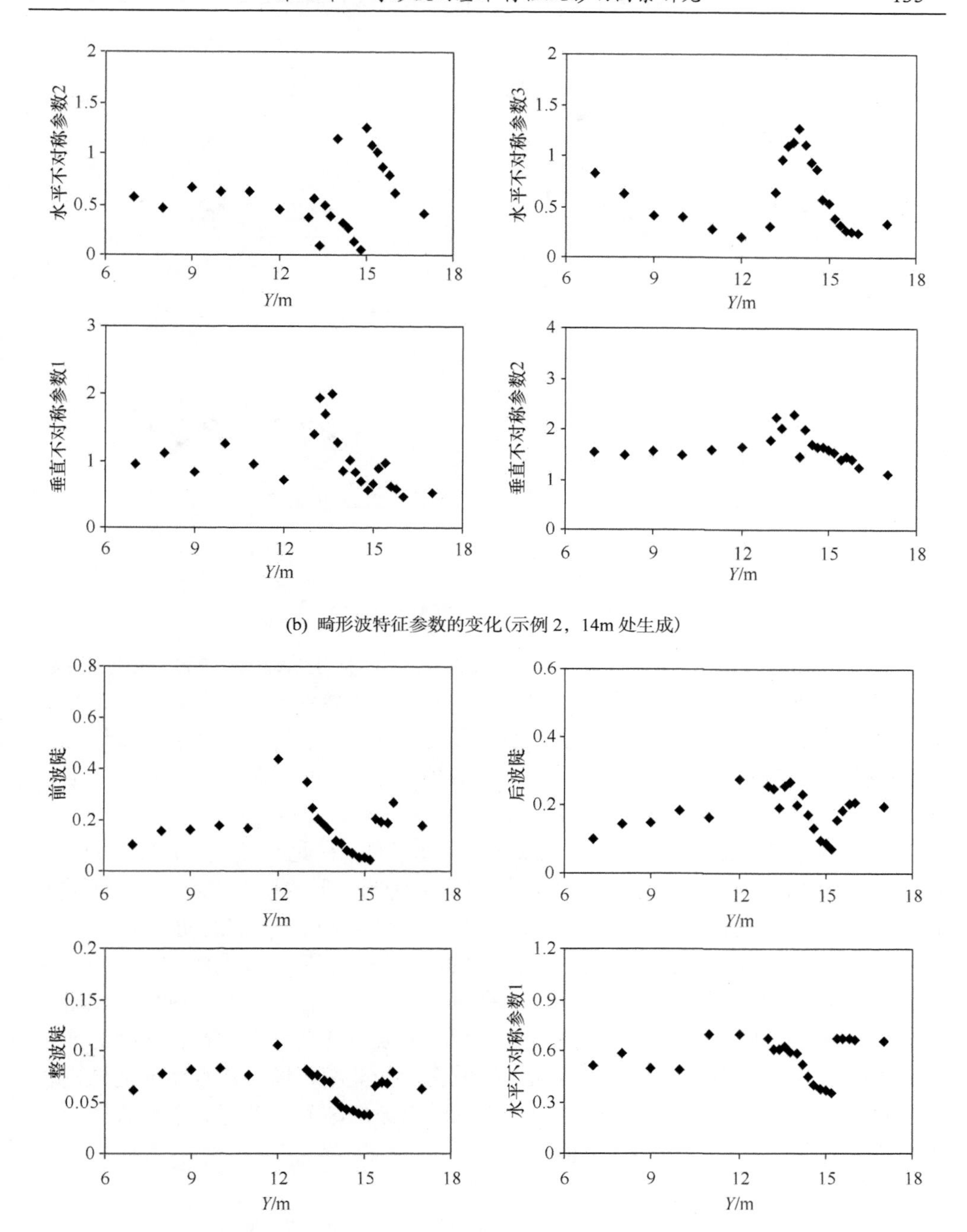

(b) 畸形波特征参数的变化(示例 2，14m 处生成)

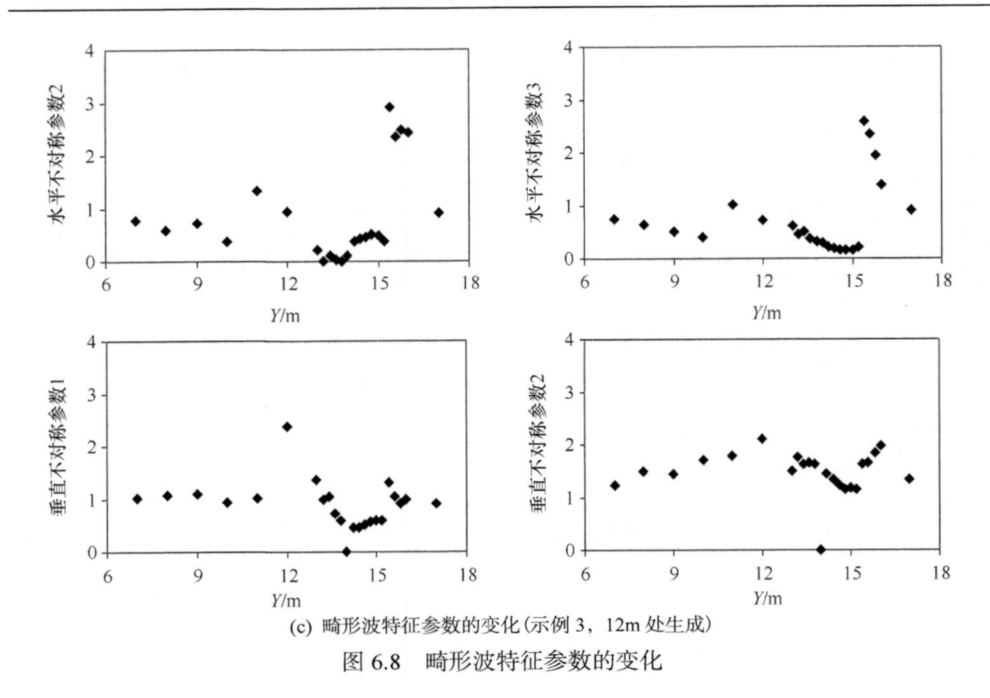

(c) 畸形波特征参数的变化(示例 3，12m 处生成)

图 6.8　畸形波特征参数的变化

综合比较表 6.5(a)～(c)中 3 组畸形波的试验结果可见，总体而言，波前陡 ε_{f}、波后陡 ε_{b}、整波陡 ε 的变化规律比较一致，都是在距离生成点较远处较小，而在畸形波生成点的附近有较大的变化，到畸形波生成的地点达到最大值。畸形波发生区域附近，波前陡 ε_{f} 可达常规大波 2～3 倍；波后陡 ε_{b} 可达常规大波 1.5～2 倍；整波陡 ε 可达常规大波 1.2～1.6 倍。

水平不对称参数 μ_1 即为畸形波定义的第一个条件，在此不赘述。μ_2 反映的是与畸形波相邻的前、后两个波的波高的比值； μ_3 则为与畸形波相邻的前、后两个波的波谷的比值。从试验的结果看， μ_2 和 μ_3 两个参数的变化具有一定的随机性。

垂直不对称参数 λ_1 描述畸形波的波峰的前半周期和后半周期的比；λ_2 则是畸形波的波谷周期与波峰周期的比。从试验的结果看， λ_1 在畸形波生成位置或略前位置快速增大且可达到 2 左右的量值，表明畸形波波峰严重不对称，波峰的前半周期长而后半周期短，即在传播方向上的波面十分陡峭，像一幕水墙向前推进。$\lambda_2 \gg 1$，其量值在 1.4～2.2 之间变化，表明畸形波的波谷周期远大于波峰周期，并在畸形波生成的地点达到最大值。

综上所述有如下结论。

(1)生成畸形波的过程中，无论是在生成前、生成点、生成后记录的波列的有效波高 H_s 、1/10 大波波高 $H_{1/10}$、平均波高 $\bar{H}$ 都是很稳定的。

(2)生成畸形波的过程中偏度 $\sqrt{\beta_1}$ 、峰度 β_2 、波浪倾斜度 β_3 三个参数的变化比较明显，生成前的区域保持稳定，偏度和波浪倾斜度接近于 0，而峰度值在 3 附近，这说明这些点处记录的波列和普通的海洋波浪状态是类似的，但这三个参数在畸形波生成点的附近变化很大，这说明畸形波发生时，虽然对整个波列的有效波高影响不大，但对波列的非线性参数影响巨大。在畸形波的生成后期这三个参数也是不稳定的，变化较大。

(3)生成畸形波的过程中，波前陡 ε_{f} 、波后陡 ε_{b} 、整波陡 ε 的变化规律比较一致，都是在距离生成点较远处较小，而在畸形波生成点的附近有较大的变化，到畸形波生成的地点达到最大值。

(4)畸形波生成后期，畸形波波峰减小，波谷变大，可以形成“海中的深洞”形态；此后还可以形成二次畸形波。二次形成的畸形波可以在 2 倍左右的平均周期内形成，于一次形成的畸形波比较，波高有所减小。

(5)异常大波谷(俗称“海中的深洞”)是畸形波生成演化发展成的物理现象。

6.3　畸形波的周期、持续时间及其影响因素

由于现有的畸形波的实测资料都是某一个固定地点监测结果，没有完整的畸形波演化的过程，加上其发生的不确定性，从来没有人知道畸形波持续的过程和存在的时间。但众多的研究者都认为畸形波是一种存在时间很短的波浪。以沿水槽分布的浪高仪记录得到畸形波发展过程的试验结果为基础,探讨畸形波的周期、持续时间及其与影响因素的关系。

6.3.1　畸形波周期及持续时间的定义

如前所述，定义波列及畸形波的各种特征周期如下：

T——波列中畸形波的周期；

T_{p}——模拟目标谱的谱峰周期；

T_s——有效波高对应的周期；

$T_{1/10}$——1/10 大波对应的周期；

$\bar{T}$——整个波列的平均周期；

T_1——畸形波波峰上升部分的波峰前半周期；

T_2——畸形波波峰下降部分的波峰后半周期。

T_l——畸形波的持续时间，其定义：在不同位置记录的畸形波生成及传播过程的一系列波列中，沿着畸形波的传播方向，从第一个生成畸形波波列的畸形波上跨零点时刻起，至最后一个含有畸形波波列的畸形波的下跨零点时刻止的时间。

以模拟生成的一个畸形波的过程为例，说明上述各参数。在畸形波生成传播

的整个过程中，23 个浪高仪连续记录了各点处的波列。图 6.9 给出了该畸形波生成及传播过程的含有畸形波的 6 个连续波列和其中畸形波的局部试验记录示例；表 6.5 给出了这 6 个波列中畸形波各特征周期。

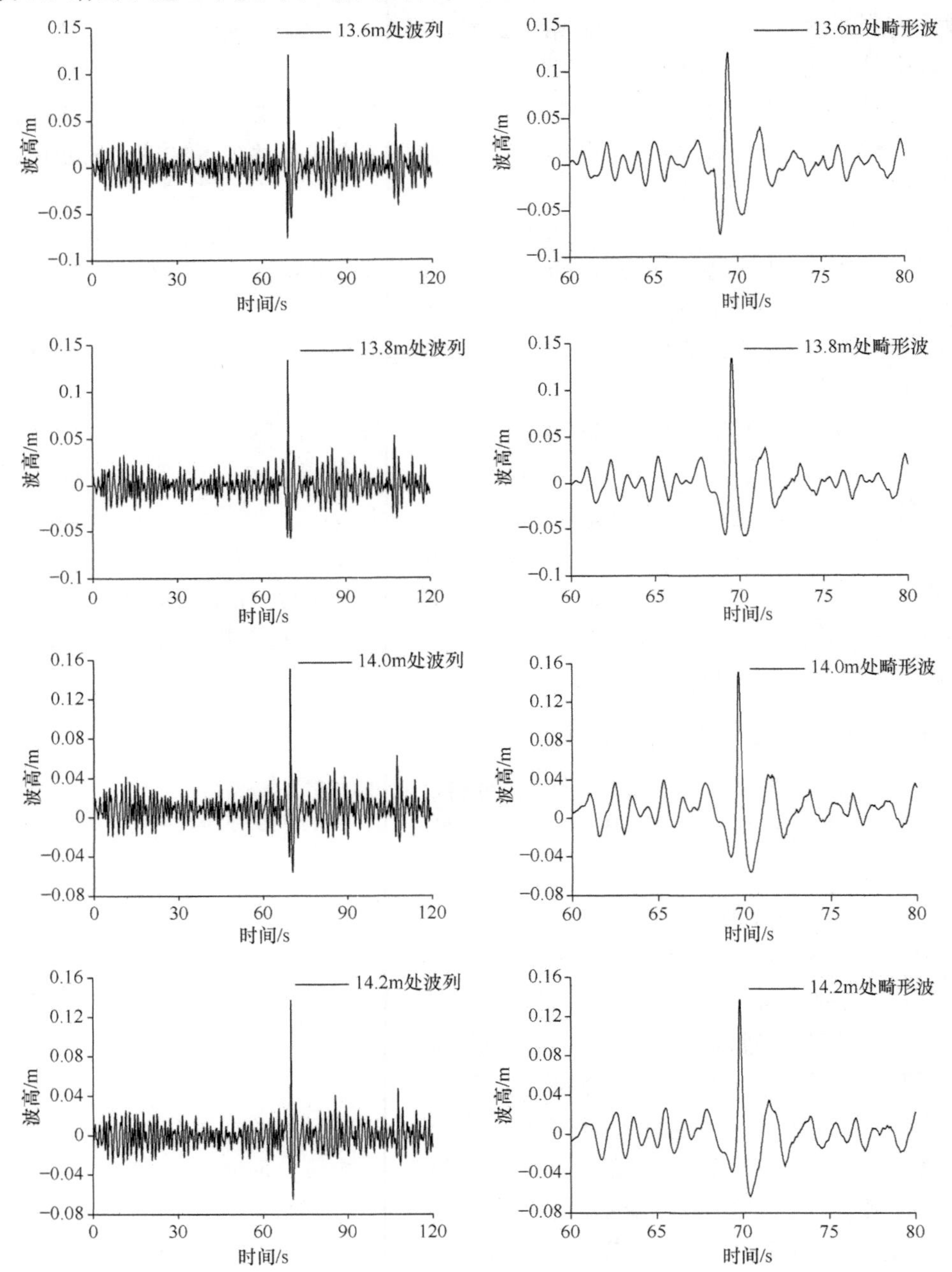

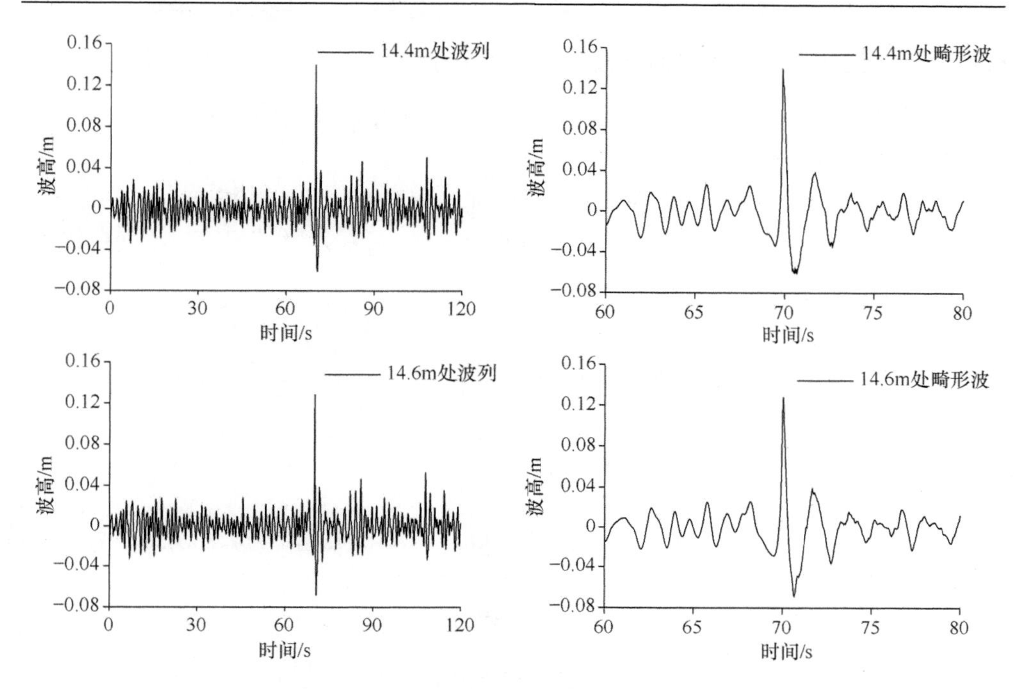

图 6.9　畸形波生成传播过程中含有畸形波的连续 6 个波列示例

从试验的结果可以看出，在含有畸形波的 6 个连续波列中，有效波高对应的周期、平均周期相对比较稳定：T_s =1.487～1.507s，$\bar{T}$ =1.271～1.321s；$T_{1/10}$ 变动稍大：$T_{1/10}$ =1.504～1.799s；畸形波的周期也比较稳定：T =1.496～1.554s，大体和波列的 T_s 相当；整个的过程中 T_2 的值都是大于 T_1 的。

为了进一步探讨畸形波的周期、持续时间及其与影响因素的关系。分别进行不同的谱峰周期、有效波高和分配给瞬态波列的能量比例的系列试验，分析上述各因素对畸形波的周期、持续时间的影响。

表 6.5　畸形波的生成过程中畸形波周期统计特性

编号	位置/m	T_p /s	T_s /s	$T_{1/10}$ /s	$\bar{T}$ /s	T /s	T_1 /s	T_2 /s
01	13.6	1.5	1.487	1.799	1.307	1.554	0.288	0.215
02	13.8	1.5	1.512	1.768	1.274	1.515	0.299	0.163
03	14.0	1.5	1.564	1.504	1.271	1.496	0.320	0.191
04	14.2	1.5	1.498	1.706	1.282	1.526	0.281	0.186
05	14.4	1.5	1.489	1.672	1.321	1.531	0.317	0.148
06	14.6	1.5	1.492	1.537	1.308	1.498	0.280	0.213
均值		1.5	1.507	1.667	1.294	1.520	0.296	0.186

6.3.2　畸形波周期、持续时间与谱峰周期的关系

在保持有效波高不变(H_s=0.03m)的情况下，改变谱峰周期的大小，考察其对畸形波的周期及持续时间的影响。

试验时，分别取目标谱峰周期为 1.1s、1.3s、1.5s、1.6s、1.7s。

图 6.10 和图 6.11 分别给出了谱峰周期为 1.1s、1.7s 两种情况下，不同位置处含有畸形波的连续波列示例。

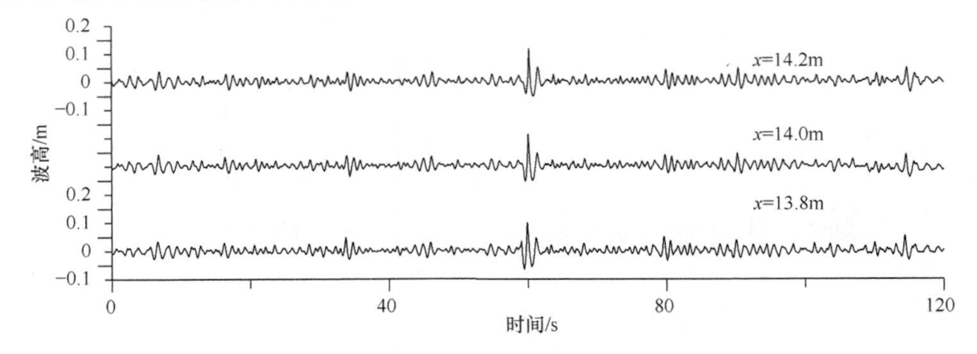

图 6.10　谱峰周期为 1.1s 时不同位置处的连续波列示例

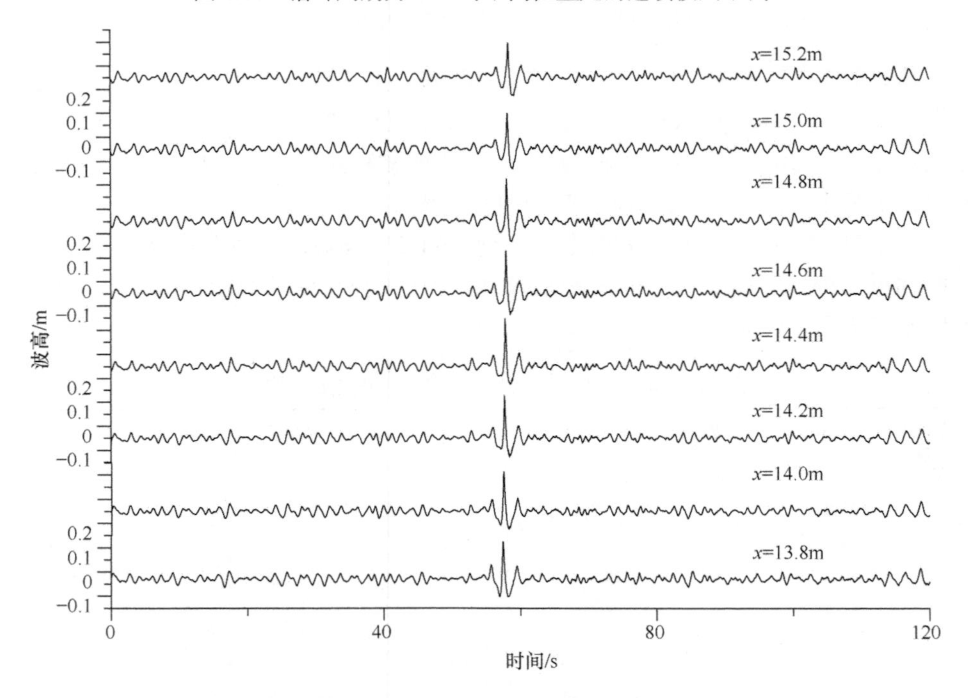

图 6.11　谱峰周期为 1.7s 时不同位置处的连续波列示例

表 6.6 汇总给出了 5 种不同谱峰周期情况下，生成的畸形波特征周期及持续时间的统计结果。

表 6.6　不同谱峰周期情况下畸形波特征周期及持续时间试验结果汇总

T_p /s	畸形波个数	T_l /s	T_s /s	$T_{1/10}$ /s	$\bar{T}$ /s	T /s	T_1 /s	T_2 /s
1.1	3	1.461	1.136	1.145	1.050	1.196	0.199	0.281
			1.188	1.124	1.107	1.174	0.184	0.267
			1.129	1.151	1.040	1.174	0.185	0.225
平均值		—	1.151	1.140	1.066	1.181	0.189	0.258
1.3	5	1.660	1.327	1.269	1.120	1.329	0.180	0.290
			1.341	1.489	1.176	1.320	0.151	0.269
			1.336	1.467	1.140	1.286	0.130	0.270
			1.325	1.450	1.172	1.337	0.202	0.244
			1.335	1.441	1.183	1.309	0.137	0.333
平均值		—	1.333	1.423	1.158	1.316	0.160	0.281
1.5	6	1.735	1.494	1.494	1.271	1.387	0.214	0.237
			1.527	1.484	1.296	1.382	0.148	0.284
			1.491	1.504	1.311	1.358	0.159	0.289
			1.479	1.481	1.290	1.339	0.201	0.264
			1.535	1.525	1.390	1.279	0.249	0.229
			1.502	1.545	1.350	1.325	0.247	0.258
平均值		—	1.505	1.539	1.318	1.345	0.203	0.220
1.6	7	2.278	1.587	1.550	1.435	1.648	0.259	0.297
			1.683	1.506	1.501	1.528	0.260	0.290
			1.653	1.532	1.446	1.567	0.252	0.310
			1.640	1.779	1.413	1.540	0.170	0.328
			1.643	1.663	1.474	1.505	0.256	0.247
			1.606	1.646	1.448	1.577	0.246	0.274
			1.624	1.692	1.402	1.630	0.298	0.269
平均值		—	1.634	1.624	1.446	1.571	0.249	0.289

续表

T_p /s	畸形波个数	T_l /s	T_s /s	$T_{1/10}$ /s	$\bar{T}$ /s	T /s	T_1 /s	T_2 /s
1.7	8	2.558	1.450	1.697	1.504	1.697	0.269	0.367
			1.808	1.871	1.498	1.826	0.227	0.308
			1.774	1.770	1.473	1.774	0.219	0.307
			1.657	1.763	1.465	1.744	0.223	0.309
			1.673	1.720	1.434	1.782	0.259	0.274
			1.653	1.719	1.421	1.818	0.297	0.269
			1.656	1.708	1.453	1.753	0.380	0.228
			1.628	1.629	1.418	1.818	0.398	0.247
平均值		—	1.662	1.735	1.458	1.777	0.284	0.289

由表 6.6 可得到如下信息。

(1) 在谱峰周期为 1.1s 的情况下，有连续 3 个波列中包含畸形波；谱峰周期为 1.3s 时数量为 5 个；谱峰周期为 1.5s、1.6s、1.7s 时的相应数值为 6、7、8 个；对应的畸形波持续的时间分别为 1.461s、1.660s、1.735s、2.278s、2.558s，分别是谱峰周期的 1.33、1.28、1.16、1.37、1.50 倍。该试验结果表明，随着谱峰周期的增大，包含畸形波的连续波列数量也随之增加，意味着畸形波持续的时间越长。

(2) 谱峰周期 T_p 分别为 1.1s、1.3s、1.5s、1.6s、1.7s 时，包含畸形波的连续波列的有效周期（平均值）T_s 分别为是 1.151s、1.333s、1.505s、1.634s、1.662s；1/10 大波周期（平均值）$T_{1/10}$ 分别为 1.140s、1.423s、1.539s、1.624s、1.735s；而畸形波周期（平均值）T 是 1.181s、1.316s、1.345s、1.571s、1.777s；该试验结果表明，尽管畸形波的波高很大，但其周期并不大，大体介于波列的平均周期与有效周期之间。

(3) 谱峰周期 T_p 为 1.1s、1.3s、1.5s、1.6s、1.7s 时，生成畸形波的波峰上升周期 T_1 分别是 0.258s、0.281s、0.220s、0.289s、0.289s，而波峰下降周期 T_2 是 0.189s、0.160s、0.203s、0.249s、0.284s；该试验结果显示，目标谱的谱峰周期较小时，$T_1 > T_2$；反之，$T_1 < T_2$。

综上所述，当谱峰周期变化时，畸形波的周期及持续时间也将发生变化：随着谱峰周期的增大，畸形波的周期和持续时间也随之增大。在试验范围内，畸形波的周期大体介于波列的平均周期与有效周期之间；畸形波持续的时间约为谱峰周期的 1.16～1.50 倍。

6.3.3　畸形波周期、持续时间与瞬态波列所占能量比例的关系

如前所述，当采用三波列叠加模型生成畸形波时，瞬态波列所占能量比例在5%～25%范围内、平均分配给两个瞬态波列的条件下，生成畸形波的效果最佳。在此，以上述条件为基础，同时试验中保持有效波高和谱峰周期不变（$H_s = 0.03\text{m}$，$T_\text{p} = 1.5\text{s}$），令分配给瞬态波列的能量在上述最佳区间内，考察不同瞬态波能量比例条件下生成的畸形波周期和持续时间的变化。

图 6.12 和图 6.13 分别给出了瞬态波列所占能量比例为 5%、25%时生成波浪的时间序列和其中包含的畸形波示例。

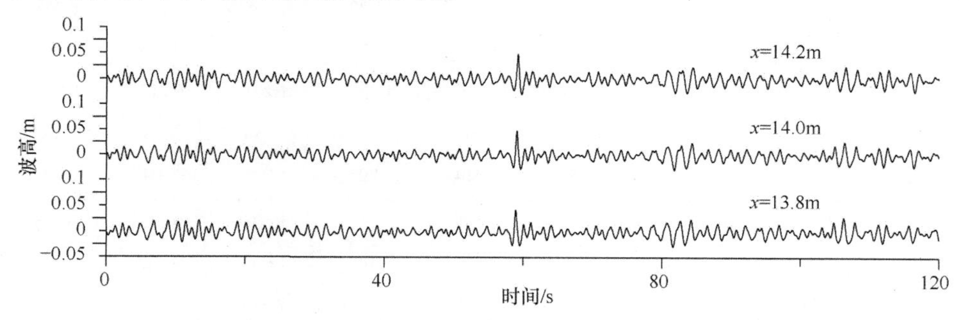

图 6.12　瞬态波列所占能量比例为 8%时生成波浪的时间序列和其中包含的畸形波示例

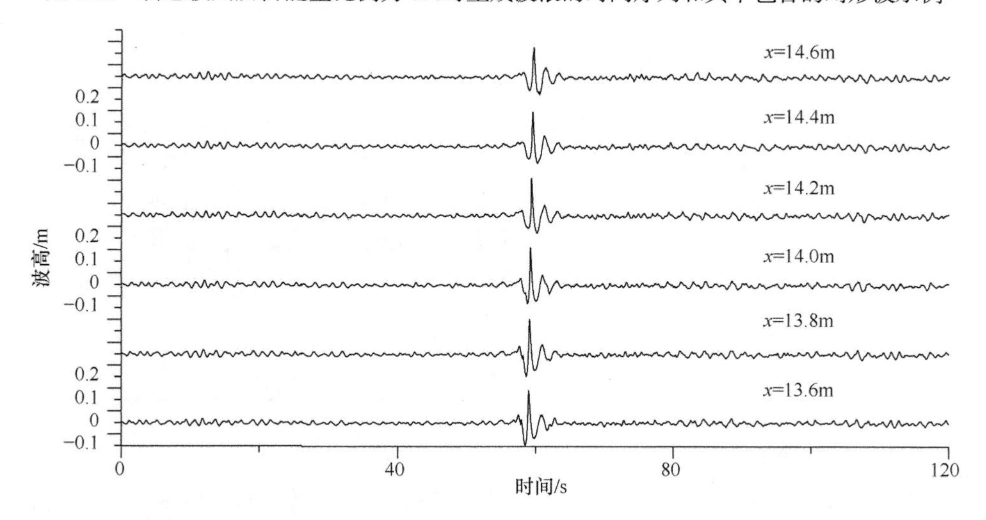

图 6.13　瞬态波列所占能量比例为 25%时生成波浪的时间序列和其中包含的畸形波示例

表 6.7 给出了瞬态波列所占能量比例分别为 5%、8%、15%、20%、25%的 5 种情况下，模拟生成的畸形波列所占的周期和持续时间试验结果汇总。

表 6.7　不同瞬态波列所占能量比例情况下畸形波周期及持续时间试验结果汇总

p_2+p_3	T_l /s	畸形波个数	T_s /s	$T_{1/10}$ /s	$\bar{T}$ /s	T /s	T_1 /s	T_2 /s
5%	1.400	1	1.396	1.382	1.263	1.400	0.320	0.410
8%	1.458	3	1.402	1.436	1.211	1.189	0.232	0.294
			1.439	1.463	1.241	1.189	0.257	0.262
			1.439	1.466	1.280	1.223	0.292	0.238
平均值	—	—	1.427	1.455	1.244	1.200	0.260	0.267
15%	1.694	4	1.476	1.283	1.470	1.165	0.293	0.328
			1.463	1.461	1.224	1.209	0.223	0.279
			1.442	1.468	1.254	1.201	0.217	0.262
			1.437	1.444	1.244	1.244	0.257	0.239
平均值	—	—	1.455	1.414	1.298	1.205	0.248	0.277
20%	2.075	5	1.464	1.545	1.311	1.608	0.216	0.304
			1.464	1.628	1.181	1.604	0.182	0.313
			1.454	1.625	1.200	1.546	0.133	0.319
			1.472	1.601	1.154	1.603	0.141	0.322
			1.442	1.612	1.207	1.585	0.199	0.291
平均值	—	—	1.459	1.602	1.211	1.589	0.174	0.310
25%	2.077	6	1.492	1.509	1.215	1.591	0.169	0.342
			1.461	1.627	1.209	1.581	0.179	0.307
			1.544	1.709	1.256	1.504	0.139	0.321
			1.557	1.685	1.223	1.461	0.106	0.329
			1.572	1.611	1.312	1.526	0.159	0.304
			1.518	1.602	1.184	1.480	0.242	0.244
平均值	—	—	1.524	1.624	1.233	1.524	0.166	0.308

由表 6.7 可得到如下信息。

(1)在瞬态波列所占能量比例为 5%时，只有一个波列中包含的畸形波；在该比例分别为 8%、15%、20%、25%时，包含畸形波的连续波列个数分别为 3、4、5、6 个。上述各试验工况对应的畸形波持续的时间分别为 1.400s、1.458s、1.694s、2.075s、2.077s。这说明随着瞬态波列所占能量比例的逐步增加，畸形波持续的时间越来越长，分别是谱峰周期的 0.93、0.97、1.23、1.38、1.38 倍。表明当在瞬态波列所占能量比例小于 8%时，畸形波持续时间可能小于谱峰周期；当在瞬态波列所占能量比例大于 15%时，畸形波持续时间可能大于谱峰周期。

(2) 在瞬态波列所占能量比例为 5%、8%、15%、20%、25%时，包含畸形波的连续波列的有效周期(平均值) T_s 分别为 1.396s、1.427s、1.455s、1.459s、1.524s；1/10 大波周期(平均值) $T_{1/10}$ 分别为 1.382s、1.455s、1.414s、1.602s、1.624s；而畸形波周期(平均值) T 是 1.400s、1.200s、1.205s、1.589s、1.524s；该试验结果显示，随着瞬态波列所占能量比例的逐步增加，畸形波周期无规律性变化，它们之间的关系比较复杂，但畸形波周期的变化范围依然大体介于波列的平均周期与有效周期之间(畸形波周期有时甚至可略小于波列的平均周期)。

(3) 在瞬态波列所占能量比例为 5%、8%、15%、20%、25%时，生成畸形波的波峰上升周期 T_1 平均值分别是 0.320s、0.260s、0.248s、0.174s、0.166s，是呈逐步递减的趋势，说明随着汇聚能量的增加，生成畸形波的波峰上升周期越来越小，畸形波的波峰上升速度越来越快，表明畸形波的汇聚能量速度越来越快。

综上所述，当瞬态波列所占能量比例变化时，畸形波的周期及持续时间也将发生变化：随着瞬态波列所占能量比例的增大，畸形波持续时间也随之增大。当在瞬态波列所占能量比例较小时，畸形波持续时间可能小于谱峰周期，反之，可能大于谱峰周期。瞬态波列所占能量比例与畸形波周期的关系比较复杂。瞬态波列所占能量比例越大，畸形波的汇聚能量速度越来越快。

6.3.4　畸形波周期、持续时间与有效波高的关系

在保持谱峰周期和不变(固定谱峰周期为 1.5s，瞬态波列所占能量比例 20%)的情况下，改变生成波列有效波高的大小，考察畸形波的周期、持续时间与有效波高的关系。

试验时，有效波高分别取为 0.03m、0.035m、0.040m、0.045m、0.05m、0.055m。图 6.14 和图 6.15 分别给出了有效波高为 0.030m、0.055m 两种情况下生成波浪的时间序列和其中包含的畸形波示例。

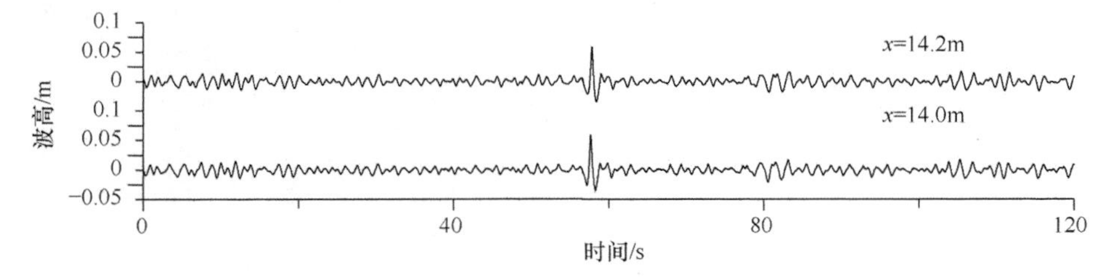

图 6.14　有效波高为 0.030m 时生成波浪的时间序列和其中包含的畸形波示例

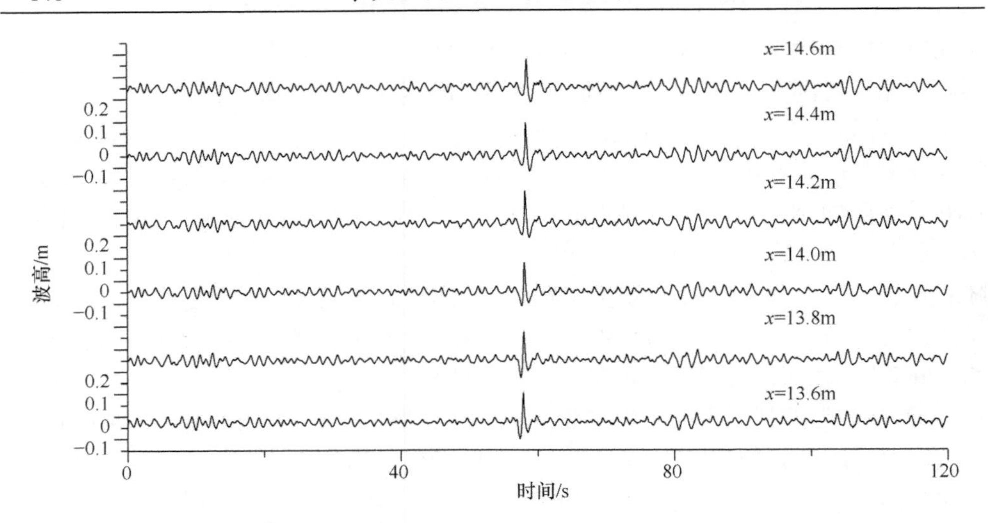

图 6.15　有效波高为 0.055m 时生成波浪的时间序列和其中包含的畸形波示例

表 6.8 给出了以上 6 种情况下，生成的畸形波周期以及持续时间的统计结果。

表 6.8　不同有效波高时生成的畸形波周期以及持续时间的统计结果

H_s/m	T_i/s	编号	T_s/s	$T_{1/10}$/s	$\overline{T}$/s	T/s	T_1/s	T_2/s
0.030	1.374	01	1.501	1.568	1.274	1.248	0.239	0.275
		02	1.439	1.479	1.268	1.263	0.264	0.255
平均值	—	—	1.470	1.524	1.271	1.256	0.252	0.265
0.035	1.540	01	1.480	1.437	1.222	1.240	0.226	0.296
		02	1.488	1.536	1.249	1.241	0.221	0.281
		03	1.473	1.451	1.277	1.282	0.323	0.204
平均值	—	—	1.480	1.477	1.249	1.254	0.257	0.260
0.040	1.646	01	1.450	1.442	1.257	1.262	0.210	0.301
		02	1.473	1.486	1.294	1.239	0.187	0.304
		03	1.481	1.467	1.294	1.265	0.232	0.256
		04	1.457	1.515	1.290	1.290	0.284	0.217
平均值	—	—	1.465	1.478	1.284	1.264	0.228	0.270
0.045	1.736	01	1.478	1.510	1.293	1.262	0.192	0.288
		02	1.489	1.474	1.312	1.262	0.197	0.282
		03	1.493	1.482	1.310	1.271	0.203	0.224
		04	1.508	1.527	1.316	1.317	0.296	0.219
		05	1.484	1.513	1.289	1.311	0.339	0.192
平均值	—	—	1.490	1.501	1.304	1.285	0.245	0.241

续表

H_s /m	T_l /s	编号	T_s /s	$T_{1/10}$ /s	$\bar{T}$ /s	T /s	T_1 /s	T_2 /s
0.050	1.907	01	1.499	1.487	1.249	1.380	0.244	0.238
		02	1.537	1.539	1.339	1.377	0.174	0.294
		03	1.492	1.514	1.323	1.296	0.156	0.314
		04	1.460	1.448	1.280	1.260	0.197	0.278
		05	1.488	1.491	1.323	1.313	0.241	0.253
		06	1.528	1.524	1.306	1.323	0.229	0.275
平均值	—	—	1.501	1.501	1.303	1.325	0.207	0.275
0.055	2.075	01	1.494	1.494	1.271	1.387	0.214	0.237
		02	1.527	1.484	1.296	1.382	0.148	0.284
		03	1.491	1.504	1.311	1.358	0.159	0.289
		04	1.479	1.481	1.290	1.339	0.201	0.264
		05	1.535	1.625	1.390	1.279	0.249	0.229
		06	1.502	1.545	1.350	1.325	0.247	0.258
平均值	—	—	1.505	1.522	1.318	1.345	0.203	0.260

表 6.8 可见，当有效波高为 0.030m、0.035m、0.040m、0.045m、0.050m、0.055m 时，生成的包含畸形波的波列有效周期(平均值) T_s 分别时是 1.470s、1.480s、1.465s、1.490s、1.501s、1.505s，1/10 大波周期 $T_{1/10}$ 平均值是 1.524s、1.477s、1.478s、1.501s、1.501s、1.577s。该结果表明，有效波高的变化基本不影响生成波列的有效周期和 1/10 大波周期。在谱峰周期固定的前提下，生成波列的统计周期不随有效波高的变化而变化，基本保持稳定。

随着有效波高的增加，畸形波的持续时间有所增加，以上 6 种情况对应的畸形波的持续时间分别为 1.374s、1.540s、1.646s、1.736s、1.907s、2.075，分别相当于谱峰周期的 0.92、1.02、1.10、1.16、1.27、1.38 倍。

当有效波高变化时，畸形波周期(平均值) T 基本保持稳定，其量值介于波列的平均周期与有效周期之间。

有效波高改变时生成畸形波的波峰上升周期 T_1 仍比波峰下降周期 T_2 要小；这说明所生成的畸形波波峰都是很快上升，上升阶段的时间远快于波峰下降阶段的时间。

综上所述，可以得到以下认识。

(1) 总体而言，畸形波持续时间不长。试验结果显示，通常情况下畸形波的持续时间不超过 1.5 倍谱峰周期。

(2) 畸形波的持续时间至少与谱峰周期、有效波高、瞬态波列所占能量的比例等因素有关。它将随着谱峰周期、有效波高及瞬态波列所占能量比例的增大而有限地增大，这意味着畸形波内聚集的能量越多，其持续时间也会越长。

(3) 畸形波的周期通常介于波列的平均周期与有效周期之间,有时甚至会略小于波列的平均周期。

(4) 畸形波的周期与谱峰周期的关系密切，随谱峰周期的增大而增大；而与有效波高的关系不大。瞬态波列所占能量比例对畸形波的周期有一定且复杂的影响。

6.4 不同因素对波列及畸形波特征参数的影响

在此，探讨谱峰周期、有效波高和瞬态波列所占能量比例等因素对波列及畸形波特征参数的影响。波列及畸形波特征参数主要包括偏度 $\sqrt{\beta_1}$ 、峰度 β_2 、波浪倾斜度 β_3 、波前陡 ε_f 、波后陡 ε_b 、整波陡 ε 、水平不对称参数 μ_1 和垂直不对称参数 λ_1 。

6.4.1 谱峰周期对波列及畸形波特征参数的影响

在保持有效波高和瞬态波列所占能量比例不变的情况下，考察谱峰周期对波列及畸形波特征参数的影响。

试验时，固定有效波高为 0.03m，瞬态波列所占能量比例为 20%。谱峰周期分别取为 1.3s、1.5s、1.7s、1.9s、2.1s。

表 6.9 汇总了上述不同谱峰周期情况下波列及畸形波特征参数的试验结果。

表 6.9 可见，谱峰周期为 1.3s、1.5s、1.7s、1.9s、2.1s 时，包含畸形波的波列的偏度 $\sqrt{\beta_1}$ 的平均值分别为 0.574、0.614、0.602、0.793、1.001。显然，包含畸形波的波列的偏度随逐步谱峰周期的增大而增大；峰度 β_2 和波浪倾斜度 β_3 的平均值也表现了这一趋势。

谱峰周期 T_p 为 1.3s、1.5s、1.7s、1.9s、2.1s 时，对应畸形波的波前陡(平均值) ε_f 分别是 0.311、0.423、0.315、0.223、0.228；波后陡(平均值) ε_b 分别是 0.232、0.236、0.238、0.179、0.213；整波陡(平均值) ε 分别是 0.113、0.092、0.090、0.078、0.079；即随着谱峰周期的增大，畸形波的三个波陡参数有减小的趋势。

在谱峰周期从 1.3s 增大到 2.1s 时，畸形波水平不对称参数 μ_1 的平均值分别为 0.677、0.675、0.683、0.674、0.693； 即在试验范围内谱峰周期的变化对水平

不对称参数 λ_1 基本没有影响。

表 6.9　不同谱峰周期情况下波列及畸形波特征参数的试验结果

T_p /s	畸形波编号	$\sqrt{\beta_1}$	β_2	β_3	ε_f	ε_b	ε	μ_1	λ_1
1.3	01	0.410	3.360	0.515	0.264	0.188	0.118	0.651	1.408
	02	0.512	3.761	0.798	0.329	0.227	0.136	0.685	1.447
	03	0.800	4.091	0.735	0.341	0.280	0.084	0.688	1.218
	平均值	0.574	3.737	0.683	0.311	0.232	0.113	0.677	1.358
1.5	01	0.399	3.266	0.675	0.366	0.227	0.108	0.691	1.616
	02	0.635	3.688	1.588	0.435	0.244	0.092	0.686	1.786
	03	0.673	4.237	2.125	0.532	0.255	0.088	0.674	2.084
	04	0.767	4.345	1.382	0.316	0.262	0.086	0.672	1.208
	05	0.597	4.252	1.532	0.464	0.192	0.086	0.652	2.421
	平均值	0.614	3.958	1.460	0.423	0.236	0.092	0.675	1.823
1.7	01	0.514	3.225	1.196	0.257	0.232	0.082	0.717	1.107
	02	0.790	3.515	1.141	0.388	0.203	0.090	0.708	1.914
	03	0.724	4.041	1.759	0.409	0.226	0.098	0.683	1.809
	04	0.583	4.315	1.186	0.331	0.252	0.092	0.672	1.315
	05	0.415	3.270	1.139	0.241	0.263	0.080	0.665	0.919
	06	0.584	3.607	0.699	0.264	0.253	0.096	0.654	1.044
	平均值	0.602	3.662	1.187	0.315	0.238	0.090	0.683	1.351
1.9	01	0.361	3.565	0.742	0.168	0.146	0.100	0.637	1.149
	02	0.445	3.720	1.227	0.024	0.004	0.072	0.689	5.587
	03	0.784	3.923	1.493	0.324	0.217	0.070	0.674	2.381
	04	0.945	4.070	2.291	0.345	0.179	0.072	0.659	1.929
	05	1.671	4.556	1.951	0.281	0.291	0.088	0.725	0.966
	06	0.825	4.200	2.199	0.237	0.213	0.076	0.676	1.111
	07	0.517	3.102	0.558	0.183	0.204	0.068	0.660	0.900
	平均值	0.793	3.877	1.494	0.223	0.179	0.078	0.674	2.003
2.1	01	0.919	3.684	1.463	0.242	0.178	0.102	0.766	1.364
	02	1.165	4.237	1.883	0.250	0.184	0.070	0.685	1.359
	03	1.314	4.932	2.018	0.283	0.202	0.078	0.693	1.399
	04	1.686	5.170	2.264	0.324	0.234	0.088	0.726	1.387
	05	0.980	4.698	1.243	0.249	0.235	0.082	0.674	1.062
	06	0.809	3.871	2.423	0.208	0.230	0.080	0.676	0.906
	07	0.524	3.398	−0.686	0.140	0.233	0.068	0.667	0.600
	08	0.613	3.503	−0.987	0.127	0.204	0.066	0.655	0.620
	平均值	1.001	4.187	1.203	0.228	0.213	0.079	0.693	1.087

6.4.2 瞬态波列所占能量比例对波列及畸形波特征参数的影响

在保持有效波高和谱峰周期不变情况下，考察瞬态波列所占能量比例的变化对波列及畸形波特征参数的影响。

试验时固定有效波高为 0.03m，谱峰周期为 1.5s；瞬态波列所占能量比例分别取为 5%、8%、15%、20%、25%。

表 6.10 汇总了上述条件下波列及畸形波特征参数的试验结果。

表中可见，瞬态波列所占能量比例分别为 5%、8%、15%、20%、25%时，对应波列的偏度 $\sqrt{\beta_1}$ 的平均值为 0.223、0.161、0.408、1.560、1.293；峰度 β_2 分别是：2.463、2.460、3.465、3.909、4.730；显然，偏度 $\sqrt{\beta_1}$ 和峰度 β_2 基本上随瞬态波列所占能量比例的增大而增大；对应的波浪倾斜度 β_3 分别为 0.098、–0.062、0.158、1.361、0.836，表明瞬态波列所占能量比例对波浪倾斜度的影响十分复杂，在试验范围内难以归纳出规律。

瞬态波列所占能量比例为 5%、8%、15%、20%、25%时，生成畸形波的波前陡 ε_f 平均值分别是 0.067、0.089、0.164、0.395、0.412，呈很有规律的逐步增大趋势；波后陡 ε_b 的平均值为 0.066、0.088、0.147、0.211、0.207，整波陡 ε 的值为 0.026、0.035、0.058、0.100、0.096，也是体现了这一规律。可以得出一个结论：在合适的能量分配范围内，随着汇聚能量的增多，畸形波的三个波陡参数随之增大。

当汇聚能量从 5%增加到 25%时，生成畸形波水平不对称参数 μ_1 的平均值分别为 0.657、0.655、0.670、0.693、0.682，基本上是呈增大的趋势的，这说明随着汇聚能量的增加，所生成畸形波的波峰比增大。

当汇聚能量从 5%增加到 25%时，生成畸形波垂直不对称参数 λ_1 的平均值分别为 1.020、1.032、1.126、1.853、2.010，是逐步增大的，这说明随着汇聚能量的增加，所生成畸形波波峰的上升的时间越来越短，畸形波的形成越来越快，其冲击力就越来越强。

表 6.10 瞬态波列占有能量比例对波列及畸形波特征参数影响试验结果汇总

p_2+p_3	编号	$\sqrt{\beta_1}$	β_2	β_3	ε_f	ε_b	ε	μ_1	λ_1
5%	01	0.223	2.463	0.098	0.067	0.066	0.026	0.657	1.020
8%	01	0.203	2.326	–0.018	0.099	0.078	0.034	0.653	1.271
	02	0.125	2.571	–0.099	0.102	0.100	0.040	0.660	1.021
	03	0.091	2.481	–0.230	0.087	0.107	0.038	0.651	0.816
	平均值	0.161	2.460	–0.062	0.089	0.088	0.035	0.655	1.032

续表

p_2+p_3	编号	$\sqrt{\beta_1}$	β_2	β_3	ε_f	ε_b	ε	μ_1	λ_1
15%	01	0.268	3.181	0.145	0.146	0.130	0.080	0.709	1.119
	02	0.378	2.728	0.414	0.159	0.127	0.042	0.654	1.248
	03	0.496	3.589	0.335	0.190	0.157	0.054	0.665	1.209
	04	0.491	3.560	−0.263	0.160	0.172	0.056	0.650	0.928
	平均值	0.408	3.265	0.158	0.164	0.147	0.058	0.670	1.126
20%	01	0.258	3.570	0.653	0.281	0.200	0.104	0.678	1.406
	02	1.349	3.630	1.475	0.365	0.212	0.094	0.709	1.720
	03	2.032	3.900	1.136	0.516	0.216	0.100	0.702	2.390
	04	2.220	4.805	1.783	0.472	0.207	0.104	0.686	2.286
	05	1.938	3.638	1.756	0.325	0.222	0.100	0.688	1.463
	平均值	1.560	3.909	1.361	0.392	0.211	0.100	0.693	1.853
25%	01	0.217	4.436	0.731	0.337	0.167	0.110	0.683	2.025
	02	0.815	4.185	0.742	0.345	0.202	0.088	0.689	1.712
	03	1.748	4.483	1.013	0.497	0.216	0.096	0.703	2.306
	04	2.249	5.310	1.469	0.672	0.217	0.100	0.688	3.096
	05	1.723	5.823	0.552	0.390	0.204	0.096	0.671	1.912
	06	1.008	4.144	0.510	0.233	0.231	0.086	0.655	1.009
	平均值	1.293	4.730	0.836	0.412	0.206	0.096	0.682	2.010

6.4.3　有效波高对波列及畸形波特征参数的影响

在保持谱峰周期和瞬态波列所占能量比例不变的情况下，考察有效波高的变化对波列及畸形波特征参数的影响。

试验时固定谱峰周期为 1.5s；瞬态波列所占能量比例为 20%。有效波高分别取为 0.03m、0.035m、0.040m、0.045m、0.05m、0.055m。

表 6.11 汇总了上述条件下波列及畸形波特征参数的试验结果。

表 6.11　有效波高变化对波列及畸形波特征参数影响试验结果汇总

T_p /s	编号	$\sqrt{\beta_1}$	β_2	β_3	ε_f	ε_b	ε	μ_1	λ_1
0.030	01	0.596	3.165	0.203	0.126	0.109	0.038	0.657	1.150
	02	0.557	3.693	−0.386	0.112	0.116	0.040	0.656	0.965
	平均值	0.577	3.429	−0.092	0.119	0.113	0.039	0.657	1.058

续表

T_p /s	编号	$\sqrt{\beta_1}$	β_2	β_3	ε_f	ε_b	ε	μ_1	λ_1
0.035	01	0.420	3.722	0.526	0.143	0.109	0.038	0.654	1.310
	02	0.674	3.177	0.568	0.169	0.133	0.050	0.650	1.274
	03	0.465	3.929	–1.029	0.115	0.182	0.200	0.652	0.630
	平均值	0.520	3.609	0.022	0.142	0.141	0.125	0.652	1.071
0.040	01	0.390	3.733	0.632	0.177	0.123	0.046	0.650	1.436
	02	0.693	3.999	1.034	0.240	0.147	0.058	0.654	1.629
	03	0.798	4.239	0.456	0.207	0.188	0.066	0.675	1.100
	04	0.616	4.285	–0.643	0.168	0.221	0.066	0.654	0.762
	平均值	0.624	4.064	0.370	0.198	0.170	0.059	0.658	1.232
0.045	01	0.688	3.607	1.488	0.256	0.170	0.068	0.662	1.501
	02	0.811	4.179	1.439	0.288	0.200	0.080	0.683	1.435
	03	0.780	4.094	1.181	0.117	0.260	0.064	0.673	1.151
	04	0.415	4.592	0.230	0.200	0.269	0.080	0.658	0.942
	05	0.322	3.936	–1.011	0.150	0.265	0.068	0.619	0.768
	平均值	0.603	4.082	0.665	0.202	0.233	0.072	0.659	1.159
0.050	01	0.367	3.730	0.494	0.180	0.184	0.094	0.689	0.974
	02	0.654	4.432	1.805	0.279	0.166	0.074	0.671	1.689
	03	0.840	5.046	2.722	0.388	0.193	0.088	0.687	2.015
	04	0.761	5.719	3.633	0.342	0.243	0.094	0.679	1.410
	05	0.564	4.685	1.792	0.263	0.251	0.086	0.660	1.046
	06	0.474	3.868	1.061	0.258	0.215	0.080	0.650	1.200
	平均值	0.610	4.580	1.918	0.285	0.209	0.086	0.673	1.389
0.055	01	0.729	4.956	0.308	0.028	0.006	0.074	0.720	4.935
	02	0.514	4.225	1.196	0.257	0.232	0.082	0.717	1.107
	03	0.790	4.515	3.141	0.388	0.203	0.090	0.708	1.914
	04	0.724	5.041	4.759	0.409	0.226	0.098	0.683	1.809
	05	0.583	4.315	3.186	0.331	0.252	0.092	0.661	1.315
	06	0.415	3.270	1.139	0.241	0.263	0.080	0.651	0.919
	平均值	0.626	4.387	2.288	0.276	0.197	0.086	0.690	1.999

表 6.11 可见，有效波高为 0.03m、0.035m、0.040m、0.045m、0.05m、0.055m 时，包含畸形波的波列的偏度 $\sqrt{\beta_1}$ 的平均值分别为 0.577、0.520、0.624、0.603、0.610、0.626，有增大的趋势但幅度不大。峰度 β_2 的平均值分别是 3.429、3.609、

4.064、4.082、4.580、4.387，显然随着有效波高的增大，峰度 β_2 也随之增大。对应的波浪倾斜度 β_3 的平均值分别是−0.092、0.022、0.370、0.665、1.918、2.288，即波浪倾斜度随着有效波高的增大而增大。意味着越来越接近于破碎波浪的状态。

有效波高为 0.03m、0.035m、0.040m、0.045m、0.05m、0.055m 时，对应畸形波的波前陡 ε_f 平均值分别是 0.119、0.142、0.198、0.202、0.285、0.276；波后陡 ε_b 平均值分别是 0.113、0.141、0.170、0.233、0.209、0.197；整波陡 ε 的平均值是 0.039、0.125、0.059、0.072、0.086、0.086，上述统计的结果显示随着有效波高的增大，生成畸形波的波陡也将增大。

有效波高从 0.03m 增大到 0.055m 时，生成畸形波水平不对称参数 μ_1 的平均值分别为 0.657、0.652、0.658、0.659、0.673、0.690，总体而言变化不大。

有效波高从 0.03m 增大到 0.055m 时，生成畸形波垂直不对称参数 λ_1 的平均值分别为 1.058、1.071、1.232、1.159、1.389、1.999，是逐步增大的，这说明随着汇聚能量的增加，所生成畸形波波峰的上升的时间越来越短，畸形波的形成越来越快，其冲击力就越来越强。

综上所述，在谱峰周期和分配给瞬态波列的能量不变的条件下，随着有效波高的增加，波列的偏度 $\sqrt{\beta_1}$ 有增大的趋势但幅度不大；峰度和波浪倾斜度随有效波高的增大而显著增大。畸形波水平不对称参数变化不大；垂直不对称参数 λ_1 及波陡逐步增大。

综上所述，可以认为：

(1) 谱峰周期、瞬态波列所占能量比例、有效波高等因素对波列及畸形波特征参数均有一定的影响；

(2) 谱峰周期主要影响波列的偏度 $\sqrt{\beta_1}$ 、峰度 β_2 和波浪倾斜度 β_3，它们随谱峰周期的增大而增大；

(3) 随着瞬态波列所占能量比例的增加，畸形波的及其波列的非线性将增强，表现在该因素全面影响波列及畸形波的非线性特征参数，在试验范围内除对偏度波浪倾斜度难以归纳出规律外，波列的偏度、峰度、畸形波的波前陡、波后陡、整波陡、水平不对称参数、垂直不对称参数均随瞬态波列所占能量比例的增大而逐步增大；

(4) 有效波高的影响主要表现为对畸形波波陡的影响，后者随前者的增大而增大。

6.5　小　结

生成畸形波的过程中，无论是在生成前、生成点、生成后记录的波列的有效波高 H_s 、1/10 大波波高 $H_{1/10}$ 、平均波高 $\bar{H}$ 都是很稳定的。畸形波的生成，对波列的非线性参数影响是显著的。同时波前陡ε_{f}、波后陡ε_{b}、整波陡ε在畸形波生成的地点达到最大值。畸形波生成后期，可以演化为“海中的深洞”形态；此后还可以在 2 倍左右的平均周期内形成二次畸形波。总体而言，畸形波持续时间不长，至少与谱峰周期、有效波高、瞬态波列所占能量比例等因素有关；随着谱峰周期、有效波高及瞬态波列所占能量比例的增大而有限地增大；通常情况下畸形波的持续时间不超过 1.5 倍谱峰周期。

畸形波的周期通常介于波列的平均周期与有效周期之间，有时甚至会略小于波列的平均周期；与谱峰周期的关系密切，随谱峰周期的增大而增大；而与有效波高的关系不大。谱峰周期、瞬态波列所占能量比例、有效波高等因素对波列及畸形波特征参数均有一定的影响：谱峰周期主要影响波列的偏度$\sqrt{\beta_1}$、峰度β_2和波浪倾斜度β_3，它们随谱峰周期的增大而增大；随着瞬态波列所占能量比例的增加，畸形波的及其波列的非线性将增强，表现在该因素全面影响波列及畸形波的非线性特征参数，在试验范围内除对偏度波浪倾斜度难以归纳出规律外，波列的偏度、峰度、畸形波的波前陡、波后陡、整波陡、水平不对称参数、垂直不对称参数均随瞬态波列所占能量比例的增大而逐步增大；有效波高的影响主要表现在对畸形波波陡的影响，后者随前者的增大而增大。

参 考 文 献

[1] Hong K, Liu S. The directional characteristics of breaking waves generated by the directional focusing in a wave basin[C]//ASME 2002 21st International Conference on Offshore Mechanics and Arctic Engineering. American Society of Mechanical Engineers, 2002: 297-306.

[2] Baldock T E, Swan C. Numerical calculations of large transient water waves[J]. Applied Ocean Research, 1994, 16(2): 101-112.

[3] Calini A, Schober C M. Homoclinic chaos increases the likelihood of rogue wave formation[J]. Physics Letters A, 2002, 298(5): 335-349.

[4] Smith S F, Swan C. Extreme two-dimensional water waves: an assessment of potential design solutions[J]. Ocean Engineering, 2002, 29(4): 387-416.

[5] 柳淑学,洪起庸. 三维极限波的产生方法及特性[J]. 海洋学报(中文版),2004,(06):133-142.

[6] 俞聿修,桂满海. 海浪的群性及其主要特征参数[J]. 海洋工程,1998,(03):9-21.

第 7 章　实地岛礁地形畸形波的三维实验研究

随着科学技术的发展以及人们生产及生活的需求，对海洋的探索与开发活动越来越多。目前人们对海洋的开发、建设还主要集中在近海，或者是以岛礁为依托，在其周边进行一系列的开发、生产活动。因此，岛礁周边的海洋环境值得深入研究。鉴于畸形波的破坏性，岛礁附近发生的畸形波事件尤为值得我们关注。

本书第 4 章中，在二维水槽中探究了畸形波几种实验室生成方法。本章为了更加贴近自然界中畸形波的生成环境，以实地某岛礁为研究对象，在试验水池中建立 1∶100 比例的岛礁地形模型。由造波机生成多个工况的随机波，在岛礁周围布置多个浪高仪测定随机波浪的时间序列。在近岛礁波浪的演化过程中发现了畸形波，对畸形波的发生情况、演化过程及影响因素进行分析。

7.1　目标岛礁及试验模型

7.1.1　试验目标岛礁

研究的岛礁长约 700m，宽约 300m，面积约为 0.21km^2，高度约为 6.4m。岛的一侧海床延伸几十米后水深急剧加大，另一侧为潟湖，水深较浅且变化缓慢。试验采用 1∶100 的比例建造该地形，其中包括岛体及其周围陡坡、部分潟湖地形。图 7.1 为目标岛礁俯视图。

7.1.2　模型试验设备及测试仪器

试验在大连理工大学海岸及近海工程国家重点实验室波流水池中进行。水池长 55m，宽度 30m，深 1.0m。水池前端配备有实验室自制的蛇型三维不规则波造波机，可产生试验要求的不规则波浪。水池尾部安装了架空斜坡碎石消能设备，以尽量避免波浪的反射。水池总的平面布置见图 7.2。

实验室自制的多向不规则波造波机(图 7.3)，共 70 块造波板，每块板宽 0.4m，控制及分析软件具有的多向不规则波方向谱的自动修正功能，可模拟海洋工程界通用的多种波浪谱，并可采用自定义谱，在输入目标谱的基础上自行生成波浪。

图 7.1　目标岛礁俯视图

图 7.2　波流水池总平面布置图

可生成正向波及斜向波，最大波向角 50°。可生成规则波周期：0.5～5.0s，最大波高：0.3m；不规则波谱峰周期：0.5～5.0s，最大波高：0.25m；不规则波连续生成时间>30min。

图 7.3　多向不规则造波机

波浪测量采用 DS30 型浪高水位仪测量系统，见图 7.4(a)。采集仪内置模/数转换器，巡回采集各通道数据，单点采样时间间隔为 0.0015s(约 666Hz)；64 通道最小采样时间间隔为0.01s(100HZ)；128通道最小采样时间间隔为0.02s(50Hz)。该系统可同步测量多点波面过程并进行数据分析，已经在多个物理模型实验中

(a) DS30 型波浪测量系统

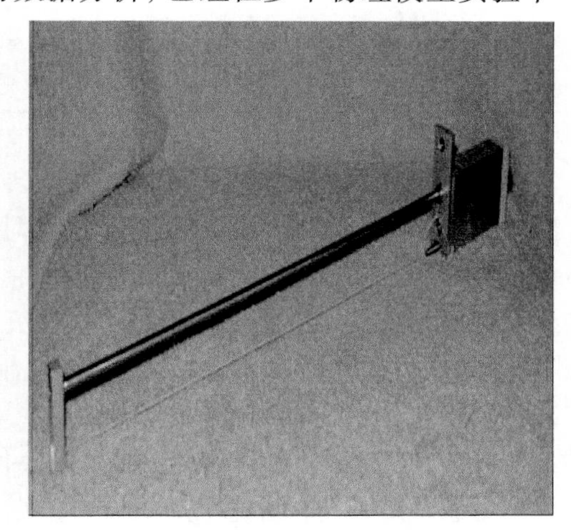

(b) LG 型浪高水位传感器

图 7.4　波浪测量系统和浪高水位传感器

应用，准确可信，每次试验前进行标定，标定线性度均大于 0.999。该系统配置如图 7.4(b)所示的 LG 型浪高水位传感器，其特性如下：该传感器是电容式的，稳定性好，受水温变化的影响小，不必用温度传感器进行温度校正。当水温度在 10～25℃之间时，传感器的灵敏度系数变化小于满量程的 0.5%。该传感器有 10cm、30cm 和 60cm 的三种量程，10cm 量程的灵敏度最高，能分辨 1mm 的波高，非常适合测量毫米级的波高。该传感器的频率相应不小于 200Hz。其输入工作电压为±12V；其输出信号电压为–5V～+5V。

7.1.3 岛礁地形试验模型

物理模型试验中船舶或海洋结构物在波浪中运动时的相似律问题，通常忽略粘性的影响，保持实体与模型之间的傅汝德数和斯特罗哈数相等，即满足两者的重力相似和惯性相似，因此本试验采用重力相似准则。在综合考虑水深、波高、试验范围等条件后，本次实验缩尺比采用 λ=1∶100，即可以模拟目标岛礁实际海域面积 3000m×5500m。试验遵照《波浪模型试验规程》相关规定，采用正态模型，进行相似模拟。各物理量比尺如表 7.1 所示。

表 7.1　试验中所用到各物理量比尺汇总

物理量名称	符号	比尺大小
线尺度(包括水深、波高、线位移等)	L_r/L_m	λ
线速度(包括风速、流速等)	V_r/V_m	$\lambda^{1/2}$
周期	T_r/T_m	$\lambda^{1/2}$

波浪通过外海经复杂地形的作用后传播至工程水域，将受到地形的影响而发生变化。同时，岛礁边界的存在，也会对波浪的传播产生未知的影响。因此，在试验过程中，必须模拟地形、岛礁边界，才能准确模拟天然不规则波入射后波浪的演化过程。海底地形的模拟完全按照几何比尺，将海图地形制作在试验水池中(图 7.5)。模型地形由水泥制作，高程控制点设置为 0.5m×0.5m，控制点高程由水准仪逐点测量，绝对误差小于 0.1mm。

试验在岛礁周围共布置了 50 个浪高仪，记录各个工况下波高以及波浪周期，以测量波浪的整个演化过程，具体布置点如图 7.6。表 7.2 给出了浪高仪所处的位置及相关信息。

图 7.5　试验模拟目标岛礁区域的地形

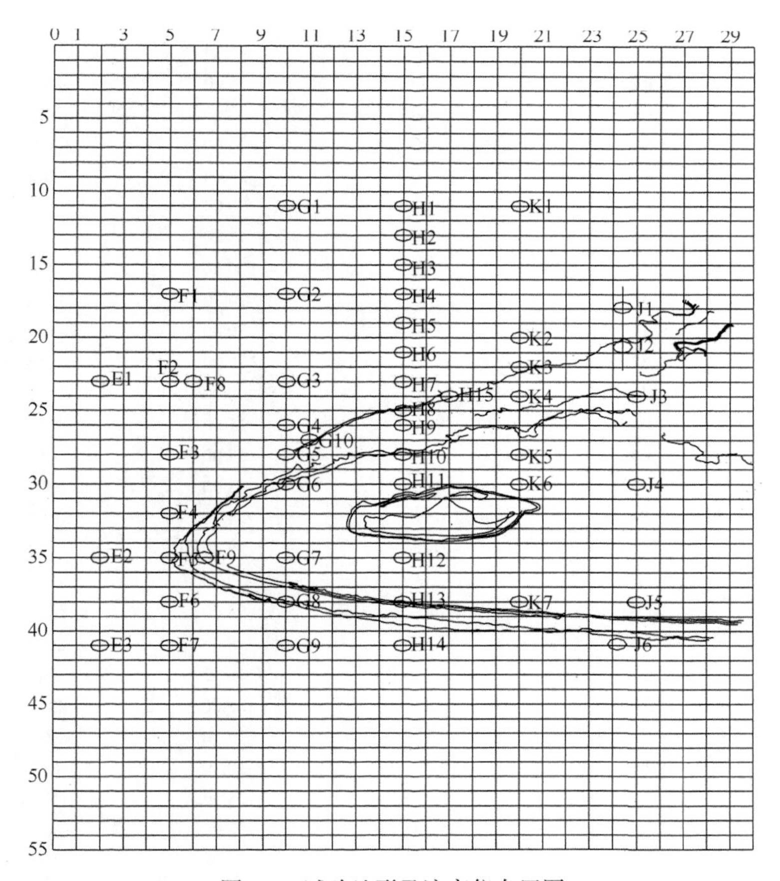

图 7.6　试验地形及浪高仪布置图

表 7.2　浪高仪位置及相关信息汇总

序号	编号	南北坐标	东西坐标	水深/cm
1	H1	15.00	11.00	–36.20
2	H2	15.00	13.00	–37.80
3	H3	15.00	15.00	–36.18
4	H4	15.00	17.00	–31.13
5	H5	15.00	19.00	–27.30
6	H6	15.00	21.00	–29.35
7	H7	15.00	23.00	–32.69
8	H8	15.00	25.00	–18.20
9	H9	15.00	26.00	–11.50
10	H10	15.00	28.00	–1.38
11	H11	15.00	30.00	–0.42
12	H12	15.00	35.00	–0.25
13	H13	15.00	38.00	–5.39
14	H14	15.00	41.00	–48.00
15	H15	17.00	24.00	–24.80
16	K1	20.00	11.00	–37.00
17	K2	20.00	20.00	–26.33
18	K3	20.00	22.00	–24.5
19	K4	20.00	24.00	–6.90
20	K5	20.00	28.00	–0.61
21	K6	20.00	30.00	–0.31
22	J1	24.40	17.80	–28.00
23	J2	24.40	20.60	–16.00
24	J3	25.00	24.00	–3.70
25	J4	25.00	30.00	–0.95
26	J5	25.00	38.00	–0.20
27	J6	24.20	40.90	–30.16
28	G1	10.00	11.00	–35.79
29	G2	10.00	17.00	–33.64
30	G3	10.00	23.00	–35.76
31	G4	10.00	26.00	–37.41
32	G5	10.00	28.00	–27.71
33	G6	10.00	30.00	–2.09
34	G7	10.00	35.00	–0.21
35	G8	10.00	38.00	–25.88
36	G9	10.00	41.00	–51.50
37	G10	11.00	27.00	–28.44
38	F1	5.00	17.00	–36.17
39	F2	5.00	23.00	–44.48
40	F3	5.00	28.00	–39.87
41	F4	5.00	32.00	–36.87
42	F5	5.00	35.00	–32.82

续表

序号	编号	南北坐标	东西坐标	水深/cm
43	F6	5.00	38.00	−50.85
44	F7	5.00	41.00	−51.50
45	F8	6.20	23.00	−8.00
46	F9	7.50	32.10	−12.53
47	E1	2.00	23.00	−45.85
48	E2	2.00	35.00	−46.83
49	E3	5.00	41.00	−51.50

7.1.4　试验波浪参数

模型安装前，在预设模型中心点设置浪高仪，将按模型比尺换算后的特征波要素输入计算机，生成造波信号，控制造波机生成相应的不规则波序列。经数次迭代修正后得到模型设计确定的波浪要素。

波浪模拟采用不规则波进行，选择国际上公认的 JONSWAP 谱进行模拟。合田改进的 JONSWAP 谱可描述为[1]

$$S(f)=\beta_J H_s^2 T_{\mathrm{p}}^{-4} f^{-5}\exp\left[-1.25(T_{\mathrm{P}}f)^{-4}\right]\cdot\gamma^{\exp\left[-(T_{\mathrm{P}}f-1)^2/2\sigma^2\right]} \tag{7.1}$$

$$\beta_1=\frac{0.06238}{0.230+0.0336\gamma-0.185(1.9+\gamma)^{-1}}\cdot\left[1.094-0.01915\ln\gamma\right] \tag{7.2}$$

$$T_{\mathrm{p}}\approx\frac{T_s}{1.0-0.132(\gamma+0.2)^{-0.559}} \tag{7.3}$$

$$\sigma=\begin{cases}0.07 & f\leqslant f_{\mathrm{P}}\\ 0.09 & f>f_{\mathrm{P}}\end{cases} \tag{7.4}$$

式中，H_s 为有效波高；T_s 为有效周期；T_{p} 为谱峰值周期；f_{p} 为谱峰值频率，谱峰升高因子 γ 取 2.0。

试验共进行了 39 个不规则波工况的测量，如表 7.3 所示，统计了在多个造波工况(不同波高、不同浪向、不同周期)下岛礁周边不同地点的时历浪高数据。试验中，在正确布置、精确测量、重复性良好的前提下，每个工况重复三遍，以排除试验的偶然性，采样时间为 81.92s，采样频率为 50Hz。

表 7.3　不规则波试验工况(波浪模型参数 39 个工况)

工况	浪向	H_s/cm	有效周期/s
B1	WNW	1.61	0.73
B2		3.59	0.73
B3		6.35	0.87
B4		8.05	0.87

续表

工况	浪向	H_s/cm	有效周期/s
B5	NW (0°)	1.61	0.67、0.73、0.8、0.87、0.93、1、1.07、1.2
B6		3.59	0.67、0.73、0.8、0.87、0.93、1、1.07、1.14
B7		4.82	0.73
B8		6.35	0.8、0.87、0.93、1、1.07、1.14、1.21
B9		8.05	0.8、0.87、0.93、1、1.07、1.14、1.21
B10		8.37	1.05
B11	NNW	1.71	0.65
B12		3.58	0.83
B13		7.08	0.91

7.2　试验测量结果

7.2.1　试验实况

图 7.7 给出了实验记录工况，其中图 7.7(a)显示了波浪在传播至岛礁附近时因为受水深地形的影响，发生折射，原来平齐的波峰线越来越倾向于与地形的等高线平行。图 7.7(b)显示了波浪在传播至岛礁后，发生绕射，波浪绕射到目标岛礁后方水域的情况。图 7.7(c)显示了波浪传播至岛礁水域，由于地形变化较大，水深变浅，波浪产生破碎变形的情况。图 7.7(d)显示了波浪传播至岛礁后，由于波浪的破碎变形后形成的壅水现象。图 7.7(e)显示了波浪传播至岛礁后，由于岛礁的存在产生反射，从图中可以清晰地看到反射波浪与入射波浪的作用。图 7.7(f)显示了波浪从岛礁的两侧绕射至岛礁后，产生的相互干涉。整体波浪物理模型试验在实验室再现了波浪传播至岛礁，产生不同于海岸工程的波浪快速浅化破碎、绕射和折射、礁盘越浪、壅水、岛礁反射等复杂的自由面水动力学现象。试验现象说明岛礁周围的波浪演化过程相当复杂。

(a) 试验实况一

(b) 试验实况二

(c) 试验实况三

(d) 试验实况四

(e) 试验实况五

(f) 试验实况六

图 7.7　实验工况

7.2.2　试验中观察到的畸形波

畸形波是一个单波，具有非常大的波峰且陡峭，严重危害船只和离岸结构的安全。在该岛礁地形随机波浪试验中，观察到了多个工况存在畸形波。图 7.8 是随机波浪试验中观察到的典型畸形波。该畸形波事件在浪高仪 F3 处，17.5s 时

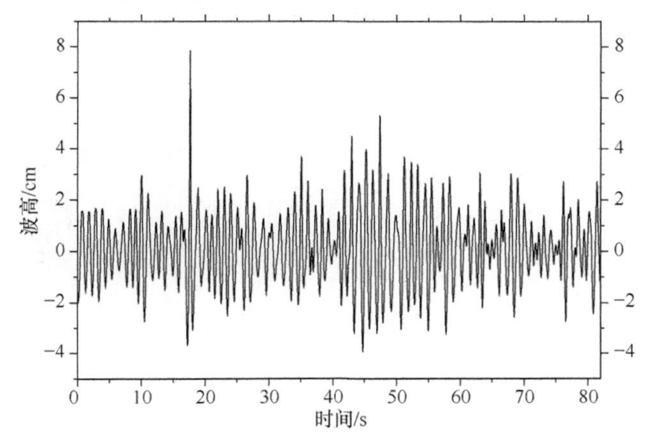

图 7.8　波浪演化产生畸形波的一个典型工况的波面时间序列

刻观察到，$H_m / H_s = 2.0$，$\eta_c / H_s = 1.36$，$\eta_c / H_m \times 100\% = 67.92\%$（$H_m$ 表示最大波高，η_c 表示波峰高度）。畸形波波高是其前后波高的 2.1 倍，完全满足畸形波的三个条件。

试验中观察到了多种形态的畸形波。图 7.9(a)～(c) 中，是试验中观察到的几个典型的畸形波形态特征。在图 7.9(a) 中，我们发现畸形波近似对称形态，其波峰非常大且陡峭，波谷较浅。图 7.9(b) 中，该畸形波的波谷较深，俗称“海中的深洞”。实验中也观察到了波谷与波峰都很大的畸形波事件，如图 7.9(c) 所示。该畸形波的波峰大且尖瘦陡峭，波谷深，但相对波峰较平坦。

图 7.10(a) 为造波机有义波高为 6.35cm，有义周期 T_s=0.87 s 时波浪演化波面时间序列。由图 7.10(a) 可以看出，在距造波机 17m 的浪高仪 H4 处，34s 时观测到一个明显的畸形波。图 7.10(b) 为有义波高 H_s=8.05cm，有义周期 T_s=0.8s 时波

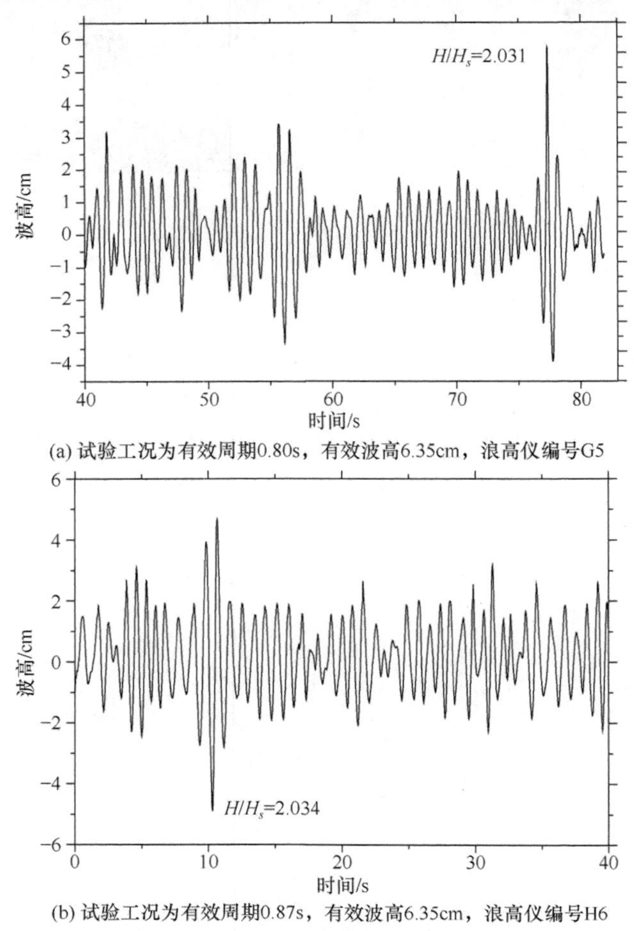

(a) 试验工况为有效周期0.80s，有效波高6.35cm，浪高仪编号G5

(b) 试验工况为有效周期0.87s，有效波高6.35cm，浪高仪编号H6

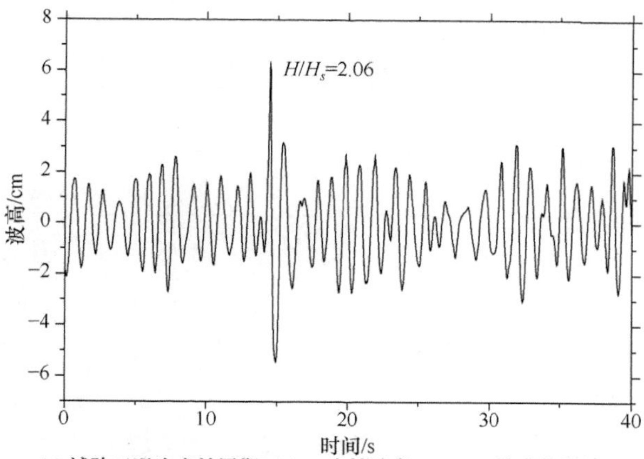

(c) 试验工况为有效周期1.14s，有效波高6.35cm，浪高仪编号G5

图 7.9　试验中观察到的几种形态的畸形波

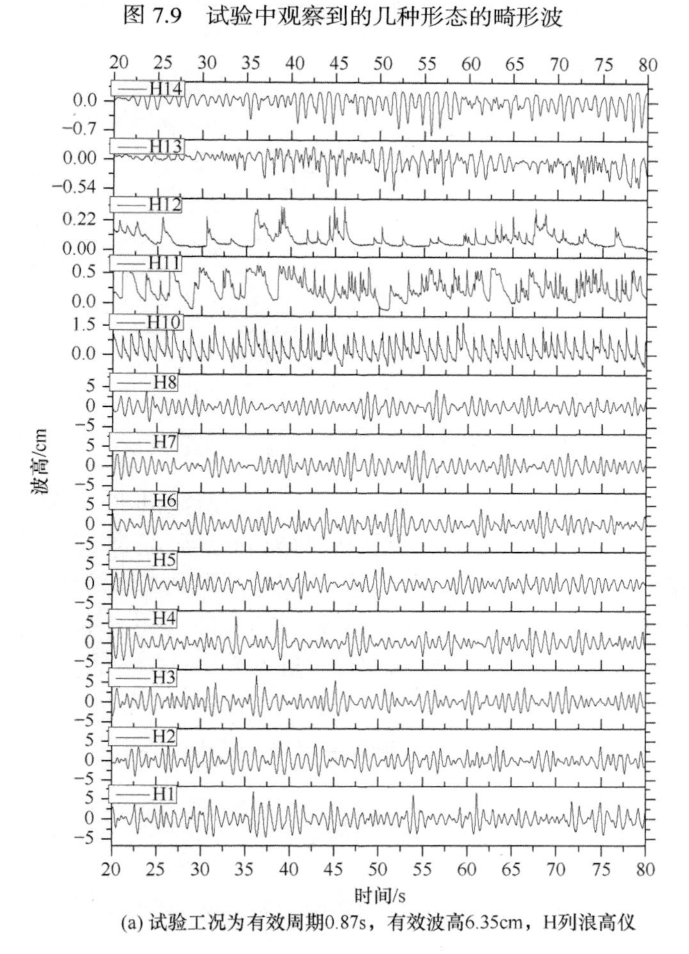

(a) 试验工况为有效周期0.87s，有效波高6.35cm，H列浪高仪

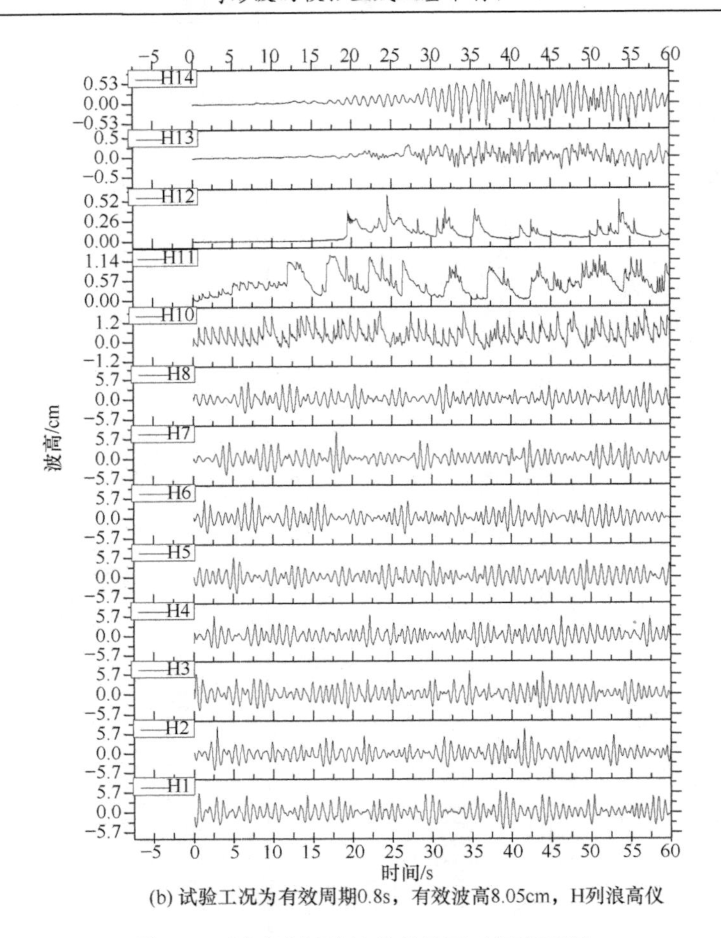

(b) 试验工况为有效周期0.8s，有效波高8.05cm，H列浪高仪

图 7.10　试验中波浪演化的波面时间序列图

浪演化波面时间序列。由图 7.10(b)看以看出，在距造波机 13m 的浪高仪 H2 处，3s 时观测到一个畸形波波形；在距造波机 17m 的浪高仪 H4 处，18s 时观测到一个二次畸形波波形。本次岛礁地形随机波浪试验观察到二次畸形波事件，说明畸形波在某些自然环境下不但是一个孤立的瞬时的事件，它也可能会连续多次产生，这会大大增加畸形波对船只、离岸结构物及近海养殖业的危害。

7.3　畸形波特征的小波谱分析

7.3.1　小波变换

傅里叶级数的正弦与余弦系数为常数，不能反映振幅变化的情况；求傅里叶系数需要考虑的时间域上所有信息，不能反映局部信息的特征；加窗傅里叶变换时间窗是固定不变的，高频与低频的时间局部化不能同时满足。而小波分析被看成调和分析数学领域半个世纪以来的工作结晶，它在时频和频域同时具有良好的局部化特征，这也是它优于傅里叶变换的地方。在低频部分具有较高的频率分辨率和较低的时间分辨率，在高频部分具有较高的时间分辨率和较低的频率分辨率，很适合于探测正常信号中夹带的瞬态反常现象并展示其成分[2]。Torrence 和 Compo 1988 年给出了一个小波变换的实用性指南，对小波函数、小波变换以及小波谱等做了介绍[3]。

小波分析的基本思想是用一簇小波函数系来表示或逼近某一信号或函数。因此，小波函数是小波分析的关键，它是指具有震荡性、能够迅速衰减到零的一类函数，即小波函数 $\psi(t) \in L^2(R)$ 且满足：

$$\int_{-\infty}^{+\infty} \psi(t)\mathrm{d}t = 0 \tag{7.5}$$

式中，$\psi(t)$ 为基小波函数，它可通过尺度的伸缩和时间轴上的平移构成一簇函数系：

$$\psi_{a,b}(t) = |a|^{-1/2}\psi\left(\frac{t-b}{a}\right) \quad 其中, a,b \in R, a \neq 0 \tag{7.6}$$

式中，$\psi_{a,b}(t)$ 为子小波；a 为尺度因子，反映小波的周期长度；b 为平移因子，反应时间上的平移。

若 $\psi_{a,b}(t)$ 是由式(7.6)给出的子小波，对于给定的能量有限信号 $f(t) \in L^2(R)$，其连续小波变换(Continue Wavelet Transform，缩写为 CWT)为

$$W_f(a,b) = |a|^{-1/2}\int_R f(t)\overline{\psi}\left(\frac{t-b}{a}\right)\mathrm{d}t \tag{7.7}$$

式中，$W_f(a,b)$ 为小波变换系数；$f(t)$ 为一个信号或平方可积函数；a 为伸缩尺度；b 为平移参数；$\overline{\psi}\frac{x-b}{a}$ 为 $\psi\left(\frac{x-b}{a}\right)$ 的复共轭函数。

由式(7.7)可知小波分析的基本原理，即通过增加或减小伸缩尺度 a 来得到信号的低频或高频信息，然后分析信号的概貌或细节，实现对信号不同时间尺度和空间局部特征的分析。

由于实验测量得到的时间序列是离散信号 x_n，其连续小波变换为

$$W_n(s,t) = x_{n'}\overline{\psi}\left[\frac{(n'-n)\Delta t}{s}\right] \tag{7.8}$$

式中，$\left(\overline{\ }\right)$ 表示共轭。通过改变小波尺度 S 和平移局部时间指针 n，可以构建一个

图片显示任何对应尺度的振幅和振幅随时间的变化。

但是通过式(7.8)求解小波变换计算量较大，利用卷积理论，通过卷积定理，求得小波变换的逆傅立叶变换的结果：

$$W_n(s,t)=\sum_{k=0}^{N-1}x_k\overline{\psi}^*(sw_k)\mathrm{e}^{\mathrm{i}w_k n\Delta t} \tag{7.9}$$

$$x_k=\frac{1}{N}\sum_{n=0}^{N-1}x_n\mathrm{e}^{-2\pi\mathrm{i}kn/N} \tag{7.10}$$

这里 $\psi^*(sw_k)$ 是母小波的离散傅里叶变换。

对一个时间系列进行小波转换时，母小波的选择显得尤为重要，Morlet 小波不但具有非正交性而且还是由 Gaussian 调节的指数复值小波,在处理波浪非线性问题中非常有效。其表达式为

$$\psi_0(t)=\pi^{-1/4}\mathrm{e}^{\mathrm{i}\omega_0 t}\mathrm{e}^{-t^2/2} \tag{7.11}$$

式中，t 为时间，ω_0 是无量纲频率。当 ω_0=6，小波尺度 s 与傅里叶周期基本相等(λ=1.03s)，所以尺度项与周期项可以相互替代。由此可见，Morlet 小波在时间与频率的局部化之间有着很好的平衡。此外，Morlet 小波中还包含着更多的振动信息，小波功率可以将正、负峰值包含在一个宽峰之中[3, 4]。

7.3.2 单次畸形波的小波谱特征

为了更加清晰地观察到畸形波形成前后小波谱的特征，取图 7.10(a)中 H2 到 H6 浪高仪的波面高程做局部小波能谱分析，如图 7.11 所示。

由图 7.11 可以看出，畸形波形成前，在距造波机 13m 处，H2 浪高仪的时间序列小波谱能量集中度不高，小波谱在 25～32s 段有三个波群，具有相对较高频率的波群在具有相对较低频率的波群前。由 H2～H3 浪高仪的小波能谱可以看出，

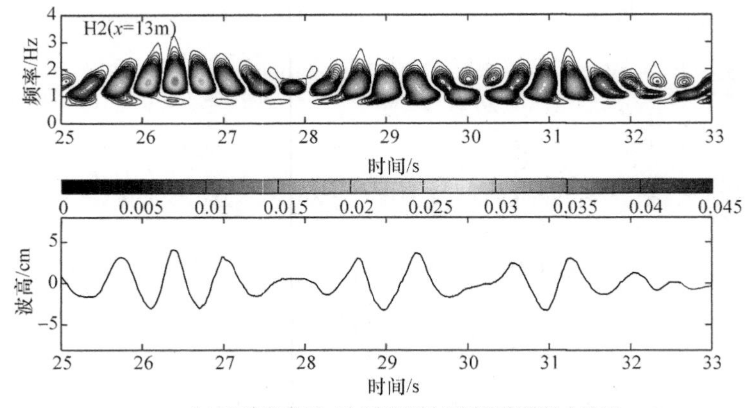

(a) H2浪高仪25~33s时局部波面时间序列的小波谱

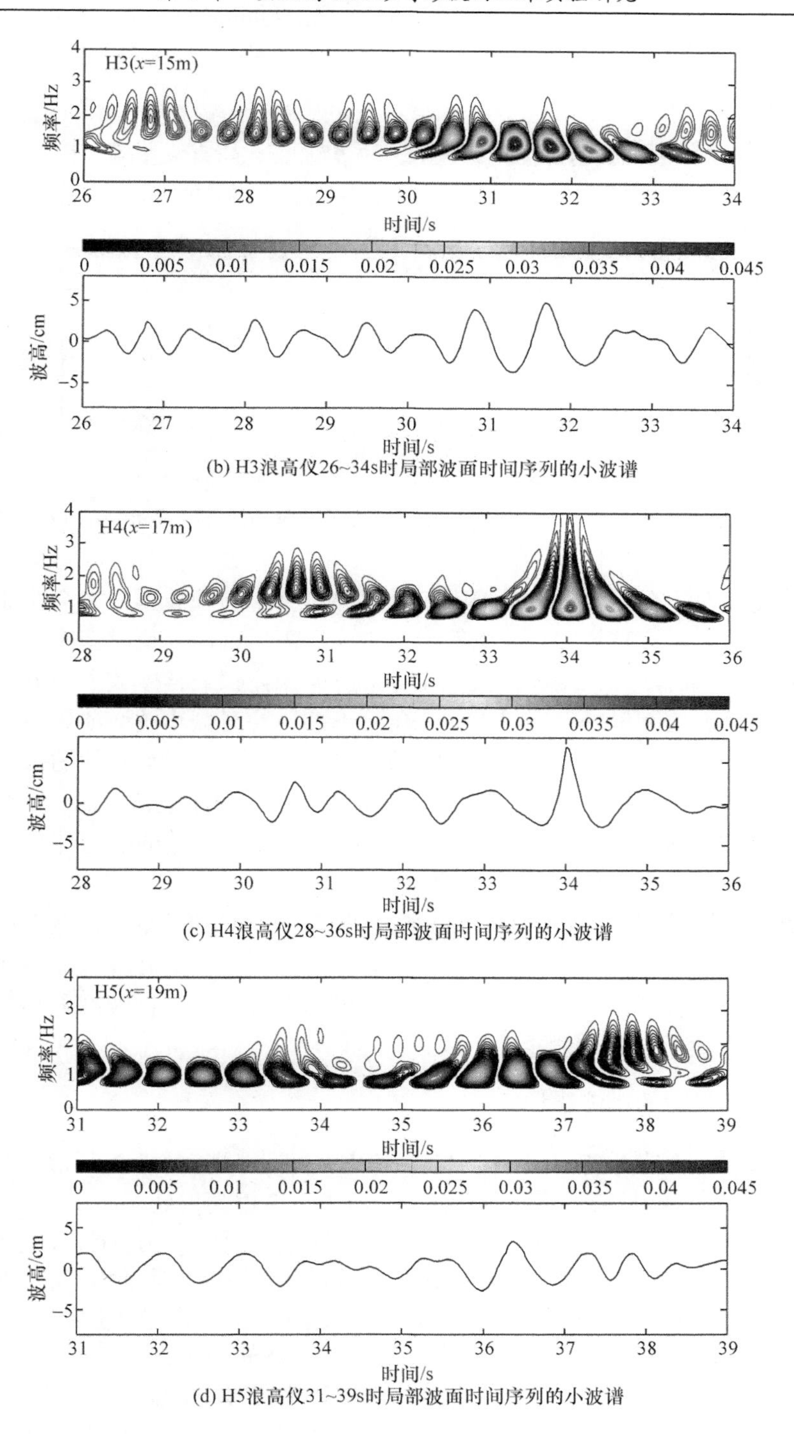

(b) H3浪高仪26~34s时局部波面时间序列的小波谱

(c) H4浪高仪28~36s时局部波面时间序列的小波谱

(d) H5浪高仪31~39s时局部波面时间序列的小波谱

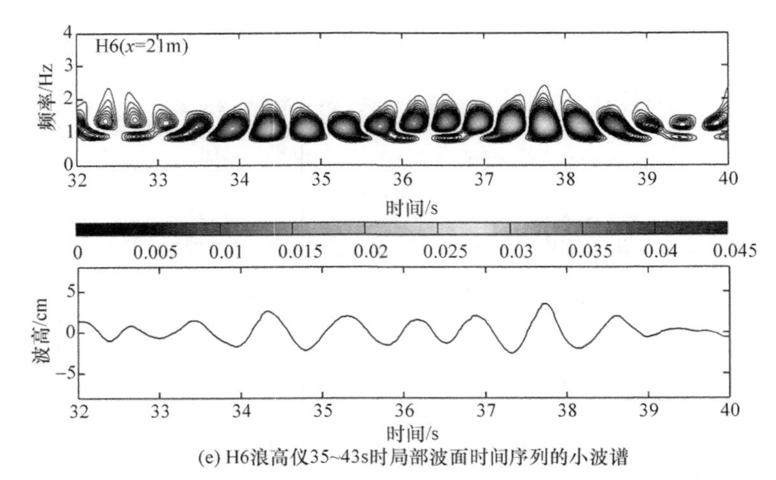

(e) H6浪高仪35~43s时局部波面时间序列的小波谱

图 7.11　H_s=6.35cm，T_s=0.87 工况时，H2～H6 浪高仪局部波面时间序列的小波能谱（后附彩图）

低频波群传播快，在传播到 H3 浪高仪处时追赶上了高频波群，波浪传播到距造波机 15m 处，H3 浪高仪的小波谱能量集中度提高，且浪高仪时间序列小波谱能量都集中在低频阶段。在距离造波机 15m 的 H4 浪高仪处，生成了畸形波，畸形波发生时，小波谱能量等值线呈近似三角形形态，在时域小波谱能量集中，且成对称分布。这与黄玉新等 2009 年基于小波变换对畸形波的时频特性的研究结论相似[5]。在距造波机 17m 的 H5 浪高仪处，畸形波消失，由小波谱看出，波群解调，低频波群在波群前，这与柳淑学等人研究结果相似[6]。波浪的群特性与畸形波的关系在实际岛礁地形模型试验中得到验证。

虽然畸形波出现时能量集中。但是，这种集中是时域的集中，在频域上，能量集中度降低，低频能量减少，向高频转移。从浪高仪 H3～H6 波面时间序列的小波谱序列可以看出，这种转移是持续的，畸形波消失后，低频部分小波谱能量持续降低，高频部分小波谱能量耗散。

7.3.3　二次畸形波的小波谱特征

图 7.12 表示的是图 7.10(b)图中浪高仪 H2 处到浪高仪 H7 处局部小波谱。清晰地看到，第一次畸形波生成在距造波机 13m 的 H2 浪高仪处，3s 左右时；第二次畸形波生成在距造波机 23m 的 H7 浪高仪处，18s 左右时。二次畸形波生成时，前后两次畸形波的小波谱特性与上文提到的畸形波小波谱特性基本相似。小波谱等值线呈近似三角形形态，在时间序列上小波谱能量集中。但是在能量分布上存在区别，图 7.11 中，H4 浪高仪处单次畸形波小波谱呈对称分布。而图 7.12 中，二次畸形波的第一次畸形波的能量集中在前半部分，而第二次畸形波的能量集中在后半部分。第一次畸形波消失后没有演化成大波谷，畸形波波能转移到其前方的波群中。

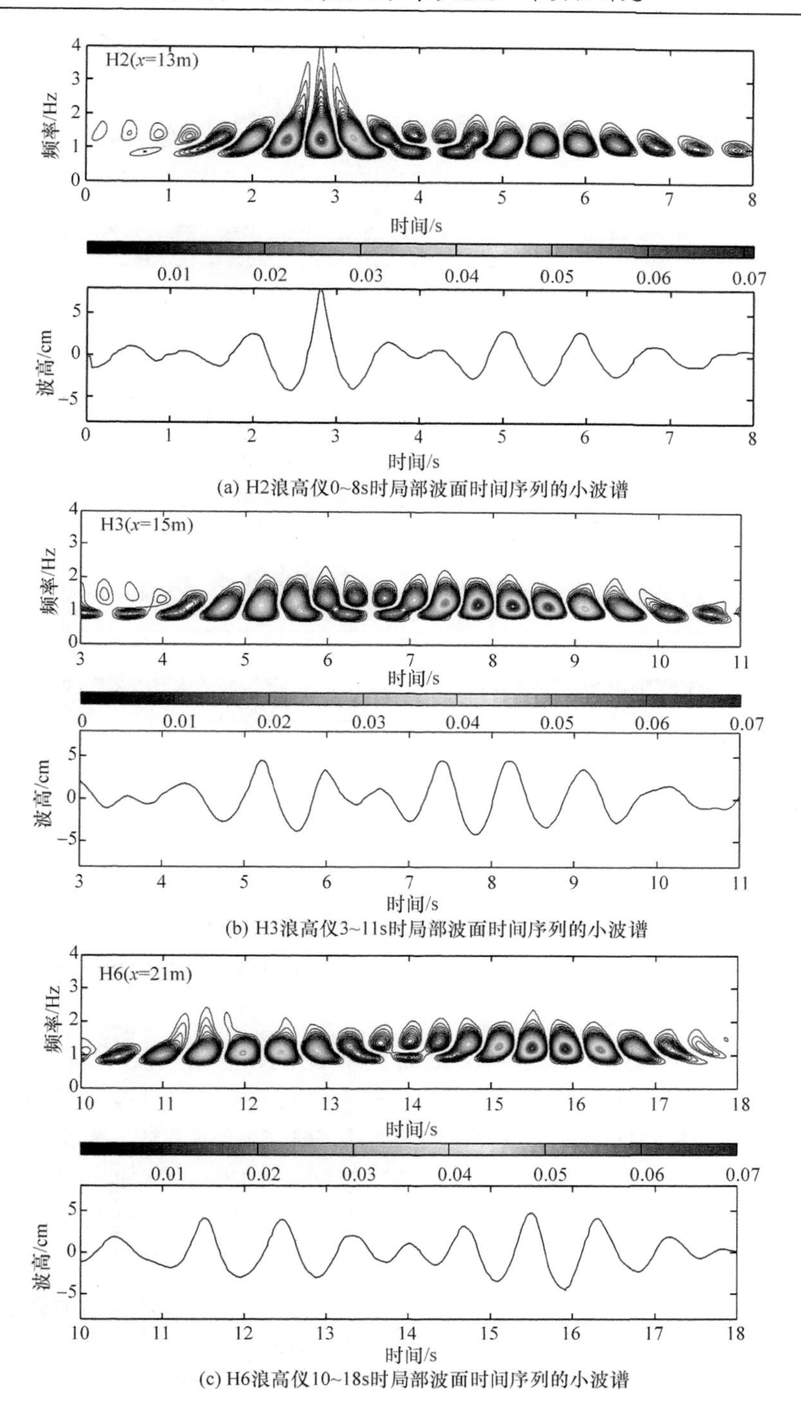

(a) H2浪高仪0~8s时局部波面时间序列的小波谱

(b) H3浪高仪3~11s时局部波面时间序列的小波谱

(c) H6浪高仪10~18s时局部波面时间序列的小波谱

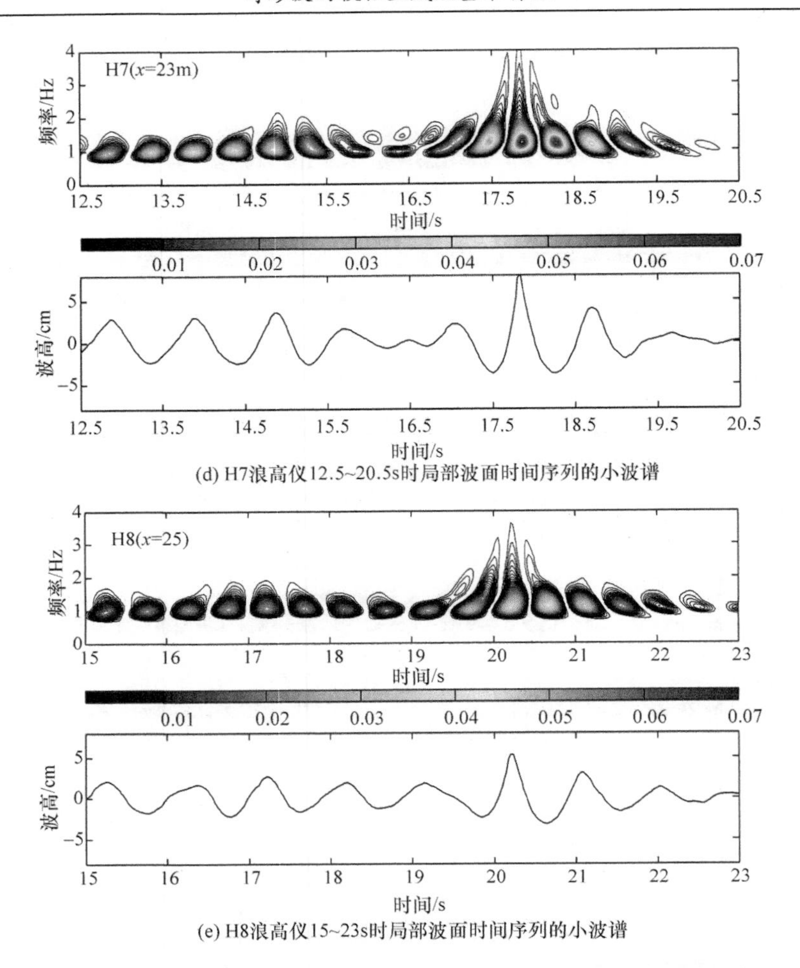

(d) H7浪高仪12.5~20.5s时局部波面时间序列的小波谱

(e) H8浪高仪15~23s时局部波面时间序列的小波谱

图 7.12 H_s=8.05cm，T_s=0.8s 工况时，H2～H3，H6～H8 浪高仪局部波面时间序列的小波谱
(后附彩图)

由图 7.12 可以看出，H2 浪高仪处 0s 到 7s 时间段有两个波群，具有畸形波特性的波群在前。它们传播到 H3 浪高仪处时，具有畸形波特性波群的畸形波特性消失，小波谱能量降低。但是这种现象不是从低频转移到高频，而是波群之间的能量传递。从 H2 浪高仪和 H3 浪高仪时间序列小波谱可以明显地看到，两个波群小波谱能量和变化不大，具有畸形波特性波群后的波群小波谱能量增大，这说明能量是从具有畸形波特性波群传递到了其后的另一个波群。另外，小波谱能量在时间序列上的集中度有所降低，在频率上的集中度增加。而且在畸形波消失后，小波谱的解变质现象没有发生，这与柳淑学等 2015 年研究结果不同[6]。第一次畸形波生成后，小波谱能量不再是从低频转移到高频，然后消失，这一点与前文提

到的单次畸形波生成后现象不同。

波浪演化生成第二次畸形波前，没有出现高低频两个波群追赶现象，从浪高仪 H6～H7 波面时间序列的小波谱来看，第二次畸形波生成的原因是能量在时域的集中，有一小部分低频能量向高频转化，这与上文波浪演化生成单次畸形波是不同的。从 H8 浪高仪波面时间序列的小波谱可以看出，二次畸形波消失后，低频部分小波谱能量持续降低，高频部分小波谱能量耗散消失。但是小波谱没有出现波群解调，低频波群在波群前的现象。从波高来看，波高两次畸形波的波高大部分集中在水平面以上，且两次波高的高度相差仅为 7.8%，说明第二次畸形波的危害性依然很大。

7.4　地形对畸形波产生影响

波浪在变水深水域传播时，受地形变化的影响，其传播方向、大小以及剖面形状都要随传播距离而变化，当沿波峰线水深不一样时，波会生成折射，波的折射可引起波向线的汇聚或发散，从而使波能集中或分散。由于岛礁地形的复杂多变，波浪传播过程中。复杂多变的地形增大畸形波产生的概率。本小节选取 H 列浪高仪(图 7.6)为研究对象，研究地形对波浪演化产生畸形波的影响，如图 7.13。

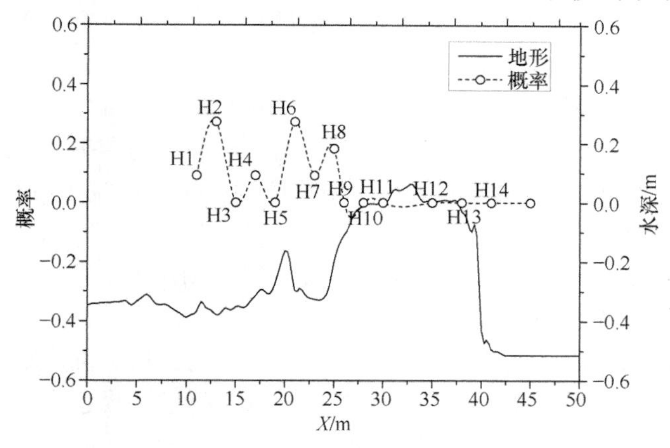

图 7.13　波浪演化过程生成畸形波与地形的关系

图 7.13 中选取存在畸形波的工况次数作为样本容量。由上图可以看出浪高仪 H2、H6 和 H8 处畸形波出现概率较大。H6 浪高仪，位于距造波机 21m，水深为 0.2935m，畸形波生成的概率也有一个突然的增加，且该位置为出现畸形波概率最大的位置。当距造波机的距离大于 25m 时，水深变浅，成为浅水区，波浪发生破碎，波能衰减，没有出现畸形波。岛礁后方波浪为绕射生成，波高较小，波能

相应较小，难以形成能量集中的畸形波。并且由上图我们可以明显地看出，地形对波浪演化生成畸形波有很大的影响。

在 H6 浪高仪前方 1m 处，即距造波机 20m 处的位置水深也变浅，该处水深为 0.163m，变化较大。由此可知，地形水深突然变浅，增大了畸形波形成的概率。这与 Trulsenk 等在 2012 年关于试验室中非均匀水深引起畸形波结论[7]及 Gramstad 等 2013 年研究的浅水中底部有坡度对畸形波的影响的结果[8]相似。经过验算，水深为 0.163m 时，

$$\frac{1}{20}<\frac{h}{\lambda}<\frac{1}{2} \tag{7.12}$$

式中，h 为水深，λ 为波长。

此时为有限水深。因此，本试验表明，当波浪场在有限水深中传播时，非线性的底部同样大大增加了畸形波生成的可能性。

7.5 小　　结

本章在对某实际岛礁地形的随机波浪演化试验中，发现波浪演化的过程中产生了畸形波。试验中波浪演化生成的畸形波，与试验室预设生成畸形波进行研究是不同的。本章的研究更符合实际情况，更具有实际意义。有限水深情况下，地形对畸形波的生成有很大影响，地形突然的非线性变化，会增加畸形波生成的概率，这与第 4 章不规则波浪在斜坡地形上产生畸形波不谋而合。这也是 Gramstad 等 2013 年研究的，在浅水中底部有坡度时对畸形波影响的结果在有限水深中的推广[8]。单次畸形波生成是低频波群追赶高频波群生成的，与文献[6]研究结果相似。试验中惊喜地观察到了二次畸形波事件，对于二次畸形波，其第二次畸形波的生成是能量在时域上的集中，部分能量向高频转移的结果。演化生成二次畸形波时，其第一次畸形波消失后波能从具有畸形波特性波群大部分转移到了另一个波群，这是二次畸形波成因的新特征。第二次畸形波消失后，低频部分小波谱能量持续降低，高频部分小波谱能量耗散消失，没有出现波群解调现象。二次畸形波的前后两次畸形波都具有波峰尖瘦、能量集中的特点，且两次波高的高度相差不大，由此可见，其破坏力也会相当。

参 考 文 献

[1] 俞聿修，柳淑学. 随机波浪及其工程应用[M]. 大连：大连理工大学出版社，2011：149-154.
[2] 胡昌华，李国华，周涛. 基于 MATLAB7.x 的系统分析与设计—小波分析[M]. 西安：西安电子科技大学出版社，2008：1-7.

[3] Torrence C, Compo G P. A practical guide to wavelet analysis[J]. Bulletin of the American Meteorological Society. 1998. 79(1) : 61-78.
[4] 马玉祥. 基于连续小波变换的波浪非线性研究[D]. 大连理工大学, 2010.
[5] 黄玉新，裴玉国，张宁川. 基于小波变换的畸形波生成过程时频特性研究[J]. 水动力研究进展，2009,24,6:754-760.
[6] Li J X,Yang J Q,L S X,et al. Wave groupiness analysis of the process of 2D freak wave generation in random wave trains[J].Ocean Engineering,2015,104:480-488.
[7] Trulsenk,Zeng H &Gramsta O. Laboratory evidence of freak waves provoked by non-uniform bathymetry[J]. Physics of Fluids,2012, 24: 097101-1-10.
[8] Gramstad O, Zeng H&Trulsen K, et al. Freak waves in weakly nonlinear unidirectional wave trainsover a sloping bottom in shallow water[J]. Physics of Fluids, 2013, 25:122103-1-14.

彩　图

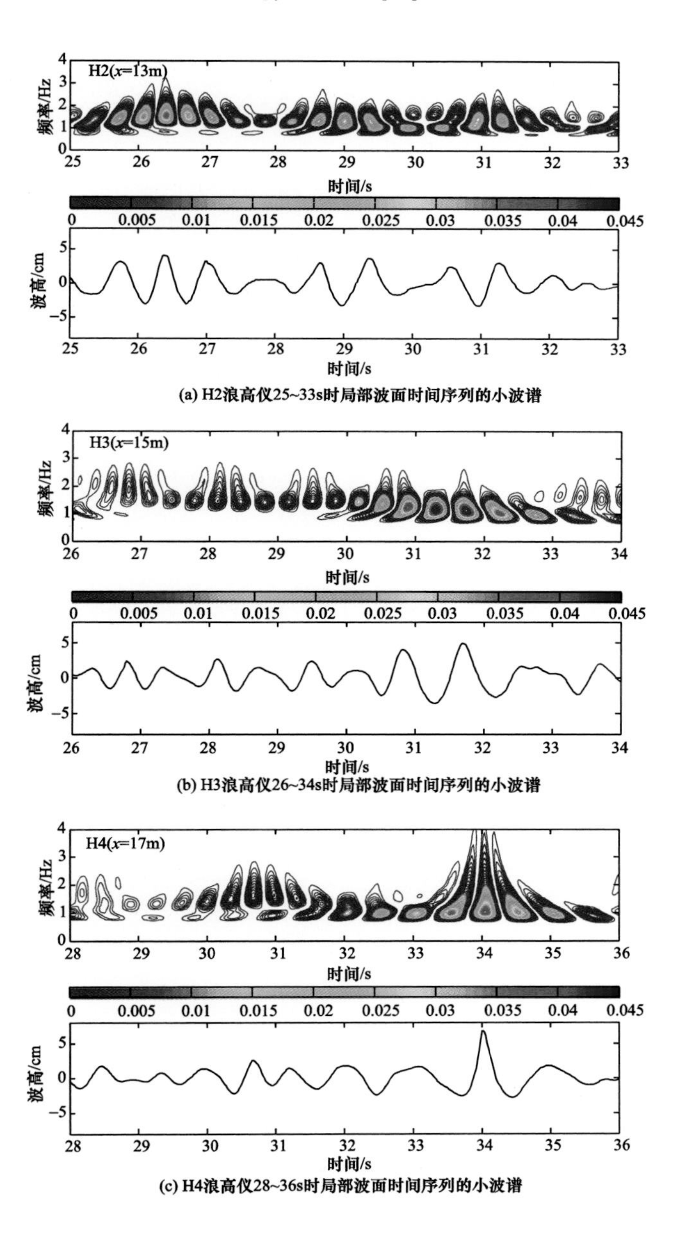

(a) H2浪高仪25~33s时局部波面时间序列的小波谱

(b) H3浪高仪26~34s时局部波面时间序列的小波谱

(c) H4浪高仪28~36s时局部波面时间序列的小波谱

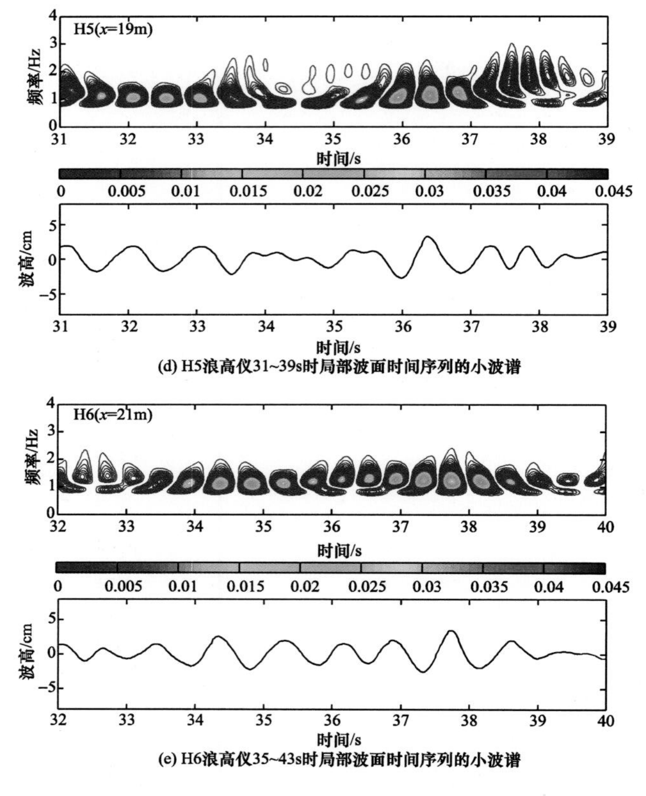

(d) H5浪高仪31~39s时局部波面时间序列的小波谱

(e) H6浪高仪35~43s时局部波面时间序列的小波谱

图 7.11　H_s=6.35cm，T_s=0.87 工况时，H2～H6 浪高仪局部波面时间序列的小波能谱

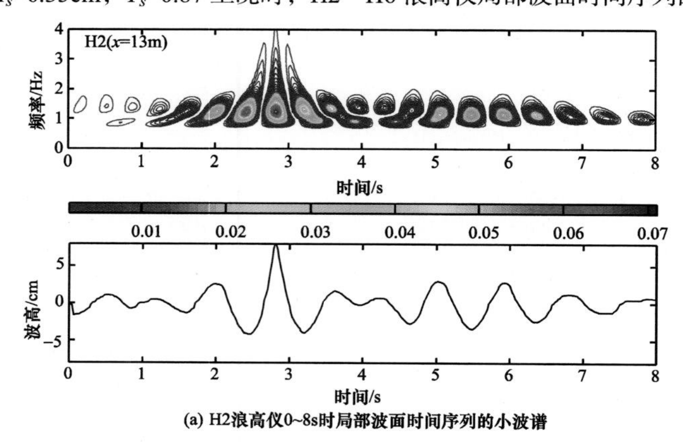

(a) H2浪高仪0~8s时局部波面时间序列的小波谱

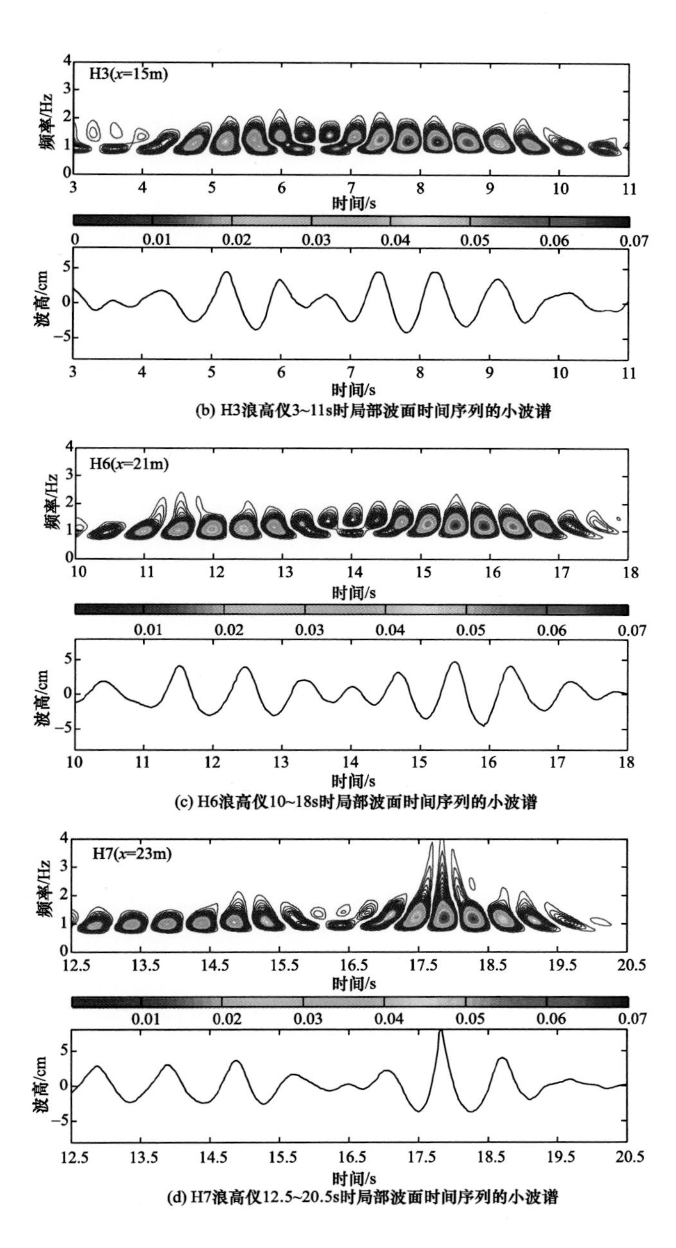

(b) H3浪高仪3~11s时局部波面时间序列的小波谱

(c) H6浪高仪10~18s时局部波面时间序列的小波谱

(d) H7浪高仪12.5~20.5s时局部波面时间序列的小波谱

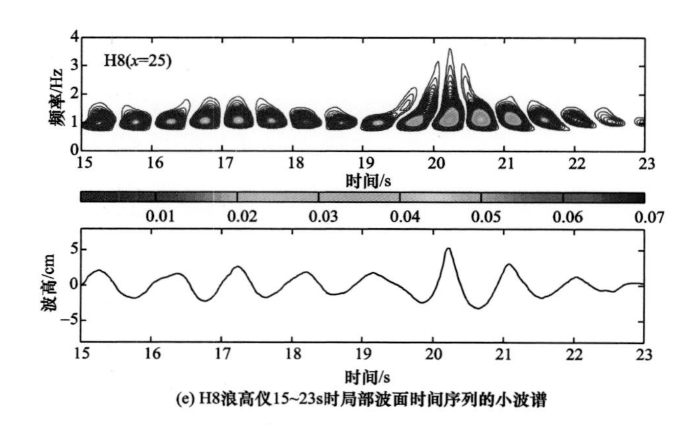

(e) H8浪高仪15~23s时局部波面时间序列的小波谱

图 7.12　H_s=8.05cm，T_s=0.8s 工况时，H2～H3，H6～H8 浪高仪局部波面时间序列的小波谱